路径约束式预期控制

姜玉宪 著

科学出版社

北 京

内 容 简 介

本书或简称为路径控制,是一种按照路径约束改变或保持系统状态的、新的控制模式。把系统的状态变化率,而不是状态或状态误差,作为被控制变量,是有别于无路径约束控制模式的另一特点。无论线性或非线性控制系统、镇定或控制问题,用路径控制方法都可以得到解决,是路径控制的最大优点,而且路径控制系统具有性能不易变、响应快速、控制解耦、强稳定性等优点。

本书介绍路径控制有关概念、理论、方法以及验证范例。内容包括:路径约束式预期控制理念、路径约束式预期控制、指令路径、路径调控控制、单一指令路径控制系统、复合指令路径控制系统、单级可穿越指令路径控制系统、路径控制纲目等。路径控制具有许多特点,如理论简明易懂,方法简单实用,应用范围更广。

本书适合作为控制理论、制导与控制、飞行器总体论证等专业的博士、硕士研究生的参考书,也可供控制领域的科研人员参考。

图书在版编目 (CIP) 数据

路径约束式预期控制/姜玉宪著. —北京:科学出版社,2015.6
ISBN 978-7-03-044737-1

Ⅰ.①路… Ⅱ.①姜… Ⅲ.①连续路径控制 Ⅳ.①TP24

中国版本图书馆 CIP 数据核字(2015)第 124382 号

责任编辑:张海娜 刑宝钦 / 责任校对:胡小洁
责任印制:张 倩 / 封面设计:蓝正设计

科 学 出 版 社 出版
北京东黄城根北街 16 号
邮政编码:100717
http://www.sciencep.com

三河市骏杰印刷有限公司印刷
科学出版社发行 各地新华书店经销

*

2015 年 6 月第 一 版 开本:720×1000 1/16
2015 年 6 月第一次印刷 印张:15 1/2
字数:312 000

定价:85.00 元
(如有印装质量问题,我社负责调换)

前　　言

　　控制理论研究内容大致概括为三类：系统稳定性分析、系统镇定和系统控制。其中，系统稳定性分析有了较为完善的方法。实践中系统镇定多采用成熟的状态误差控制方法。相比之下，系统控制是指控制作用下系统状态大范围主动转移的非线性系统控制，尚处于学术研究阶段，研究成果还不能用来解决工程控制问题。所以，控制理论在工程实践中能够发挥作用的，仅局限于控制系统的稳定性分析与镇定。

　　当前，解决系统控制问题的思路大致有三种：一是某种指标函数的极值求解；二是系统镇定方法的延伸（相对固定平衡状态的镇定）；三是指令跟踪（相对变化参考状态的系统镇定）。第一种研究思路把某种指标函数达到极值，当成求解控制的条件。后两种研究思路获取控制的追求目标都是系统相对平衡状态或变化的平衡（参考）状态的稳定性。无论哪种研究思路，解决系统控制问题的条件，都不包含保证始终可控的前提下，按照预期过程完成状态转移的路径约束，可以称为无路径约束控制模式。

　　属于第一种研究思路的具体方法是最优控制。最优控制，在学术上具有重大意义的研究成果是变分法和极大值原理。但该方法对数学模型的限制条件严苛，应用复杂，很难用于控制工程实践。后继研究很少，未能形成适合状态大范围转移的、实用的非线性控制系统综合方法。

　　属于第二种研究思路的具体方法有非线性系统的大范围线性化、非线性系统的解耦控制、微分几何控制理论等。难题是系统控制有界或运行能力受限，不一定连续可微，在千变万化的非线性微分方程条件下，如何保证系统稳定性的控制求解，目前尚未找到求解此类控制问题的数学方法。变结构控制方法虽然不需要求解非线性微分方程，但是利用到达条件求解出来的开/关型控制，不仅使系统抖振、应用范围受限，而且系统稳定过程不一定符合预期，求解控制原理存在缺陷。

　　指令跟踪用误差控制方法来实现。系统可以在误差控制指令的引导下，完成状态大范围转移。这种方法的难点是相对变化参考状态的稳定性，即对输入/输出稳定性的判断。输入/输出的稳定性比相对固定平衡状态的稳定性要困难很多。至于指令是如何来的、如何表达，系统的稳定性与运行能力有什么关系等，学术界没给予应有的关注。

　　总之，受非线性微分方程求解方法和研究思路的限制，控制理论目前不能给出解决系统控制问题的实用方法。

　　现实中，存在于社会以及工程实践中的控制系统原本都是非线性的，如运动体控制、工业控制、过程控制等。其中又以空间飞行器的星际飞行与自动交会对接，导弹的初、中、末制导，飞机自动起飞与着陆等运动体的控制最为典型。除了问题的局部可以处理成线性系统，就整体而言，没有一个系统是线性的。整体的系统控制，只能借助其他学科的概念、方法来解决，使相关自动控制技术变成现实。与以上获取系统控制的三种思路不同，实践中人们关心系统最优及稳定的同时，更重视保证始终可控的前提下，按照预期过程完成状态转移的"路径约束"。

　　路径控制是一种按照由状态变化速率形成的路径约束改变或保持系统状态的控制模式。与无路径约束控制模式相比，路径控制理念上的不同在于，无论线性或非线性系统、镇定或控制问题，系统都是按照路径约束，实现其状态转移并驻留或穿越目的状态，此路径约束称为指令路径。指令路径是由状态转移速率来描述并根据需求分析综合出来的，避免了求解非线性微分方程。路径调控是路径控制的另一个功能，是用指令路径为基准的路径误差以成熟的误差控制方法来设计的，其作用是使系统保持在指令路径上运行。这些措施取得了通过路径约束达到预期控制的效果，使复杂的动力学问题转变成近乎于运动学的问题。因此，路径控制使非线性系统控制问题的解决变得容易。

　　路径控制的理念来源于实践。本书试图将这种理念用控制理论的常用语言，概括成能用于工程控制实践的理论和方法。本书概要介绍了相关研究工作的一些基本研究结果：概念、理论和方法，初步实现了以上目标。但本书的研究工作是初步的，理论上的严谨性有待进一步提高，应用上对使用者实践经验的依赖性应尽量减少等。

　　本书在写作过程中，得到了赵霞、单鹤玲、李春旺、郑丽丽、刘赛娜、周尹强等的帮助，在此对他们表示感谢。另外，本书的出版还得到了北京航空航天大学吴云洁的大力支持，并且获得了虚拟现实与系统国家重点实验室及国家自然科学基金项目（91216304）的资助，作者在此深表感谢。

　　路径控制在某些定义、概念、方法上与成规存在差别，尤其对控制理论以及涉及的力学知识，认知上可能存在不足。作者诚恳期望读者提出指正、修改和补充意见，使路径控制得到进一步的改进与完善。

作　者

2015 年 1 月

目　　录

第1章 路径约束式预期控制理念
——控制理论发展现状与未来

1.1 引　言

1.1.1 控制论的历史使命

系统工程、云计算、经济调控等一些术语在媒体出现频率的增加,说明系统论、信息论与控制论三位一体的科学认知论和方法论,已经为人们所接受,并广泛地用在了社会和工程实践中。

系统论认为:客观世界是以物质、能量和信息相互作用所形成的系统而存在的。人们认知世界和处理事物必须从与之相关联的全局出发,统筹安排、协调一致地去应对。系统的协调运行,一是靠系统各组成之间物质和能量的交换;二是靠信息的相互传递和响应。

信息是系统各组成之间的联系纽带,又是协调各组成之间运行规律的指令。信息论给人们阐明了信息的属性、表述方法,提供了信息获取、处理、传输、使用的方法和技术。以信息作为切入点,为人类影响系统的运行创造了条件。

控制论的历史使命应该是,在系统论和信息论奠定的理论、技术基础之上,为人类寻求控制或影响系统运行的控制理念、理论,尤其是可行而有效的方法。这里的系统应该包含与人类活动相关的,所有自然的、人类社会的广义系统以及工程系统等。

1.1.2 控制理论发展现状

带有哲学意涵的控制论,确实朝着这样一个目标做了大量的研究工作。结合工程实践发展起来的经典控制理论(或称为调节原理),形成了一系列行之有效的控制方法。其中一些为工程技术人士所采纳,真实地用在了生产、军事、交通等方面。为促进社会文明和生产力的发展做出了贡献。与此同时,应用数学与经典控制理论的部分概念、方法相结合,发展成为现代控制理论。尝试用更为严谨的数学方法求解控制工程问题。著作、文章不计其数,学术上成就卓著。就研究观点、方式、方法而论,现代控制理论强调理论及方法的系统、严谨、整齐划一,具有显明的应用数学研究特征。这些理论以及相关概念,在认知广义系统控制、工程系统控制中发挥了作用。

然而,控制理论发展现状并非尽如人意。其中最大的不足,莫过于缺少具有普适性的、有效的解决非线性系统控制问题的方法。相关研究尚处于理论研究阶段,其研究成果还不能用来解决实际问题。现实中,存在于社会以及工程实践中的控制系统原本都是非线性的。除了问题的局部能处理成线性系统,就整体而言,只能借助实践经验,结合相关学科概念和方法去解决。控制理论在实践中能够发挥作用的,基本上限于稳定性分析与镇定。

控制理论发展现状的另一个不足是,对广义系统工程(如人文、经济、金融、环境等)的研究较少。就控制论的一般原理和方法而论,广义系统及工程系统动态变化过程的控制问题应该是相通的。现实是控制理论的研究对象(尤其应用研究)基本是工程控制系统,涉及广义系统的研究少。现实的成因主要是学科不同造成的对问题的数学描述形式以及解决问题的思路、方式、方法不同。其次是广义系统大多涉及人文社会科学,与主观意识相关联,比工程控制系统运行机理复杂,建模困难。控制理论发展过程中形成的传统做法,如数学描述、名词、术语等,难以与广义系统控制相适应。

1.1.3　控制理论发展未来

本书的写作目的是,试图改变控制理论发展现状,为人类寻求控制或影响系统运行的控制理念、理论,尤其是可行而有效的方法。本章分析此不足形成的原因,借助实践经验和相关学科的概念和方法,提出解决问题的思路,弥补缺憾,寻求控制理论发展的未来。为此,本章将按顺序讨论以下内容。

(1)约定系统控制问题的表述。

(2)介绍控制理论研究内容。

(3)综述控制理论发展现状并分析不足形成的原因。

(4)进而引申出系统路径约束控制模式。

(5)定义系统路径约束可控性。

(6)提出路径约束控制理念。

至于控制理论发展现状的另一项不足,专家、学者早已意识到了问题的存在,并努力改变这种状况。展望未来,总有一天会看到控制理论的研究思路、方式、方法等,有可能以"大数据"的数学描述形式,延伸到广义控制工程中。

1.2　系统控制问题的表述

本来控制理论发展过程中形成了业内公认的名词术语、数学描述方法,看似不必重提这些内容。但是,由于观察问题的观点不同、解决问题思路的差别,业内公认的个别名词术语、数学描述方法,不便于用来表述路径控制的思想,只得改变或新增。传统的、改变了的、新增的串在一起,希望形成对问题叙述、求证、解决等较为一致的语言标准。

1.2.1　控制动力学系统

定义 1.2.1　控制动力学系统。

以一定的机制联系在一起的,其整体动态运行状况可以用一组实变量描述,且可用人为的控制作用来掌控的集合体,称为控制动力学系统,或简称为系统,如大到国家、城市,小至工厂、学校,复杂到弹道导弹防御系统,简单至伺服系统等,都是典型的控制动力学系统。

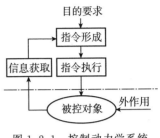

图 1.2.1　控制动力学系统功能组成

控制动力学系统由被控对象和控制功能实体组成,控制功能实体又由目的要求制定,信息获取与处理,决策与指令形成,控制指令执行等环节组成。如图 1.2.1所示。

1.2.2　控制动力学系统的类型

控制动力学系统包括广义系统(社会科学、自然科学等)及工程系统。一般来讲,不管哪种类型的系统,其运行机制、系统性质,以及控制作用影响系统运行的机理等都是相通的。就控制论的研究对象而言,应该适用于所有类型的系统。但当前控制理论能研究的对象,大多是工程系统中的控制问题,如运动体控制、工业控制以及过程控制系统等。

1.2.3　控制动力学系统的性质

控制动力学系统,一般应具有以下主要性质。

(1) 独立性(相对其他系统的整体性)。

(2) 分散性(系统各组成之间主次有序,各司其职,快慢有别的个体性,以系统变量来表述)。

(3) 非线性(包括系统运行能力和控制的有界性、系统模型的非线性及非连续可微等,现实中不存在真正的线性系统)。

(4) 可控性(控制动力学系统的控制具有影响系统运行的能力,不具有影响系统运行能力的动力学系统,不属于我们论述的控制动力学系统范畴)。

(5) 信息可测性(控制系统具有为形成控制指令,获取所需信息的能力,不同于传统意义上的可观测性)。

(6) 受扰性(系统总会受到外部干扰的影响,不可能与外界绝缘)。

(7) 时变性(系统结构组成、运行环境等,随时间 t 的变化而变化,不是一成不变的)。

(8) 不确定性(包括系统模型及外部影响的不确定性)。

其中,可控性及系统运行能力和控制的有界性,以下将给予特别关注。

1.2.4　控制动力学系统模型

定义 1.2.2　控制动力学系统模型。

表示图 1.2.1 中系统变量 x、控制 u、外部干扰 v 之间的动力学关系的数学表达式,称为控制动力学系统模型或控制动力学系统方程。

它与系统的运行机理、研究的目的、代表系统运行状态的变量选择等相关,不是唯一的。对于控制理论的传统研究范畴(工程控制),当系统变量同时是时间和空间的函数时,系统的运行动态过程用偏微分方程来描述,如气象学、流体力学、弹性体力学等。此类系统称为分布参数系统。工程研究中采用有限元方法,将偏微分方程离散为二阶有限维常微分方程组。此类问题的研究控制理论界少见。在系统变量只是时间函数的条件下,系统的动力学特性可以用一阶常微分方程组(或差分方程组)来描述,称之为"系统状态方程",即

$$\dot{x} = f(x, u, v, t), \quad x(t_0) \tag{1.2.1}$$

式中,向量 $x \in \mathbf{R}^n$, $x \subseteq X$ 称为系统变量(现代控制理论中称为状态), X 为 x 的取值域;向量 $u \in \mathbf{R}^m$, $u \subseteq U$ 为控制, U 为 u 的取值域;向量 $v \in \mathbf{R}^r$, $v \subseteq V$ 为影响系统状态转移的系统外作用, V 为外作用的取值域(即外作用对系统影响的能力限制); t 为时间变量,单位为 s; $f(\cdot) \in \mathbf{R}^n$ 为实函数向量。控制动力学系统模型表达了控制动力学系统应具有的性质。现代控制理论将其称为系统状态方程。

1.2.5　系统状态方程

定义 1.2.3　系统状态。

反映系统运行状况的向量描述函数:

$$y = g(x) \in \mathbf{R}^l$$

称为系统状态(类似于控制理论的系统输出,但比系统输出更为抽象、概念化)。 $y = [y_1 \quad y_2 \quad \cdots \quad y_l]^T$ 中的 $\{y_i\}_{i=1}^l$ 称为第 i 状态变量。现代控制理论称其为系统输出。

系统状态是对系统运行状况的宏观描述,是最容易认识到的该系统的特征量。例如,人类社会发展状态的变量 y_i,可以是生产力、生产关系、精神文明、物质文明、社会稳定程度等标志性指标;飞机的飞行状态可以用动压表示,它包含了高度、飞行速度两种因素,也可以用飞机相对地面坐标系的位置来代表;股市行情的状态变量可能选择为股市指数、成交量等。系统状态,比起已有称谓"系统输出",更适合路径控制理念、理论、方法的表述。

虽然系统状态及系统变量同是耦合在一起的系统属性表征,但系统状态与系统变量的主次不同、快慢有别。系统状态是变化缓慢的系统主体属性。系统变量是具有与系统状态同等或较高变化频率的辅助系统属性。系统变量的维数,随研究着眼

点的不同而不同,不是一成不变的。

一般情况下,$m \geqslant l$,即控制向量的维数大于状态向量的维数。当 $m > l$(工程上称为余度技术)时,处理的方法是按控制效果最佳原则,将 u 分配为 l 组,u_i 分别对应状态变量 y_i。所以可认为 $m = l$。

定义 1.2.4　系统初始状态和目的状态。

初始时刻 t_0 的系统状态称为系统初始状态,记为 $y(t_0)$。系统运行目的状态是在控制 u 的影响下,期望在 t:$[t_0 \sim t_f]$ 期间,系统由 $y(t_0)$ 经过状态转移后,时刻 t_f 到达的状态(见第 5 章和第 6 章),记为

$$y_O(t_f) = g(x_O) \tag{1.2.2}$$

类似(但不完全相同)于经典控制理论中的系统输入。

目的状态可以是确定的,也可以是变化的。然而与系统运行状态的变化速率相比,目的状态的变化速率应小得多,即

$$\dot{y}_O \ll \dot{y} \tag{1.2.3}$$

式(1.2.3)表明,相对系统运行状态,目的状态的变化应当缓慢,更不可朝令夕改。否则,将导致系统运行的紊乱。系统到达目的状态的时间 t_f 是确定的也可以是变化的。

定义 1.2.5　目的距离和状态转移路径。

系统由 $y(t_0)$ 向 $y_O(t_f)$ 转移过程中,当前状态 $y(t)$ 与目的状态 $y_O(t_f)$ 的差别,即

$$d(t) = [d_1(t) \quad d_2(t) \quad \cdots \quad d_l(t)]^{\mathrm{T}} = y_O(t_f) - y(t)$$

称为目的距离。

系统状态转移路径定义为

$$\dot{y}(d) = [\dot{y}_1(d) \quad y_2(d) \quad \cdots \quad y_l(d)]^{\mathrm{T}}$$

它描述了状态转移速率 y 的大小、变化快慢,$\dot{y}_i$ 与 $\dot{y}_j$ 之间的大小搭配,与目的距离 d 之间的函数关系。

定义 1.2.6　系统输入及系统平衡状态。

系统输入是经典控制理论中出现过的专业术语,是系统运行所遵照执行的指令,或希望系统驻留的状态,即目的状态。现代控制理论大多指定输入为零态。

系统平衡状态

$$\dot{x} = f(x, u, v, t)\big|_{u=0} = 0$$

所对应的系统状态为

$$y_B = g(x\big|_{\dot{x}=0, u=0})$$

系统变量为零(即 $x=0$)的状态,不一定是平衡状态。

定义 1.2.7　系统状态方程。

将控制动力学系统模型(式(1.2.1))和系统运行状况描述函数 $y = g(x)$ 结合在一起的,描述系统状态 $y(t)$ 动力学特性的数学模型:

$$\left.\begin{array}{ll} \dot{x}=f(x,u,v,t), & x(t_0) \\ y=g(x), & y(t_0) \end{array}\right\} \tag{1.2.4}$$

称为系统状态方程。

1.3　控制理论研究内容

1.3.1　研究内容划分

把控制理论研究内容粗略地划分为系统稳定性分析、系统镇定(调节或调控)、系统控制以及系统可控性。从应用的角度,对系统稳定性分析、系统镇定、系统控制的含义分别进行如下界定。

(1)系统稳定性分析,如何判断系统相对平衡状态 y_B 的稳定性。

(2)系统镇定,如何使系统稳定于平衡状态 y_B。

(3)系统控制,如何使系统离开平衡或非平衡的初始状态 $y(t_0)$,经过大范围(以系统特性变化的大小,而不是状态变化的数值来衡量)状态转移,到达平衡或非平衡的目的状态 $y_O(t_f)$。

各含义分别示意于图 1.3.1～图 1.3.3。图中符号 $y(t_0)$、y_B、$S_{\delta B}$、S_{LB}、S_g 分别表示系统初始状态、平衡状态、y_B 的小邻域、y_B 的有限邻域、y_B 的大邻域,它们都包含在与 X 对应的状态空间之中。为了确切地给出系统稳定性分析、系统镇定、系统控制的定义,将 $S_{\delta B}$、S_{LB}、S_g 的含义分别明确如下。

(1) $S_{\delta B}$ 是与 y_B 近似相等的状态子空间(只是存在工程上允许的状态误差)。

(2) S_{LB} 是与 y_B 系统特性近似相同的状态子空间。

(3) S_g 是与 y_B 且彼此之间系统特性处处不同的状态子空间。

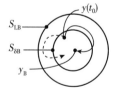
图 1.3.1　稳定性分析图示

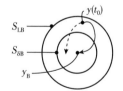
图 1.3.2　系统镇定图示

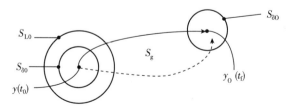
图 1.3.3　系统控制图示

$y_O(t_f)$、$S_{\delta O}$ 分别表示系统目的状态、$y_O(t_f)$ 的小邻域。它们同样包含在与 X 对应的状态空间之中。进而可明确系统稳定性分析、系统镇定、系统控制的具体含义。

系统可控性是指实现对系统镇定和控制的条件是否客观存在。

1.3.2　稳定性分析

定义 1.3.1　系统稳定性分析。

系统稳定性分析是以系统状态方程

$$\left.\begin{array}{ll} \dot{x}=f(x,u,v,t), & x(t_0) \\ y=g(x), & y(t_0) \end{array}\right\}$$

为依据,确定偏离了 y_B 尚且未越过 $S_{\delta B}$ 的系统状态 $y(t_0)$,是否能靠 $t>t_0$ 之后的动能变化所形成的动态过程 $y(t)$(类似于动力学系统,只是位移引起的势能初值,而动能初始为零的条件下,所形成的动态过程),自行($u=0$)停在 $S_{\delta B}$、进入 $S_{\delta B}$(图 1.3.1 中虚线),或到达 y_B(图 1.3.1 中实线)。

举一个具体的例子,用来说明系统稳定性分析有关名词、术语的具体含义。图 1.3.4 表示一个滚动在凹凸不平地面上的圆球 M,以及球的滚动方向 x_1 上的地形剖面图。高度 h 与 x_1 的关系表示为 $h=f(x_1)$。$f(x_1)$ 不一定是 x_1 的解析、连续可微函数;X 是 x_1 的取值域;g 和 $|u|\leqslant U$ 分别是圆球的重力加速度和控制力产生的控制加速度。

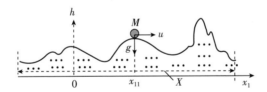

图 1.3.4　滚动在凹凸不平地面上的圆球 M

M 的运动动态过程,用以下常微分方程组描述,即

$$\left.\begin{array}{l} \dot{x}_1=x_2 \\ \dot{x}_2=(-g\sin\alpha-\rho x_2+u)\cos\alpha \\ y=x_1 \end{array}\right\}$$

式中

$$\alpha=\arctan\left(\frac{\mathrm{d}h}{\mathrm{d}x_1}\right)$$

$-\rho x_2$ 代表与运动方向相反的阻力,y 表示 M 的位置状态,如图 1.3.5 所示。

分析以上系统圆球运动的稳定性,需明确平衡状态。在 x_1 的取值域 X 内,平衡状态不止一个,但 $x_1=0$ 不是。对于 x_{11},有

$$u=0, \quad x_2=0$$

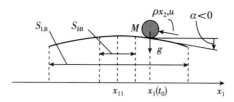

图 1.3.5   系统稳定性分析与系统镇定的状态变化范围

且因 $\alpha = 0$，有

$$\begin{bmatrix} \dot{x}_1 \\ \dot{x}_2 \end{bmatrix} = \begin{bmatrix} x_2 \\ (-g\sin\alpha - \rho x_2 + u)\cos\alpha \end{bmatrix} = 0$$

故 x_{11} 为平衡状态。图 1.3.5 中 M 的稳定性分析，需要确定偏离了 x_{11} 但未越过 $S_{\delta B}$ 的系统状态 $y = x_1$，且在

$$x(t_0) = \begin{bmatrix} x_1(t_0) \\ x_2(t_0) \end{bmatrix} = \begin{bmatrix} x_{11} \pm \Delta \\ 0 \end{bmatrix}, \quad \Delta < 0.5 S_{\delta B}$$

的条件下，靠 $t > t_0$ 之后的动能变化所形成的动态过程 $y(t) = x_1(t)$，能否自行停在 $S_{\delta B}$，进入 $S_{\delta B}$，或到达 x_{11}。

与传统说法相比，不同之处在于：第一，系统模型不同。传统说法的系统模型为 $\dot{x} = f(x)$，$f(0) = 0$，它与这里所说的系统状态方程相去甚远，而且指定 $x = 0$ 为平衡状态 x_B。系统模型缺乏一般性，理论的应用必然受限。第二，传统是以 $x(t_0)$ 偏离了 x_B 之后动态过程 $x(t)$ 的特性，评价系统的稳定性。$x(t_0)$ 不同于 $y(t_0)$，$x(t_0)$ 可能导致类似力学系统的势能变化，也可能有动能变化。如此，难免 $t > t_0$ 之后的动态过程 $y(t)$ 由于初始动能不确定，而影响稳定性判断。

1.3.3   系统镇定

定义 1.3.2   系统镇定。

系统镇定是以系统状态方程

$$\left. \begin{array}{ll} \dot{x} = f(x, u, v, t), & x(t_0) \\ y = g(x), & y(t_0) \end{array} \right\}$$

为被控对象，求解使处于 S_{LB} 的系统，在有限的时间 $t_L = t_0 \sim t_f$ 之内，从初始状态 $y(t_0)$ 进入 $S_{\delta B}$（图 1.3.2 中虚线），或到达 y_B（图 1.3.2 中实线）的控制 u。

对应图 1.3.5 中的同一个例子，M 运动的镇定问题，是求取控制 u 使处于 S_{LB} 中的 M，从初始状态 $x_1(t_0)$ 进入 $S_{\delta B}$，或到达 x_{11}。

1.3.4   系统控制

定义 1.3.3   系统控制。

系统控制是以系统状态方程

$$\left.\begin{array}{ll} \dot{x}=f(x,u,v,t), & x(t_0) \\ y=g(x), & y(t_0) \end{array}\right\}$$

为被控对象，求取控制 u，使系统在有限的时间 $t_L = t_0 \sim t_f$ 之内，由 $y(t_0)$ 出发，穿越 $S_{\delta 0}$、S_{L0}、S_g，进入 $S_{\delta O}$（图 1.3.3 中虚线），或到达 $y_O(t_f)$（图 1.3.3 中实线）。

与图 1.3.6 相对应，M 运动的控制问题，是求解使系统由 $x_1(t_0) \subset X$ 出发，穿越 $S_{\delta 0}$、S_{L0}、S_g，进入 $S_{\delta O}$，或到达目的状态 $x_{10}(t_f) \subset X$ 的控制 u。

与稳定性分析、系统镇定不同，S_g 中可能有若干平衡状态，如 x_{12}、x_{13} 等，也可能存在 $h = f(x_1)$ 不连续的状态（即 $\dfrac{\mathrm{d}h}{\mathrm{d}x_1} \to \infty$），如 x_{14}。如果 $U < g$，能否使 M 到达目的状态，则要看目的状态选定的具体位置而定。图 1.3.6 中的 $x_{10}(t_f)$，必须穿越不连续状态 x_{14}，不可能达到控制的目的。如果图 1.3.4 中凹凸不平的地面是三维的，绕道而行，在 $U < g$ 的条件下，也许可能到达 $x_{10}(t_f)$。S_g 中系统特性处处不同，我们处理系统控制问题，必须弄清系统运行环境特点。

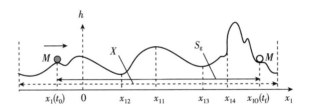

图 1.3.6　系统控制问题状态的变化范围

总之，稳定性分析、镇定、控制，系统状态的运行范围不同，解决问题的目的要求也不同。我们应该干些什么、能干些什么、如何去干，需要加以区分。

1.3.5　系统可控性

定义 1.3.4　系统可控性。

系统可控性研究，是以系统状态方程

$$\left.\begin{array}{ll} \dot{x}=f(x,u,v,t), & x(t_0) \\ y=g(x), & y(t_0) \end{array}\right\}$$

为依据，提供能否求解到满足镇定和控制要求的控制 u 的判断准则。或者说，系统可控性的研究目的是，确定求解到如此一个控制 u 的充分必要条件是否客观存在。

1.4　控制理论发展现状

1.4.1　稳定性分析

系统稳定性分析是控制理论发展过程中最基本的内容。其中，线性控制系统的稳定性分析方法,发展得早、应用广泛,如时域分析法、根轨迹分析法、频域分析法等。非线性控制系统的稳定性研究也取得了一定进展,如相平面分析法、描述函数分析法等。以上方法与工程实践相结合,为控制理论的发展做出了贡献。一般性控制动力学系统(如式(1.2.3))的稳定性理论研究,也取得了一定的进展,其中以李雅普诺夫稳定性理论和相关方法为代表的研究成果,学术界影响最为广泛、深远[1-4]。然而,实际控制系统模型复杂、多变,V 函数拟订困难,工程实践难以推广。

按照系统稳定定义,图 1.3.1 的系统只要能从 $S_{\delta B}$ 中的任意初始状态 $y(t_0)$ 自行保持在 $S_{\delta B}$ 或趋向于 y_B,则系统是稳定或渐近稳定的。鉴于 S_{LB} 是与 y_B 近似相等的状态子空间,$y(t_0)$ 相对 y_B 的系统特性差异为小量。因而,可以通过摄动线性化,获取相对 y_B 的线性化系统模型。通过线性化系统模型的摄动运动稳定性分析,替代原非线性系统模型的全量稳定性分析,而且系统是否稳定或渐近稳定,不随 $y(t_0)$ 的具体值和稳定过程的状态转移路径而变化,系统是否稳定或渐近稳定,结论是唯一的。故判断系统稳定性不必关心 $y(t_0)$ 的具体值和稳定过程所沿袭的路径。实践活动中,人们所关心的系统稳定性也多如此。

然而,研究 $y(t_0)$ 处于 S_g 中系统的稳定性是不可行的。具体原因为:一是系统初值 $y(t_0)$ 超出了 $S_{\delta B}$,与稳定性分析的原意不符;二是 S_g 中处处与 y_B 且彼此之间系统特性不同,系统自身是否稳定、稳定到哪个平衡状态(可能存在多个平衡状态,如图 1.3.4 举例),与系统所处的初始状态 $y(t_0)$ 以及稳定过程所沿袭的路径有关(如图 1.3.4 为三维地形空间),结论不是唯一的。所以,大范围偏离了平衡状态的非线性系统稳定性,不应该是(事实上也不是)人们研究系统稳定性所关心的内容。

1.4.2 系统镇定

系统镇定是控制理论发展最为完善、应用最为广泛的一个方面。许多有关方法可以用来解决工程控制系统的实践问题[5-8]。

回顾控制理论的发展过程,经典控制理论的主线是围绕稳定问题发展起来的反馈控制。所谓反馈控制,即是以控制系统的输入作为系统的参考状态,将系统的输出反馈后,与输入进行比较,把入/出差别视为误差。再以某种算法或变换方法,将误差相关量,主要是比例(proportion)、积分(integration)、微分(differential),线性组合成控制指令。控制指令转变为控制物理量,修正系统输出,使入/出达到一致。入/出一致的过程,又可视为误差的消失过程,或系统运行状态相对参考状态的调节过程。所以这种系统镇定方法称为误差 PID 控制或误差控制。利用误差控制方法解决控制问题,是在分析系统运行规律的基础之上,先给出影响系统运行规律的预期控制表达式,而后以性能指标(快速性、超调量、稳态误差等)为准,确定控制表达式(控制律)和其中的参数。学术界将这种求解控制问题的方式,称为控制系统设计。

误差控制方法,物理概念清晰,容易理解,便于工程上应用。然而,固定格式的控制表达式,给误差控制方法带来一些局限性。

（1）系统模型不确定或者变化,对系统性能造成影响。

（2）不能充分发挥系统的运行能力,使系统响应达到最快等。

围绕此类课题,提出了许多新型控制概念,如自适应、变结构、模糊、智能(包括神经网络)。自适应靠改变控制律或模型跟踪来适应系统模型的变化。变结构可以理解为误差及其高阶导数组合而成的和式与有界开/关型控制串联而成的一种控制形式。如果有界开/关控制的幅值足够大,且此种控制形式所形成的闭环系统稳定,那么必有误差及其高阶导数的和式近似为零。近似为零的和式所代表的动态过程,将保持近似不变(即所谓的鲁棒性(robust))。模糊控制、神经网络控制等,事实上分别是通过离散优化法、参数化(parametrizition)优化设计,将误差转换成为控制的,同样是误差控制。只不过控制参数不是常数,而是随误差的变化而变化。以上新型控制概念,使误差控制的表达形式变得灵活多样,控制效果得到改进。

对于系统镇定,由于假设了 $y(t_0)$ 与 y_B 的系统特性近似相同,$y(t_0)$ 相对 y_B 的系统特性差异也可以视为小量。因而,类似于系统稳定性分析,可以通过摄动线性化,将非线性控制系统模型转变成线性的。对于线性系统,有完善的数学方法,不受微分方程分析、求解的限制,容易解决问题。在控制理论发展史上占有重要位置的线性控制理论,以及与之类似的研究,便是突出的例证[6]。

误差控制具有两个突出的特点。

（1）以位置(状态)误差形成控制指令,实现对位置控制的,误差控制可以认为是一种以位置控制位置的"一步到位"控制方式。

（2）不忽视输入对系统性能的影响,典型的输入,如阶跃输入、斜坡输入、正弦波输入等,常被用来检验以不同形式表述的系统性能,把与输入相关的性能指标,作为设计系统的依据等。

与误差控制理论不同,现代控制理论将系统输入(或平衡状态)指定为零,入/出误差变成了状态,误差控制演化成了状态反馈控制。线性控制理论及方法、线性最优控制理论及方法、非线性控制理论等,大多如此。状态反馈控制的确方便了以严谨划一的数学方法研究控制问题。然而,如此处理不便于控制工程专业人士的理解和接受。一方面,一旦输入不为零,需要量纲一致的条件下进行入/出比较。进行入/出比较,状态或输出反馈只能是幺阵。为此,必须另辟蹊径使非幺的状态或输出反馈阵付诸实施。否则,状态或输出反馈控制只能止步于学术上的研究。另一方面,如果系统是非线性的,输入为零或不为零,那么所需要的控制大不相同,不可相互替代。

系统镇定是否存在使系统稳定的控制 u,结论是唯一的。由于假设了 S_{LB} 中处处与 y_B 系统特性近似相同,控制 u 是否能稳定系统,与 $y(t_0)$ 的具体值和状态转移路径无关。故系统镇定不需要约定预期状态转移路径。

然而,对于非线性控制系统,研究 $y(t_0)$ 处于 S_g 中的系统镇定,同样是不可行的。

具体原因为：一是系统初值 $y(t_0)$ 超出了 S_{LB}，与镇定的原意不符；二是假定了 S_g 中处处且彼此之间系统特性与 $y(t_0)$ 不同，可否通过 u 使系统稳定，与 $y(t_0)$ 的具体值和稳定过程的状态转移路径有关，结论不是唯一的。

1.4.3 系统控制

与系统稳定性分析、镇定不同，系统控制是寻求使系统在有限的时间 $t_0 \sim t_f$，离开初始状态 $y(t_0)$，经过大范围转移，穿越 S_g，到达目的状态 $y_O(t_f)$ 的控制 u。求解控制 u 的方法大致分为三种：一是最优控制（性能指标函数的极值求解）；二是相对固定平衡状态的大范围镇定（用镇定的观点求解系统控制问题，或系统小范围镇定方法的延伸）；三是相对变化参考状态的系统镇定（指令跟踪）。如果方法可行，通过三种方法得到的，都是问题的解析解（包括控制的表达式及参数）。这种求解控制的方法，学术界称为系统综合（synthesis），有别于系统设计。

由于 S_g 中处处与 y_B 且彼此之间系统特性不同，存在的系统都是运行能力有界、非线性、时变甚至不连续可微。一般而论，缺少以系统稳定性或性能指标函数取极值为控制目标，通过求解这类非线性微分方程，得到控制的数学综合方法。系统特性的处处不同，又不可能将它近似为线性的，使相关研究工作止步不前。相对系统镇定，系统控制问题是控制理论发展中最薄弱的环节。研究工作做了很多，实用的使系统大范围离开初始状态，转移到目的状态的非线性控制系统综合方法，可以说没有。

造成以上局面的另一个原因是，控制理论学术研究的氛围，使得我们多半意识不到以上状况的存在。或者说，以为系统能被镇定，就等于能被控制。因为，既然镇定可使入/出达到一致，通过保持或变更输入，便可达到改变系统输出的目的，进而形成了一种观念：只要解决了系统的镇定问题，使系统变得相对输入稳定，就可以顺理成章地实现对系统的控制。把系统镇定等同了系统控制。或者说，系统镇定就是系统控制。事实上，这一推论只是对线性系统正确，而对非线性系统不适用。

目的状态（或输入）：

$$y_O(t_f) \equiv 0$$

也是控制理论学术研究的习惯做法。如此，带来的不易觉察到的影响是，研究者的注意力完全被集中在系统闭环圈里。忽视了输入对系统控制问题的影响，容易把系统镇定等价于系统控制。系统镇定等价于系统控制的意识，与李雅普诺夫稳定性理论的影响也有关。对于线性系统，系统可控等于闭环系统的特征值可任意配置，通过特征值的配置即可达到使系统稳定的目的，或达到镇定系统的目的。所以，系统可控、稳定、镇定是相通的。进而，推广到非线性系统，认为系统的可控、稳定、镇定也是相通的。故可以借助李雅普诺夫非线性系统稳定性理论，解决非线性控制系统的控制问题。以至于相当多非线性控制理论，如基于李雅普诺夫函数的最优控制系统综合、基于微分几何方法的非线性系统的大范围线性化，以及非线性系统的逆系统控制法等,都把系统的稳定当作非线性控制系统的综合目标[9-16]。滑模变结构控制的核心,达到条件,也和李雅普诺夫稳定性条件挂上了钩[17-19]。按照滑动模态的定义,两者结合并非恰当[19]。

目的状态为零的另一个问题是,忽视了不同目的状态对控制的影响。事实上,目的状态与解决系统控制问题的成败有关。图 1.3.6 所表达的系统控制问题,便是容易说明问题的一个例证。如果选择目的状态,即

$$y(t_f) = x_{10}(t_f)$$

那么可以避免 M 穿越 x_{14},控制问题求解成功的可能性会大得多。社会实践中,此类例子更是普遍。以一个作战部队为例,能否打胜仗,固然与部队的装备、训练素质、是否服从命令听指挥等有关,而作战命令正确与否,更是战争胜负的决定性因素。因为一旦目的状态所需要的系统运行能力超出其界限,必导致控制指令执行的失败。典型的例证是输入指令跟踪法,输入指令代表了变化的目的状态,输出是实际的系统状态,以状态误差控制的方式消除两者之间的差别,使系统跟随输入指令运行,达到控制系统的目的[20-25]。由于作为参考状态的输入指令是变化的,相对变化参考状态的稳定性问题成为系统综合的难题(即输入/输出稳定性,不同于李雅普诺夫稳定性,而是所谓的轨道稳定性或超稳定性)。解决问题的注意力,仍然集中在系统自身的稳定性上。输入指令对稳定性的影响研究甚少。如何限定输入指令对系统运行能力的需求没得到解决。虽然这种方法用在了工程实践,但严格地讲,学术上算不上是一种完善的非线性控制系统综合方法。

几乎与误差控制问题同时起步的,以状态转移过程为研究着眼点的非线性最优控制,从学术研究的角度看,成果算得上卓著(如动态规划、极大值原理)[26-28]。但应用上,确实没给广大控制实践工作者提供切实可行的、控制非线性系统进行大范围状态转移的系统综合方法。

研究系统控制问题,以上多数方法都是以系统稳定性为控制目标的、输入为零的、无特定状态转移路径的控制模式。也就是说,它们研究的只是如何获取控制 $u(t)$,使系统在有限的时间 $t_0 \sim t_f$,由 $y(t_0) \neq 0$,穿越 S_g 进入 $S_{\delta 0}$ 或到达目的状态 $y_O(t_f) = 0$,而不管实际目的状态是否为零,且没有特定的状态转移路径。

具有特别约束条件的状态转移路径,取名为路径约束。以上提到的系统镇定以及控制方法,对状态转移路径都没有指定特别的约束条件,将它们称为无路径约束控制模式。

1.4.4 系统可控性

定义 1.4.1 系统可控性。

无路径约束控制模式,可控性大致定义为:如果在一个有限的时间间隔,即

$$t_L = t_f - t_0$$

可以用一个无界控制向量 $u(t)$，使得系统由初始状态 $y(t_0)$ 转移到目的状态 $y_0(t_f)$，那么系统（式（1.2.4））就称为在时间 t_0 是可控的[29-32]。

依据定义，显然其研究目的是以系统状态方程式（1.2.4）为依据，建立符合可控性定义的，$u(t)$ 是否客观存在的判断准则。

由于用 $u(t)$ 使系统由 $y(t_0)$ 转移到 $y_0(t_f)$ 是一个动态过程。因而，此可控性定义给出的判断准则是动态性的。建立这样一个动态性的判断准则，受制于两方面因素：一是控制理论工作者的主观能动性，即求解 $u(t)$ 的方法；二是系统的客观存在。如此一来，以上系统可控性的定义，把人的主观能动性与客观存在捆绑在了一起。用一个无界控制向量使系统由初始状态转移到目的状态，取决于能否求解到这样一个控制。求解如此一个控制不仅与客观存在的系统有关，而且受人的主观能动性制约。按照常理，系统的可控或不可控是系统性质的客观存在，不应该受制于人的主观能动性。

对于线性系统，能否求解到如此一个无界控制向量 $u(t)$，不受求解 $u(t)$ 的方法制约。因为应用基本数学方法，可以找到使此类系统由初始状态 $y(t_0) \neq 0$，转移到目的状态 $y_0(t_f) = 0$ 的，无界控制向量 $u(t)$ 的一般表达式。继而，从中引申出系统可镇定的条件。通过成熟的线性系统设计或综合方法，如状态反馈、最优二次型、误差控制等，给出的无界控制向量 $u(t)$ 的表达式，也可以找到相应的能否求解到如此一个控制的判断准则。按照这些准则，建立起与每种设计方法相对应的可镇定条件。不仅如此，线性系统的可控与可镇定等价，可控性与初始状态 $y(t_0)$、目的状态 $y_0(t_f)$、状态转移路径无关。

然而，对于一般控制动力学系统（式（1.2.4）），尚且没有公认的可以判断是否可能设计或综合出如此一个有界控制向量 $u(t)$，在有限的时间间隔 $t_L = t_f - t_0$，使系统由初始状态 $y(t_0)$ 转移到目的状态 $y_0(t_f)$ 的一般性数学方法。或者说，至少当前控制理论尚且提供不出一种方法，保证一切客观可控的系统，都能求解到如此一个控制。

究其原因，一是缺少通过求解控制有界、不一定连续可微、千变万化的非线性微分方程，得到如此一个控制的方法，当然更谈不上判断方法对于指定系统的适用性；二是以线性系统可控性研究思路，研究非线性控制系统的可控性。从现有参考文献看出，解决该问题的思路，大多是先通过某种变换改变非线性系统的表述形式。然后，仿照线性系统可控性的研究模式，分析表述形式改变后系统的可控性。若改变后的系统可控，则原非线性系统可控。但是，并非所有非线性系统都可以通过某种变换，成为我们期望的表述形式，而且系统模型表述形式的改变，影响不了可控性与系统状态相关的事实。实际上，在系统由 $y(t_0)$ 穿越 S_g 向 $y_0(t_f)$ 的转移过程中，其可控性可能处处不同。

举一个通俗的例子。假如图 1.4.1 中有一个人，从横向 $y_1 = 0$，纵向 $y_2 = 0$ 的初始位置 $y(t_0)$，转移到横向 $y_1 = 1$，纵向 $y_2 = 1$ 的目的地：

$$y_O(t_f) = [y_{1O}(t_f) \quad y_{2O}(t_f)]^T$$

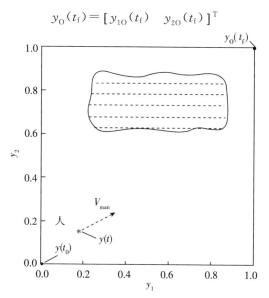

图 1.4.1　可控性与状态有关的非线性系统

　　虽然其间有平坦的地面,但是初始位置与目的地之间隔着一片寸步难行的沼泽地(为了表述简单,假设只有一片性质相同的沼泽地,图中阴影区)。人在状态 $y(t)$,下一步能不能走,要看他走路的方向如何(V_{man} 的方向)。一旦中途走进沼泽地,此人变得寸步难行,再也不可能到达 $y_O(t_f)$。是否能从 $y(t_0)$ 走到 $y_O(t_f)$ 要看他走的是哪条路。按照以上关于系统可控性的定义,$y(t_0)$ 可控意味着系统向 $y_O(t_f)$ 转移的路径上必须是处处可控。否则,一旦 $y(t_0+\Delta t)$ 不可控,系统又将如何从 $y(t_0+\Delta t)$ 转移到 $y_O(t_f)$。无路径约束的系统控制模式获得的控制 $u(t)$,并没有保证系统在转移路径上处处可控的措施。事实上,通俗例子中的人可以选择适当的路径,从 $y(t_0)$ 走到 $y_O(t_f)$。或者说,客观上它是可控的。

　　客观上可控的系统,控制理论却求解不出如此一个控制的例证俯拾皆是。结论是动态性的可控性判断准则,难以客观地评价系统的可控性。

1.5　路径约束与系统控制模式

1.5.1　路径约束的表述

　　定义 1.5.1　路径约束。

　　如果系统镇定或者系统控制,在完成状态转移的过程中,必须沿袭特定的系统状态转移路径:

$$\dot{y}(d) = [\dot{y}_1(d) \quad \dot{y}_2(d) \quad \cdots \quad \dot{y}_l(d)]^T$$

使得状态转移速率 $\{\dot{y}_i\}_{i=1}^l$ 的大小、变化快慢,$\dot{y}_i$ 与 $\dot{y}_j$ 之间的大小搭配,与目的距离

$\{d_i\}_{i=1}^l$ 之间的函数关系,满足特定的要求,则此状态转移路径称为路径约束。

特定的要求主要是指路走得通,其次是出于省时节能、安全蔽障等实用要求所决定的路径形状,给系统状态转移路径设定的特殊限制。

1.5.2　路径约束式控制模式

对于系统状态方程式(1.2.4),满足预先设定的状态转移路径约束 $y(d)$ 限制条件下,寻求有界控制向量:

$$u = q[\dot{y}(d)], \quad u \subseteq U$$

在有限的时间间隔 $t_T = t_f - t_0$,使系统由初始状态 $y(t_0)$ 出发,沿袭该路径约束转移到目的状态 $y_O(t_f)$,即使 $d = (y_O - y) \to 0$,称为路径约束式系统控制模式。

1.5.3　无路径约束控制模式

对于控制系统式(1.2.4),无路径约束控制模式求解控制的目的,只是寻求无界控制向量:

$$u = q(y)$$

在有限的时间间隔 $t_T = t_f - t_0$,使系统输出由初值 $y(t_0)$ 转移到终值 $y_O(t_f)$,即使 $d = (y_O - y) \to 0$,而对 $\dot{y}$ 随 d 的变化规律 $\dot{y}(d)$,无预先设定的限制条件。

1.5.4　误差控制的控制模式

对于控制系统式(1.2.4),误差控制的无界控制向量常用的表达形式为

$$u = \begin{cases} P\Delta y + I \displaystyle\int \Delta y \mathrm{d}t \\ P\Delta y + D \dfrac{\mathrm{d}\Delta y}{\mathrm{d}t} \end{cases}$$

式中

$$\Delta y = d = (y_O - y)$$

不一定为零的 y_O 称为输入(等同于这里的目的状态),y 为输出(等同于这里的系统状态)、$\Delta y = (y_O - y)$ 为入/出误差。P、I、D 分别为增益矩阵:

$$P = \begin{bmatrix} p_{11} & \cdots & p_{1l} \\ \vdots & & \vdots \\ p_{l1} & \cdots & p_{ll} \end{bmatrix}, \quad I = \begin{bmatrix} i_{11} & \cdots & i_{1l} \\ \vdots & & \vdots \\ i_{l1} & \cdots & i_{ll} \end{bmatrix}, \quad D = \begin{bmatrix} d_{11} & \cdots & d_{1l} \\ \vdots & & \vdots \\ d_{l1} & \cdots & d_{ll} \end{bmatrix}$$

特别对于单输入/单输出系统,$l = 1$,控制变为

$$u = \begin{cases} p_{11}\Delta y + i_{11} \displaystyle\int \Delta y \mathrm{d}t \\ p_{11}\Delta y + d_{11} \dfrac{\mathrm{d}\Delta y}{\mathrm{d}t} \end{cases}$$

设计控制 u，是为了确定 p_{11}、i_{11}、d_{11} 的不同取值，达到使 $\Delta y(t)$ 稳定于零的主要控制目标，并尽可能使 $\Delta y(t)$ 的动态过程满足一定的要求。至于 $\Delta \dot{y}(d)$，没有预先设定的特殊限制。所以，误差控制为无路径约束控制模式。

1.5.5　状态反馈控制的控制模式

对于控制系统式(1.2.4)，无界控制向量的表达形式为

$$u = -Kx$$

式中，x 定义为系统状态(等同于这里的系统变量)，所以称为状态反馈控制。控制 u 的设计目标是确定状态反馈阵 K，使 x 稳定于零态，即 $x=0$。特别当 $x(t_0) \subset S_{L0}$ (S_{L0} 为零态小邻域)时，控制动力学系统可以线性化为

$$\Delta \dot{x} = A\Delta x + B\Delta u + C\Delta v, \quad \Delta x(t_0) \neq 0$$

式中

$$A = \frac{\partial f(\cdot)}{\partial x}, \quad B = \frac{\partial f(\cdot)}{\partial u}, \quad C = \frac{\partial f(\cdot)}{\partial v}$$

系统控制变成了系统镇定。系统设计的目标是确定无界控制向量：

$$\Delta u = -K\Delta x$$

中的反馈阵 K，使 $\Delta x(t)$ 稳定于零态。$\Delta \dot{x}(\Delta x)$ 如何变，没有严格规定。故状态反馈控制是无路径约束控制模式。

1.5.6　非线性系统控制综合的控制模式

非线性控制系统式(1.2.4)的综合问题，是求解有界控制向量：

$$u = q(x), \quad u \subseteq U$$

或

$$u = q(y), \quad u \subseteq U$$

使 $x(t)$ 或 $y(t)$ 稳定于 $x=0$ 或 $y=0$。同样没有规定对 $\dot{x}(-x)$ 或 $\dot{y}(-y)$ 的约束。当然，非线性系统控制的综合方式，也是无路径约束。

1.5.7　非线性最优控制的控制模式

非线性控制系统式(1.2.4)的最优控制，是寻求有界控制向量 $u=q(x)$，$u \subseteq U$，或 $u=q(y)$，$u \subseteq U$，使系统在有限时间间隔 $t_T = t_f - t_0$，由初始状态 $y(t_0)$ 或 $x(t_0)$ 转移到目的状态 $y_O(t_f)$ 或 $x_O(t_f)$，且使指标函数：

$$J(u) = \phi(y_O, t_f) + \int_{t_0}^{t_f} \varphi(y, u, t) \mathrm{d}t$$

或

$$J(u) = \phi(x_O, t_f) + \int_{t_0}^{t_f} \varphi(x, u, t) \mathrm{d}t$$

取极值的解。$\phi(y_0,t_f)$ 或 $\phi(x_0,t_f)$ 是终了约束条件，$\varphi(y,u,t)$ 或 $\varphi(x,u,t)$ 连续可微。但 $\varphi(y,u,t)$ 或 $\varphi(x,u,t)$ 并非是对 $\dot{y}(d)$ 或 $\dot{x}(d)$ 的约束。所以，非线性最优控制的控制模式同样是无路径约束的。

以上提及的控制理论已有系统镇定和控制方法，其控制模式都是无路径约束的。无路径约束控制模式，伴生出许多局限性。由于数学方法的限制，其中最大的不足莫过于即使问题的解客观存在，然而控制理论却解不出。许多实践中早已得到解决的非线性控制问题（工程系统或广义系统），控制理论提供不出解决问题的有效方法的例子很多。其他弱点，如系统响应的快速性、系统性能的不易变性、系统低速精确跟踪能力、系统控制解耦能力等，也表现得不尽如人意（在第 5 章讨论）。以下内容将论述无路径约束控制模式是没有形成具有普适性的、有效的非线性系统控制方法的主要原因。

1.6　路径约束与系统可控性

1.6.1　系统控制与镇定之间的辩证关系

然而，人们面对的有关控制问题的现实，不论社会的、自然的还是工程的，关注的焦点不只是镇定，而主要是如何将系统从当前状态转移到目的状态的系统控制。镇定系统的目的是更好地控制系统进行状态转移。例如，改变广义系统工程的运行状态、运动体（空间飞行器、飞机、导弹等）的制导与控制、工业自动控制、过程自动控制等。解决诸如此类的控制问题，镇定是手段，改变系统状态是目的。

1.6.2　系统可控的约束条件

成功地改变系统状态，实现系统状态转移，其过程必须在合理的"路径约束"下进行。工程控制系统如此，广义系统的控制问题也应如此。

系统控制是系统性质处处不同的状态大范围主动转移的控制问题。对转移路径必须规定其限制条件。就系统的可控性而言，在系统由 $y(t_0)$ 穿越 S_g 向 $y_0(t_f)$ 的转移过程中，该约束条件是转移路径上系统必须处处可控。

1.6.3　系统定态可控性

面对以上难题，需从社会的、自然的、工程的，甚至生活的实践中寻找灵感，拓宽可控性研究的着眼点。遵循实践第一的准则，探寻免于受制于主观能动性，具有一般性的、非线性系统可控性定义方法。人们在日常实践活动中，早已熟知可控和不可控的含义。从实际出发，提出系统实时可控性的概念。

以飞机的可控性为例，相关学科论证一种新型飞机的总体方案，如何保证此型飞机,从地面跑道滑跑起飞,直到升限高度巡航飞行的可控性问题。飞机的可控性与运动方式(地面滑跑或大气中飞行,不同的运动方式具有不同的控制装置)有关,与飞机的运动状态(飞行高度、运动速度等)也有关,它的数学模型是典型的控制有界非线性微分方程。飞机总体方案论证师,判断飞机可控性的方法与无路径约束控制模式的定义不同。这里的定义是,如果对于不同的运动方式及运动状态,能找出相应的控制装置所产生的有界控制作用,可以按照人的意愿改变飞机的飞行状态,则飞机是可控的。各种火箭、导弹的燃气舵、摆动发动机、气动舵等,与它们可控制性之间的关系也是如此。

定义 1.6.1　定态可控性。

对于变化的运动状态,能找出有界控制作用,可以按照人的意愿改变每一个状态变量当前值的大小,则系统是定态可控的。

这是由系统当前状态判断当前系统可控性的一种定态可控性判断法。这种方法与动态可控性判断法不同,不需要为了获取使系统由 $y(t_0)$ 穿越 S_g 转移到 $y_O(t_f)$ 的控制 $u(t)$,而求解非线性微分方程,避免了主观因素的影响,而且实践证明了这种判断方法的正确性。

以无路径约束控制模式系统可控性,判断图 1.4.1 中的人,能否找到从 $y(t_0)$ 走到 $y_O(t_f)$ 的控制 u,答案是无定论。因为某个控制 u 可能使某些路走得通,但不一定使所有的路都走得通。或者说,某些路走不通,不等于所有的路都走不通。无路径约束控制模式的系统可控性,不能准确地判断系统是否可控,无助于控制 u 的求解,而且增加了求解控制 u 的不确定性。

然而,定态可控性不等于系统由初始状态 $y(t_0)$ 出发,经由 S_g,转移到目的状态 $y_O(t_f)$ 的全局可控性。

1.6.4　系统状态可主动转移性

处于非平衡状态下的系统状态方程式(1.2.4),其状态 $y(t)$ 发生变化的现象,称为系统状态转移。如果通过有界控制 $u \subseteq U$,可以按照人的意愿分别增大或减小系统状态变量 $\{y_i(t)\}_{i=1}^l$,则 t 时刻系统的状态是可主动转移的。

按照该定义判断一个控制有界、不一定连续可微的非线性控制系统的状态可转移性,立意与实际相符,方法实用、简单易行。

实质上,系统状态可主动转移是系统可控的关键。

1.6.5　路径约束式系统可控性

定义 1.6.2　路径约束式系统可控性。

如果在有限的时间 $t_L = t_f - t_0$,可以用一个有界控制向量 $u \subseteq U$,使得系统由初始状态 $y(t_0)$ 出发,沿一条处处使得系统状态可主动转移的路径(或预定的某种动态过程),转移到目的状态 $y_O(t_f)$,那么称系统式(1.2.4)是路径约束式可控的,或者是全局可控的。

它是将系统定态可控性更名为系统状态可转移性,即如果通过有界控制可以按照人的意愿改变系统的当前状态,则系统当前状态是可主动转移的,并参照无路径约束控制模式系统可控性的定义拟订的。

命题 1.6.1 系统状态的完全可主动转移。

当且仅当通过 u 可以分别改变

$$\dot{y}_i (i=1,2,\cdots,l), \quad \forall x \subseteq X$$

的正负号,则系统状态是完全可主动转移的。

说明:$\{\dot{y}_i\}_{i=1}^{l}$ 分别是 $\{y_i\}_{i=1}^{l}$ 的变化率,对于 $x \subseteq X$ 通过 u 可以分别改变 $\{\dot{y}_i\}_{i=1}^{l}$ 的正负号,等于通过 u 可以分别改变 $\{y_i\}_{i=1}^{l}$ 的大小,即系统状态 y, $\forall x \subseteq X$ 完全可主动转移是显而易见的。

若 $\{y_i\}_{i=1}^{l}$ 部分可主动转移,则称系统状态不可完全主动转移;若 $\{y_i\}_{i=1}^{l}$ 全部不可主动转移,则称系统状态完全不可主动转移。

定理 1.6.1 改变 $\{\dot{y}_i\}_{i=1}^{l}$ 正负号的充要条件。

改变 $\{\dot{y}_i\}_{i=1}^{l}$ 正负号的必要条件是:$\dot{y}_i = F_i^{\circ}(\cdot)$ 含 u,或虽不含 u,但经以下操作,即

$$\dot{y}_i^{[1]} = \frac{\mathrm{d}}{\mathrm{d}t}\dot{y}_i = \left[\frac{\partial}{\partial x}F_i^{\circ}(x,v,t)\right]\dot{x} + \left[\frac{\partial}{\partial v}F_i^{\circ}(x,v,t)\right]v$$

并假定 v 为常值或慢变化的量,有

$$\dot{y}_i^{[1]} \approx \left[\frac{\partial}{\partial x}F_i^{\circ}(x,v,t)\right]\dot{x}$$

$$= \left[\frac{\partial}{\partial x}F_i^{\circ}(x,v,t)\right]f(x,u,v,t)$$

$$= F_i^{[1]}(x,u,v,t)$$

若 $F_i^{[1]}(\cdot)$ 仍不含 u,即

$$\dot{y}_i^{[1]} = F_i^{[1]}(x,v,t)$$

继而计算

$$\dot{y}_i^{[2]} = \frac{\mathrm{d}}{\mathrm{d}t}\dot{y}_i^{[1]}$$

继续以上推导,对于所有的 $i=1,2,\cdots,l$,直至第 D_i 次微分得 $\dot{y}_i^{[D_i]}$ 含 u,即

$$\dot{y}_i^{[D_i]} = F_i^{[D_i]}(x,u,v,t), \quad i=1,2,\cdots,l$$

改变 $\{\dot{y}_i\}_{i=1}^{l}$ 正负号的充分条件是:在 $d \to 0$ 的过程中,对于

$$d = y_O(t_f) - y(t)$$

通过 u 能够改变 $\{\dot{y}_i^{[D_i]}\}_{i=1}^{l}$ 的正负号,即满足关系式:

$$u = \Phi(x,v,t) \subset U, \quad \forall d \subset (0,d_0) \tag{1.6.1}$$

式中,$\Phi(x,v,t)$ 是在 $\{\dot{y}_i^{[D_i]}\}_{i=1}^l$ 都显含 u 的条件下,等式

$$[F_1^{[D_1]}(\cdot)\quad F_2^{[D_2]}(\cdot)\quad\cdots\quad F_l^{[D_l]}(\cdot)]^{\mathrm{T}}=0 \tag{1.6.2}$$

关于 u 的解。其中 $x(t)$、$v(t)$ 分别是 $y(t)$ 所对应的系统变量及外作用,$d_0=y_O(t_f)-y(t_0)$。

充分性证明:如果通过 u 能够改变 $\{\dot{y}_i^{[D_i]}\}_{i=1}^l$ 的正负号,则首先认定可以改变 $\{\dot{y}_i\}_{i=1}^l$ 正负号的必要条件成立,而且通过控制作用的传递,最终达到改变 $\{y_i\}_{i=1}^l$ 正负号的目的。

必要性证明:若以上过程有不含 u 的

$$F_i^{[D_i]}(\cdot),\quad i=1,2,\cdots,l$$

出现,则不可能通过 u 改变 $\{F_i^{[D_i]}(\cdot)\}_{i=1}^l$ 的正负号是显然的。

1.6.6　状态可主动转移举例

以图 1.4.1 控制问题为例,人的运动状态(在方框中位置)可以用横向位移 y_1 和纵向位移 y_2 来表示。即人的运动状态表示为 $y=[y_1\quad y_2]^{\mathrm{T}}$。与 $y(t)$ 变化规律相关的变量有图 1.6.1 中的 x_1、x_2、x_3、x_4,它们的含义分别为横向位移、纵向位移、位移速度、位移方向角。x_1、x_2 的变化与速度 x_3 及速度方向 x_4 的变化有关。速度及速度方向的变化是由人的行为意图(即控制指令 u)所产生的行为 $\bar{u}$,以及环境条件(平坦的地面或沼泽地)决定的。它们之间的关系,可作如下无量纲形式的近似描述。

$$\dot{x}_1=0.01x_3\cos x_4,\quad x_{10}$$
$$\dot{x}_2=0.01x_3\sin x_4,\quad x_{20}$$

式中,位移速度 x_3 的变化规律近似表述为

$$x_3=\begin{cases}0,&0.2<x_1<0.9\text{ 且 }0.6<x_2<0.9\\\tilde{x}_3,&\text{其他}\end{cases}$$

$$\dot{\tilde{x}}_3=-10.0\tilde{x}_3+10.0\bar{u}_1,\quad\tilde{x}_{30}$$

其含义是沼泽地之外,速度正常变化,否则为零。位移方向角 x_4 的变化规律近似表示为

$$\dot{x}_4=\begin{cases}0,&0.2<x_1<0.9\text{ 且 }0.6<x_2<0.9\\x_5,x_{40},&\text{其他}\end{cases}$$

$$\dot{x}_5=\begin{cases}0,&0.2<x_1<0.9\text{ 且 }0.6<x_2<0.9\\-10.0x_5+\dfrac{20}{1+x_3}\bar{u}_2,&\text{其他}\end{cases}$$

其含义是沼泽地之外,速度方向正常变化,变化的快慢与速度大小有关,否则不变。其中

$$\bar{u}=[\bar{u}_1\quad\bar{u}_2]^{\mathrm{T}}$$

表示行为意图 u 所产生的行为。忽略了传递惯性,u 与 $\bar{u}$ 之间的关系近似为

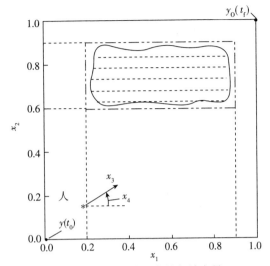

图 1.6.1　人运动状态的相关变量

$$\bar{u}_1 = \begin{cases} 0, & 0.2 < x_1 < 0.9 \text{ 且 } 0.6 < x_2 < 0.9 \\ u_1, & |\bar{u}|_1 < 1, x_1 \text{、} x_2 \text{ 为其他} \\ 1 \cdot \text{sgn}(u_1), & |\bar{u}_1| \geqslant 1, x_1 \text{、} x_2 \text{ 为其他} \end{cases}$$

$$\bar{u}_2 = \begin{cases} 0, & 0.2 < x_1 < 0.9 \text{ 且 } 0.6 < x_2 < 0.9 \\ u_2, & |\bar{u}_2| < 1, x_1 \text{、} x_2 \text{ 为其他} \\ 1 \cdot \text{sgn}(u_2), & |\bar{u}_2| \geqslant 1, x_1 \text{、} x_2 \text{ 为其他} \end{cases}$$

其含义是沼泽地之外,行为有界,且行为意图 u 与行为 $\bar{u}$ 一致,否则为零。

人主动改变状态的必要条件如下。

将以上 x_1、x_2、x_3、x_4、x_5、$\bar{u}$、u 的关系聚集在一起,便是不考虑人的体力变化及其他干扰,满足条件:

$$x_1 \leqslant 0.2 \text{ 或 } x_1 \geqslant 0.9 \text{ 且 } x_2 \geqslant 0.9 \text{ 或 } x_2 \leqslant 0.6$$

的控制动力学系统模型:

$$\left. \begin{aligned} &\dot{x}_1 = 0.01 x_3 \cos x_4, & x_{10} \\ &\dot{x}_2 = 0.01 x_3 \sin x_4, & x_{20} \\ &\dot{x}_3 = -10.0 x_3 + 10.0 \bar{u}_1, & x_{30} \\ &\dot{x}_4 = x_5, & x_{40} \\ &\dot{x}_5 = -10.0 x_5 + \frac{20}{1 + x_3} \bar{u}_2, & x_{50} \\ &\bar{u}_1 = \begin{cases} u_1, & |\bar{u}_1| < 1 \\ 1 \cdot \text{sgn}(u_1), & |\bar{u}_1| \geqslant 1 \end{cases} \\ &\bar{u}_2 = \begin{cases} u_2, & |\bar{u}_2| < 1 \\ 1 \cdot \text{sgn}(u_2), & |\bar{u}_2| \geqslant 1 \end{cases} \\ &y = g(x) = [x_1 \quad x_2]^{\mathrm{T}} \end{aligned} \right\}$$

$$(1.6.3)$$

或缩写为

$$\begin{cases} \dot{x} = f(x,\bar{u}),x_0 \\ y = g(x) \end{cases}$$

由式(1.6.3)导出,即

$$\dot{y}^{[1]} = \frac{\partial}{\partial x}[\dot{y}]\dot{x} = \frac{\partial}{\partial x}[\dot{y}]f(x,u) \tag{1.6.4}$$

式中含 $\bar{u}$,满足改变 $\{\dot{y}_i\}_{i=1}^2$ 正负号的必要条件。若要满足充分条件,则还需式(1.6.1)成立。否则

$$0.6 < x_1 < 0.9 \text{ 且 } 0.2 < x_2 < 0.9$$

控制动力学系统模型变为

$$\begin{cases} \dot{x} = f(x,\bar{u}) = 0, \quad x_0 \\ y = g(x) \end{cases} \tag{1.6.5a}$$

由式(1.6.5)导出,即

$$\dot{y}^{[1]} = \frac{\partial}{\partial x}[\dot{y}]\dot{x} = \frac{\partial}{\partial x}[\dot{y}]f(x,u) = 0$$

式中不含 $\bar{u}$,故不满足改变 $\{\dot{y}_i\}_{i=1}^2$ 正负号的必要条件。可见,只有在

$$x_1 \leqslant 0.2 \text{ 或 } x_1 \geqslant 0.9 \text{ 且 } x_2 \geqslant 0.9 \text{ 或 } x_2 \leqslant 0.6$$

的条件下,人才有可能改变自己的状态。否则

$$0.2 < x_1 < 0.9 \text{ 且 } 0.6 < x_2 < 0.9$$

人是不可主动转移的。

人改变状态的充分条件如下。

如果式(1.6.4)右边等于零,即

$$\dot{y}^{[1]} = \frac{\partial}{\partial x}[\dot{y}]\dot{x} = \frac{\partial}{\partial x}[\dot{y}]f(x,u) = 0 \tag{1.6.5b}$$

关于 u 的解,使

$$|u_i| < 1, \quad i = 1,2 \tag{1.6.5c}$$

成立,则人具有改变状态的充分条件。

1.7　路径约束式预期控制的组成要素

1.7.1　路径约束与控制

建立系统运行路径约束机制,是改变控制理论发展现状的必由之路。

系统离开当前状态转移到目的状态,必须沿袭一条设定的预期路径,该路径保证将系统引导到目的状态(路走得通),路径形状、变化剧烈程度、省时节能等符合要求,而且可实现。

将当前状态和目的状态的差别：$d = y_O(t_f) - y(t)$ 视为距离，称为目的距离，而不是必须即刻消除的误差：$e = y_O(t_f) - y(t)$。

对于控制有界、不一定连续可微的非线性控制系统，系统运行能力（状态变化速率的取值域及改变状态变化速率的能力）随着 d 的变化而变化。因而，随着 d 的变化，状态转移路径对系统运行能力的需求也应随之变化。如果系统沿运行能力得到满足的状态转移路径，使目的距离 d 趋于零，即系统由当前状态转移到目的状态，则该状态转移路径可选为路径约束。

引导系统由当前状态到达了目的状态，符合以上条件的路径不止一条，它们都可以选为路径约束，所以路径约束不是唯一的。

1.7.2　状态可主动转移的非恒定性

实际上的系统状态转移是个动态过程，动态过程就难免产生动态偏差。造成动态偏差的因素有多种，无论哪种因素造成的动态偏差，都有可能使系统偏离预期的转移路径，而使系统状态的可转移性不能保持恒定。系统状态进行大范围转移，穿过 S_g 向目的状态 $y_O(t_f)$ 转移过程中，状态的可转移性是可转化的，可能由完全可主动转移转化为不可完全主动转移或完全不可主动转移。

图 1.6.1 的控制问题是一个显而易见的例证。即使图中的人有了完全可主动转移的预期路径，而无消除路径偏差的措施，一旦运动过程产生路径偏差，进入了沼泽地，则人将变得完全不可主动转移。

1.7.3　路径调控

为了保持系统状态可转移性的恒定，控制系统必须具备相对预期路径的调控能力，将系统保持在预期路径上运行。控制系统的此种功能称为路径调控。

路径约束状态变化速率与实时状态变化速率之间的差别称为路径误差 $\Delta \dot{y}$。以 $\Delta \dot{y}$ 形成路径调控控制 Δu，用来消除路径误差，保持实时路径与路径约束的一致。在路径调控控制的调控作用下，使系统沿路径约束运行，引导系统经由路径约束，由当前状态转移到目的状态，最终消除目的距离，达到使系统由当前状态转移到目的状态的目的。

1.7.4　速度控制位置的预期控制方式

路径约束及路径误差，都是路径变化速率。通过路径约束及路径误差达到改变系统状态，即位置的目的。可以说，路径约束式控制模式，是速度控制位置的一种预期控制（或超前控制）方式，即通过速率的预期变化，实现对位置的控制。

预期控制方式有许多优点。

（1）降低了系统阶次，使动力学问题近似成为运动学问题。

（2）提高了系统稳定性，简化了路径调控控制设计。

（3）状态转移过程精准、平稳。

以上曾提到，无路径约束控制模式下的控制方式，实质上是一种一步到位的控制方式。相比之下，一步到位的控制方式，缺少预期控制方式的优势。

1.7.5　路径动力学方程

为了分析综合路径约束所对应的状态转移路径和控制，并设计路径调控控制 Δu，需建立系统进行状态大范围转移的路径动力学方程（见第 2 章）。路径调控控制，用误差控制方法设计（见第 4 章）。调控对象是以系统当前状态作为参考状态，由路径动力学方程（或控制系统动力学方程）线性化而来，称这种线性化方法为就地线性化。就地线性化可避免以系统目的状态作为参考状态，目的距离大范围变化引起的线性化模型误差。

1.7.6　路径约束式预期控制的存在条件

定义 1.7.1　路径约束式预期控制。

由上述要素融合而成的，有能力控制系统进行大范围状态转移的控制方式，称为路径约束式预期控制，或简称为路径控制。

命题 1.7.1　路径控制的存在条件。

就控制系统状态方程（式 1.2.4）而言，路径控制存在的充分必要条件如下。

（1）引导系统由当前状态到达目的状态的路径约束客观存在，且能以适当的方法分析综合出一个符合要求的路径约束。

（2）确切地知道，可以寻求到使系统沿此路径约束运行的路径调控控制。

说明：引导系统由当前状态到达目的状态的路径约束客观存在，说明只要方法得当，总可以分析综合出使系统主动向目的状态转移的路径约束，而且又确切地知道，可以寻求到路径调控控制，使系统保持在路径约束上运行。直观地理解，具备了以上两个条件的系统，必然可以在一个有限的时间间隔 $t_L = t_f - t_0$，用一个有界控制向量 $u \subseteq U$，使得系统由初始状态 $y(t_0)$ 出发，沿一条处处使得系统状态可主动转移的路径，转移到目的状态 $y_O(t_f)$。因此，路径约束式预期控制存在。

第 2～4 章将把命题的证明具体化。

1.7.7　路径约束式控制理念

用路径控制的概念、理论、方法解决系统的控制问题，正如驾驶一辆汽车（马力有限而且其大小与海拔高度有关）爬上大坡度、高海拔的山峰。正确的做法应该是选择一条坡度、方向随高度及地势变化的适合该汽车行驶的盘道，司机驾驶汽车以适合盘道的速度和方向，沿盘道行驶到山顶，如图 1.7.1 所示。类似于盘道的状态转移路径,称为路径约束,类似驾驶员的功能,称为路径调控。当然,正确的做法是否行得通,尚要看实现以上做法的现实条件如何。

图 1.7.1　汽车爬山与盘道

以无路径约束的控制模式实现控制动力学系统(式(1.2.1))的状态转移,恰似驾驶一辆汽车,沿任意路径爬上大坡度、高海拔的山峰,可行性如何? 难以预料。

1.8　小　　结

本章以上内容可概括为:提出路径控制的动因,实施路径控制的设想,路径控制优势预期等。

要想摆脱控制理论当前这种只能解决系统稳定性分析和镇定,而对于系统控制问题束手无策的现状,需要审视某些传统的解决控制问题观点和方法,这些观点及方法如下。

(1) 以系统稳定为控制目的,输入恒为零,设计或综合控制系统的理念。

(2) 无路径约束式的控制模式。

(3) 立足于能否求解出控制的动态性的系统可控性定义。

(4) 以位置控制位置的一步到位控制方式。

从实践经验中汲取灵感,对解决控制问题的传统观点和方法进行变革,建立一种可行而实用的解决系统控制问题的方法,寻求控制理论发展的未来。为此,引入一些新的观点及方法。

(1) 以成功地进行状态转移为控制目的,正视初始状态及目的状态不同对控制的影响,分析综合控制系统的理念。

(2) 有路径约束式控制模式,以应对状态大范围转移系统性质处处不同的现实。

(3) 立足于路径约束式控制模式的系统可控性定义:如果在一个有限的时间间隔之内,可以用一个有界控制向量,使得系统由初始状态沿一条处处使得系统状态完全可主动转移的路径约束,转移到或穿越目的状态,则系统是可控的,特别将该路径约束称为指令路径。

(4) 以速度控制位置的预期控制方式,并将其融合于路径约束式控制模式之中,形成解决系统控制问题的方法,即路径约束式预期控制。

　　后面各章内容将证明,运用以上新的理念及思路形成的有关控制方法,将使控制理论发挥作用的范围不再局限于稳定性分析和镇定,而是工程控制问题的全局。运用有关控制方法分析综合控制系统,可避开通过求解非线性微分方程获取控制的困境,使一些典型的控制难题:状态大范围转移的非线性系统控制问题求解,系统快速响应,系统性能不易变,系统控制解耦,特定状态转移轨线的实现等得到解决。

参 考 文 献

[1] Lasalle J P, Lefchetz S. Stability by Lyapunov's Direct Method with Applications. New York: Academic Press, 1961.

[2] Lefchetz S. Stability of Nonlinear Control Systems. New York: Academic Press, 1965.

[3] Hahn W. Stability of Motion. Berlin: Springer, 1967.

[4] Atherton D P. Stability of Nonlinear Systems. New York: Research Studies Press, 1981.

[5] Tou J T. Modern Control Theory. New York: McGraw-Hill, 1964.

[6] Chen C T. Introduction to Linear System Theory. New York: Rinehat and Winsten, 1970.

[7] Kuo B C. Automatic Control Systems. New York: Prentice-Hall, 1975.

[8] 姜玉宪. 最优二次型渐近设计法及其应用. 自动化学报, 1985, 2(2):159-165.

[9] Thaler G J, Pastel M P. Analysis and Design of Non Linear Control Systems. New York: MaGraw-Hill, 1962.

[10] Kalman R E, Bertram I E. Control system analysis and design vis the "second method" of Lyapunov. ASME, Series D, 1980, 82(2): 371-393.

[11] Reboulet C C, Champetier C. A new method for linearizing nonlinear system: The operating point independent linearization. International Journal of Control, 1984, 40(4): 631-638.

[12] Sigh S N, Rugh W J. Decoupling of nonlinear system by state feedback. ASNE Transactions on JDSMC, 1972, 12: 323-329.

[13] Tarn T J, Cheng D, Isidori A. External linearization and simultaneous output block decoupling of nonlinear systems. Proceedings of Conference Algebra Geometry Method in Nonlinear Control Theory, Paris, 1985:227-241.

[14] Brocett R W. Feedback invariants for nonlinear systems. Mathematical Systems Theory, 1978, 1: 1115-1120.

[15] Isidori A. Nonlinear Control Systems : An Introduction. Berlin: Springer, 1985.

[16] Krararis C, Palanki S. A Lyapunov approach for robust nonlinear state feedback synthesis. IEEE Transactions on Automatic Control, 1988, 33(12): 1188-1191.

[17] Utkin V I. Sliding Mode and Their Application to Variable Structure Systems. Moscow: Nauka, 1974.

[18] 高为炳. 变结构控制的理论及设计方法. 北京:科学出版社,1996.

[19] 姜玉宪,周尹强,赵霞. 直达滑模控制. 北京航空航天大学学报,2011,37(2):132-135.

[20] Slotine J J, Sastry S S. Tracking control of nonlinear system using sliding mode with application to robot manipulators. International Journal of Control,1983,38(2):465-492.

[21] Desoer C A, Vidyasagar M. Feedback System Input-Output Properties. New York:Academic Press,1975.

[22] Zames G. On the input-output stability of time-varying nonlinear feedback systems-part I: Conditions using the concept of loop, grain, conicity and positity. IEEE Transactions on Automatic Control,1966,AC-11(2):228-238.

[23] Zames G. On the input-output stability of time-varying nonlinear feedback systems-part II: Conditions involving circles in the frequency plane and sector nonlinearities. IEEE Transactions on Automatic Control,1966,AC-11(3):465-476.

[24] 姜玉宪. 变指令智能控制模式及其在预测拦截中的应用. 自动化学报,1993,19(6):711-714.

[25] Jiang Y X. An intelligent control pattern of changing instruction and its application to predictive intercept. Chinese Journal of Automation,1993,6(1):71-75.

[26] Kalman R E. Contribution to the theory of optimal control. Bol. Soc. Mat. Mex,1960,5:102-119.

[27] Roberts S M. Dynamic Programming in Chemical Engineering and Process Control. New York:Academic Press,1964.

[28] Sage A P. Optical System Control. London:Prentice-Hall,1968.

[29] Kalman R E, Ho Y C, Narendra K S. Controllability of lineal dynamics systems. Contributions to Differential Equations,1962,1(2):189-213.

[30] Hermann R, Krener A J. Nonlinear controllability and observability. IEEE Transactions on Automatic Control,1977,22(5):728-740.

[31] 李铁钧. 非线性系统的能控性分布与解耦问题. 系统科学与数学,1986,6(1):10-16.

[32] 高为炳. 非线性控制系统导论. 北京:科学出版社,1991.

第 2 章　路径约束式预期控制

2.1　引　　言

第 1 章曾提到,由路径约束、路径调控、速度控制位置的预期控制方式、路径动力学方程等特有要素融合而成的,有能力控制系统进行大范围状态转移的控制方式,称为路径约束式预期控制或路径控制。

路径约束式预期控制,将当前状态和目的状态的差别视为目的距离,而不是必须即刻消除的误差。消除目的距离不可采取无路径约束的控制模式,特别是控制有界、非连续可微系统,必须寻找一条处处都能使系统进行状态主动转移的路径约束,使系统沿路径约束由当前状态转移到目的状态,达到消除目的距离的目的。以下将符合一定条件的该路径约束称为指令路径。

系统沿指令路径转移过程中,实时状态转移路径与指令路径存在差别,将此差别视为应该尽快消除的误差,并采用传统的误差控制方法,形成相对指令路径的调控控制。在其调控作用下使系统沿指令路径运行,以保证系统状态的处处可主动转移性。

建立指令路径的依托是系统状态大范围转移的路径动力学方程。本章的另一部分内容将介绍如何建立路径动力学方程。以系统当前状态对应的指令路径为参考状态,对路径动力学或控制动力学方程进行线性化,称为就地线性化。就地线性化可避免以目的状态为参考状态的线性化模型,因目的距离大范围变化引起的模型误差。以就地线性化路径动力学或控制动力学方程,作为路径调控系统的调控对象,用误差控制法设计调控控制。

本章预想用一些专用名词、术语,给路径约束式预期控制进行较为具体的描述,内容如下。

(1) 系统控制问题的表述。

(2) 系统状态转移与系统运行能力。

(3) 指令路径及其属性。

(4) 路径动力学方程。

(5) 线性化路径动力学方程。

(6) 路径调控控制。

(7) 全息路径调控控制法。

(8) 路径约束式预期控制等。

2.2　系统控制问题的表述

　　系统控制问题的表述形式与系统的性质有关,社会科学、自然科学、工程系统等表述形式各异。虽然第1章言及广义系统的控制问题,但时至今日,除了控制理论涉及的工程控制问题,其他类型控制问题尚无论述的基本条件。故路径控制方法的表述,仍以控制理论的传统表述方法为基础,改变或新增一些名词术语、数学描述方法,以便形成对问题叙述、求证、结论等的统一用词标准。

2.2.1　控制动力学系统模型的溯源建模

　　表示控制动力学系统特性的系统模型

$$\dot{x} = f(x, u, v, t), \quad x(t_0) \tag{2.2.1}$$

的建模方法有多种,其中溯源建模是一种容易掌握的建模方法。所谓溯源建模是指首先明确代表系统运行状况的系统状态(传统称为系统输出),即

$$y = g(x) \tag{2.2.2}$$

而后确定与系统状态相关的系统变量 x,无关或不影响系统正常运行的变量可忽略不计,降低系统的阶次,以简化系统模型。继而找出各个系统变量间的动力学关系(即微分方程),并厘清影响系统变量动态过程的控制 u 和外作用 v,确定 x、u、v 之间的关系及其相应的取值域:X、U、V。最终获得表示控制动力学系统特性的系统模型,即常微分方程式(2.2.1)。

　　这种建模方法是一种从宏观到微观的分析建模法,故称为溯源建模。

　　以图1.4.1控制问题为例,代表人由初始状态向目的状态转移的状况(在方框中位置)可以表示为

$$y = g(x) = [x_1 \quad x_2]^{\mathrm{T}}$$

但它不是唯一的选择,例如,用 $y(t)$ 相对 $y_O(t_f)$ 之间的矢量 R 表示,便是方便于解决图1.4.1控制系统综合问题的另一种表示方法。矢量 R 由视线距 r 和相对 $-x_1$ 的视线角 q 唯一地确定,如图2.2.1所示。所以人的位置转移状况又可以表示为

$$y = g(x) = [r \quad q]^{\mathrm{T}}$$

式中

$$r = ((1-x_1)^2 + (1-x_2)^2)^{0.5}, \quad q = \arcsin((1-x_2)/r)$$

而后建立 r 和 q 表达式中 x_1、x_2 的相关动力学方程,即式(1.6.3)中的第一、二等式。

　　$y(t)$ 的这种表示方法的优点为:可方便地模仿人的行为模式,精确沿袭预设路径,完成状态转移。避免 $\dot{r} \neq 0$ 的条件下拐弯,因耦合效应,使人偏离预设路径。

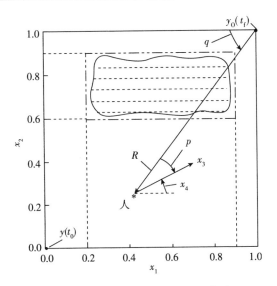

图 2.2.1　人的位置极坐标表示方法

分析图 2.2.1,得

$$\begin{aligned} \dot{r} &= x_3 \cos p \\ \dot{q} &= x_3 \sin p / r \\ p &= q - x_4 \end{aligned} \Bigg\}$$

人的行为模式为:先原地($x_3 = 0$)面向对准(改变 x_4,使 $p = 0$);后迈步,达到适合体力的速度 $|x_{3m}| < 1$,等速前进;减小距离到一定值 r_D 后,减速,直到停在目的状态。以上过程,显然是一种速度控制位置的预期控制方式。按照以上人的行为模式行动,原地面向对准期间,必有 $\dot{r} = 0$。

人通过 u_2 进行面向对准的过程由方程

$$\begin{aligned} \bar{u}_2 &= \begin{cases} u_2, & |\bar{u}_2| < 1 \\ 1 \cdot \mathrm{sgn}(u_2), & |\bar{u}_2| \geqslant 1 \end{cases} \\ \dot{x}_4 &= x_5, & x_{40} \\ \dot{x}_5 &= -10.0 x_5 + 20 \bar{u}_2, & x_{50} \end{aligned} \Bigg\}$$

表述。面向对准期间,人通过 u_2 以适合体力的角速度 $|x_{5m}| < 0.1$ 使 $x_4 \to q_0 + \pi$(见 1.6 节相关数学模型),待

$$(q_0 + \pi) - x_4 = d_{2D}$$

之后,减小转体速度为零。再通过 u_1 加速,加速过程动力学方程为

$$\begin{aligned} \bar{u}_1 &= \begin{cases} u_1, & |\bar{u}_1| < 1 \\ 1 \cdot \mathrm{sgn}(u_1), & |\bar{u}_1| \geqslant 1 \end{cases} \\ \dot{x}_3 &= -10.0 x_3 + 10.0 \bar{u}_1, & x_{30} = 0 \end{aligned} \Bigg\}$$

使 $x_3 \rightarrow x_{3m}$。r 减小,待

$$d_1 = d_{1D}$$

时,通过 u_1 减速,减速过程与加速过程类似。人在移动过程中,通过 u_2 调整 x_4,使人始终保持在预期路径上,直至到达目的地,而且 $y(t)$ 的这种表示方法将有助于控制策略 u 的获取。

2.2.2 主状态变量及辅助状态变量

系统运行状态为

$$y = g(x)$$

对于系统状态转移起主导作用的变量,称为系统的主状态变量,记为

$$y_M = g_M(x) \tag{2.2.3}$$

图 2.2.1 的控制问题中视线距 r,飞行高度控制系统的飞行高度(见第 6 章和第 7 章),都是主状态变量。再如空间自动交会对接过程对应逼近段、绕飞段、靠拢段的视线距、大圆绕飞角、靠拢距离也是主状态变量。

系统运行状态

$$y = g(x)$$

中对于状态转移起辅助作用的变量,称为辅助状态变量,记为

$$y_A = g_A(x) \tag{2.2.4}$$

图 2.2.1 的控制问题中视线角 q,飞行高度控制系统的俯仰角(见第 6 章和第 7 章),都是辅助状态变量。再如空间自动交会对接过程对应逼近段、绕飞段、靠拢段的视线角速率、姿态角等,也是辅助状态变量。

2.2.3 驻留目的状态及可穿越目的状态

定义 2.2.1 驻留目的状态。

系统状态可以滞留的目的状态称为驻留目的状态。例如,航天器交会对接的目的状态为驻留目的状态。图 2.2.1 控制问题中的 $y_O(t_f)$ 也是驻留目的状态。

定义 2.2.2 可穿越目的状态。

系统状态不可以滞留的目的状态称为可穿越目的状态。例如,导弹末制导的目的状态(见第 8 章)为可穿越目的状态。

定义 2.2.3 随遇驻留目的状态。

随遇驻留目的状态是指系统需要保持的且不需要经过状态大范围转移即可到达的状态。随遇驻留目的状态又分为确定型(记为 y_{OB})和变化型(记为 y_{OV})。确定型驻留目的状态的取值不变,即

$$y_{OB} = C, \quad t \in [t_0, t_f] \tag{2.2.5}$$

式中,$C \in \mathbf{R}^l$ 为常值。变化的目的状态是系统状态自身,即

$$y_{OV} = y(t) \tag{2.2.6}$$

2.2.4 控制系统分析综合的表述

依据需求及可能,通过分析、设计和综合,寻求有界控制向量 $u \subseteq U$,在一个有限的时间间隔

$$t_L = t_f - t_0$$

之内,使系统式(2.2.1)由初始状态 $y(t_0)$,沿一条处处使得系统状态可主动转移的指令路径,转移到或穿越目的状态 $y_O(t_f)$,称为系统式(2.2.1)的分析综合。

分析、设计是经典控制理论出现过的名词、术语,含义也相同。这里的综合是指通过路径约束及路径调控的分析、设计,综合出控制 u。综合,取其汉语词汇的含义,即组合或融合。没有解析求解的潜在意思。

仍以图 2.2.1 为例,人从初始位置转移到目的地,控制系统的分析综合表述为:寻求由指令路径控制和路径调控控制两部分组成的有界控制向量

$$\left.\begin{array}{l} u = [\,u_1 \quad u_2\,]^T \\ \{\,|\,u_i\,|\,\}_{i=1}^2 \leqslant 1 \end{array}\right\}$$

在有限时间间隔:$t_L = t_f - t_0$,在辅助状态变量的变化过程 $y_A(t) = q(t)$ 符合模仿人的行为模式要求的前提之下,使图中人的主状态变量 $y_M(t) = r(t)$ 由初始状态:

$$y_M(t_0) = r(t_0) = 2^{0.5}$$

沿一条系统状态处处可主动转移的指令路径,转移到目的状态:

$$y_M(t_f) = r(t_f) = 0$$

2.3 系统状态转移与系统运行能力

2.3.1 系统状态主动转移及被动转移

系统自行或在控制 u 以及外作用 v 的影响下,离开当前状态 $y(t_0)$ 的现象,称为系统状态转移。在控制 u 的影响下或者人为地借助外作用 v 的影响,使系统离开当前状态,向目标状态转移,称为系统状态主动转移。系统自行或完全由 v 引起的状态转移称为系统状态被动转移。

对于系统状态主动转移,外作用不一定总是消极的,在某些情况下可能变成积极因素。这一规律适合工程系统控制,也适合广义系统控制。

2.3.2 目的距离

类似于第 1 章的同一名词,对于系统状态主动转移,当前状态与目的状态之间的差别

$$d = [d_1 \quad d_2 \quad \cdots \quad d_l]^T = y_O - y(t)$$
$$= [y_{1O} \quad y_{2O} \quad \cdots \quad y_{lO}]^T - [y_1(t) \quad y_2(t) \quad \cdots \quad y_l(t)]^T \qquad (2.3.1)$$

称为目的状态距离,或简称为目的距离。目的距离可以很大,也可能很小。当前状态远离目的状态时,目的距离大;接近目标状态时,目的距离变小。目的距离是愿望和现实之间的差别。这个差别不是错误(误差),只是愿望和现实之间的不同。

2.3.3　实用状态转移轨线

系统由初始状态 $y(t_0)$,向目的状态 $y_O(t_f)$ 转移,状态随时间的变化过程

$$y(t) = [y_1(t) \quad y_2(t) \quad \cdots \quad y_l(t)]^T$$

称为状态转移轨线。为达到某种控制目的,希望系统沿袭的状态转移轨线,称为实用状态转移轨线。实用状态转移轨线代表了转移轨线的实用性,是应用赋予的对控制系统状态变化过程的约束。

2.3.4　状态转移路径

回顾第 1 章的同一名词,系统由初始状态 $y(t_0)$ 转移到目的状态 $y_O(t_f)$,系统运行状态的时间变化率

$$\dot{y} = \left[\frac{\partial}{\partial x} g(x)\right] \dot{x}$$
$$= \left[\frac{\partial}{\partial x} g(x)\right] f(x, u, v, t)$$
$$= F^0(x, u, v, t) \qquad (2.3.2)$$

称为状态转移速率。考虑到式(1.2.3),有 $\dot{d} = \dot{y}_O - \dot{y} \approx -\dot{y}$,得 $F^0(\cdot)$ 与目的距离 $d = y_O - y$ 的关系为

$$\dot{d} \approx -F^0(x, u, v, t)$$

等式表明,d 的变化规律是由 $F^0(\cdot)$ 决定的。如果 $\dot{y}(d) = -\dot{d} \approx F^0(\cdot)$ 具有使系统由 $y(t_0)$ 转移到目的状态 $y_O(t_f)$ 的性质,则称 $\dot{y}(d)$ 为状态转移路径。状态转移路径描述了状态转移速率:$\dot{y} = [\dot{y}_1 \quad \dot{y}_2 \quad \cdots \quad \dot{y}_l]^T$ 的大小、变化快慢,$\dot{y}_i$ 与 $\dot{y}_j$ 之间的大小搭配,与目的距离 $d = [d_1 \quad d_2 \quad \cdots \quad d_l]^T$ 之间的函数关系,与状态转移轨线 $y(t)$ 对应。式中 $F^0(\cdot) \subset \Sigma$,$\Sigma$ 是 $F^0(\cdot)$ 的取值域。

以图 2.2.1 的控制问题为例,说明状态转移路径的含义。人的位置状态表示为

$$y = g(x) = [r \quad q]^T$$

假如图 2.2.1 中不存在一片寸步难行的沼泽地,人可以沿直线 A 从初始位置:

$$y(t_0) = [r_0 \quad q_0]^T$$

转移到目的地:

$$y_O(t_f) = [r_O(t_f) \quad q_O(t_f)]^T = [0 \quad q_0]^T$$

人与目的位置的距离表示为

$$d = [d_1 \quad d_2]^T = y_O - y$$
$$= [y_{1O} \quad y_{2O}]^T - [y_1 \quad y_2]^T$$
$$= [0 \quad q_O]^T - [r \quad q]^T$$

以上式中

$$r_0 = ((1 - x_{10})^2 + (1 - x_{20})^2)^{0.5} = 2^{0.5}$$
$$q_0 = \arcsin((1 - x_{20})/r_0) = 45°$$

而且 q_O 等于 q_0，即 $q_O = q_0$。

直线 A 的转移路径表示为

$$\dot{y}(d) = [\dot{y}_1(d_1) \quad \dot{y}_2(d_2)]^T = [\dot{r}(d_1) \quad \dot{q}(d_2)]^T$$

式中

$$\dot{r}(d_1) = -x_3 \cos p, \quad \dot{q}(d_2) = x_3 \sin p/r, \quad d_1 = -r, \quad d_2 = q_O - q$$
$$p = q + 180° - x_4, \quad q = \arcsin((1 - x_2)/r), \quad r = ((1 - x_1)^2 + (1 - x_2)^2)^{0.5}$$

模仿人的行为模式：人先原地（$r = 2^{0.5}$）面向对准，改变 x_4，使 $d_2 = p \to 0$，或使 x_4 由初值 0° 趋近 45°；后迈步，达到适合体力的速度 $|x_{3m}| < 1$，等速前进；减小距离到一定值 d_{1D} 后，减速，直到停在目的状态。图 2.3.1 中的位置变化轨迹 A 对应的状态转移路径：$\dot{y}_1(d_1)$ 和 $\dot{y}_2(d_2)$ 可以用图 2.3.2 来示意。$\dot{y}_1(d_1)$ 和 $\dot{y}_2(d_2)$ 执行过程为：$d_1 = 2^{0.5}$ 启动 $\dot{x}_4(d_2)$ 的执行过程，待 $d_2 = 0$ 之后，再启动 $\dot{y}_1(d_1)$ 执行过程，直到 $d_1 = 0$，即人到达目的位置。

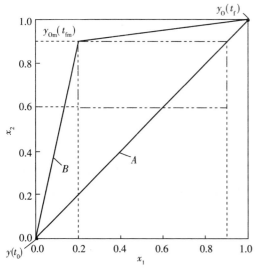
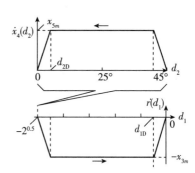

图 2.3.1　状态转移路径与状态转移过程　　图 2.3.2　$y = [r \quad q]^T$ 情况下的状态转移路径

直线 B 的转移路径由两段直线转移路径连接而成。第一段的初始位置是 $y(t_0)$，目的位置是 $y_{Om}(t_{fm})$，第二段的初始位置是 $y_{Om}(t_{fm})$，目的位置是 $y_O(t_f)$。以类似于

A 转移路径的拟订方法,给出每段转移路径。将两段路径按时序连接起来,便是直线 B 的转移路径。当然,我们只是为了说明问题方便,并未顾及此状态转移路径表达上是否连续可微、实现上的难或易。

　　如果将人的位置状态仍用横向位移 x_1 和纵向位移 x_2 来表示,则 $y=[x_1 \quad x_2]^T$。图 1.4.1 中的人,从初始位置:$y(t_0)=[0 \quad 0]^T$,转移到目的地:

$$y_O(t_f)=[1 \quad 1]^T$$

　　人与目的位置的距离表示为

$$d=[d_1 \quad d_2]^T=y_O-y$$
$$=[y_{1O} \quad y_{2O}]^T-[y_1 \quad y_2]^T$$
$$=[1 \quad 1]^T-[x_1 \quad x_2]^T$$

转移路径表示为

$$\dot{y}(d)=[\dot{y}_1(d_1) \quad \dot{y}_2(d_2)]^T=[\dot{x}_1(d_1) \quad \dot{x}_2(d_2)]^T$$

给出 $\dot{y}_1(d_1)$ 和 $\dot{y}_2(d_2)$ 不同的大小、变化快慢,以及两者之间搭配与目的距离的关系,以图 2.3.3 中的曲线 α 和 β 示意,它们也可以分别代表图 2.3.1 中直线 A 和 B 位置变化过程。

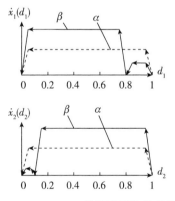

图 2.3.3　$y=[x_1 \quad x_2]^T$ 情况下的状态转移路径

　　如果比较图 2.3.2 与图 2.3.3 状态转移路径分析综合的难易,模仿人的行为模式的图 2.3.2 状态转移路径容易,因为前进速度与前进方向的转移路径是解耦的。图 2.3.3 状态 x_1 和 x_2 的转移路径重叠在了一起,它们之间的快慢搭配影响运动方向,不易分析综合。

2.3.5　控制动力学系统的运行能力

　　控制动力学系统的运行能力 P_O 是分析综合系统控制(包括指令路径及路径调控)的依据(限制条件)。P_O 由控制向量 u 的取值域 U 与允许控制能耗 E(数量)共同形成,表示为

$$P_O : \{U, E\}$$

控制能耗 E 又与系统状态转移速率(控制 u 引起的状态转移速率的变化量)的取值域 Σ 有一定的对应关系,控制动力学系统的运行能力也可以表示为

$$P_O : \{U, \Sigma\}$$

两种表述形式出现的场合不同,某些情况的系统数学描述凸出控制能耗 E(如空间飞行器的自动交会对接),有些情况的数学描述则凸出状态转移速率取值域 Σ(如飞机的自动起飞着陆)。

系统状态转移的快慢、路径的变化激烈程度与系统运行能力有关,所以系统运行能力又称为状态转移能力(见第 3 章)。

控制理论研究系统综合问题,全面考虑系统运行能力的情况较少。路径约束式控制模式与无路径约束控制模式不同,控制系统的运行能力被看做系统分析综合的限制条件,分析综合工作必须在限制框架之内实施。这与控制工作者在整个工程中的权限是相符的。系统运行能力的限制,必然影响分析综合方法实施过程的思维方式,甚至影响方法的有效性。

2.3.6　状态转移路径的合理性

如果 $\dot{y}(d)$ 能使系统由 $y(t_0)$ 转移到 $y_O(t_f)$,且满足以下条件。

(1) 可及驻性或可穿越性(目的状态可触及且可驻留,或可触及但不可驻留)。

(2) 实用性,即符合状态转移轨线的使用要求。

(3) 可实现性,即 $d \to 0$ 的过程中,系统状态处处可完全主动转移(或者说,$\dot{y}(d)$ 对系统运行能力的需求,在系统运行能力:$P_O : \{U, E\}$ 或 $P_O : \{U, \Sigma\}$ 的取值域之内)。则称 $\dot{y}(d)$ 是合理的。

例如,仍以图 2.3.1 中的人,从初始位置 $y(t_0) = [0 \quad 0]^T$,转移到目的地 $y_O(t_f) = [1 \quad 1]^T$ 为例。按照以上定义,可以使人由 $y(t_0)$ 转移到 $y_O(t_f)$,且满足以上三个条件的 $\dot{y}(d)$ 便是合理的。

审视图 2.3.4 中的路径 A、B、C、D,容易看出:路径 B、C、D,可以使人由 $y(t_0)$ 转移到 $y_O(t_f)$,但路径 A 走不通且不实用。路径 B、C、D 能否可及驻(或可穿越),是由第 3 章的路径函数保证的。从实用的角度看,C 是一种"走着瞧"的路径,不必筹划,省脑筋。但路远曲折,耗时费劲,可能因为体力不支而中途停止,也可能由于路径执行偏差掉进沼泽,导致状态转移失败。相比之下,B、D 安全、路近、实用。通过筹划,如果路径 $\dot{r}(d_1)$ 使 $|x_3| < 1$,且式(1.6.1)关于 u 的解,使得不等式

$$\{ |u_i| \}_{i=1}^2 < 1$$

成立,则人具有主动改变状态的充分条件,B、D 可实现。B、D 实用、可实现,如果又可及驻,则 B、D 是合理的。经细算,D 比 B 的路更近,故 B、C、D 中,D 最为合理。

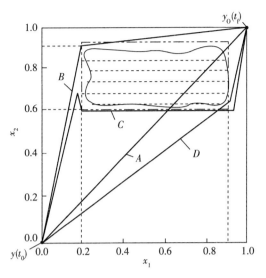

图 2.3.4　状态转移路径的合理性

2.4　指令路径及其属性

2.4.1　指令路径

　　合理的状态转移路径中被选定为系统由当前状态转移到目的状态,必须遵循的路径约束,称为指令路径,记为

$$\dot{y}_R = h(d) \qquad\qquad (2.4.1a)$$

$h(d)$ 称为指令路径函数,描述了指令路径的状态转移速率 $\{\dot{y}_R\}_{i=1}^l$ 的大小、变化快慢,$\dot{y}_{iR}$ 与 $\dot{y}_{Rj}$ 之间的大小搭配,与目的距离 $\{d_i\}_{i=1}^l$ 之间的函数关系。指令路径是合理状态转移路径之一,合理状态转移路径中可作为指令路径的,不是唯一的。但存在某种意义下的"最合理",如图 2.3.4 示例。

2.4.2　指令路径控制

　　为实现指令路径

$$\dot{y}_R = h(d)$$

所付出的控制,称为指令路径控制 u_R,是控制 u 的一部分。

　　例如,假定图 2.3.1 中不存在沼泽地,我们可以将与直线 A 对应的,图 2.3.2 中的状态转移路径当成指令路径:

$$\dot{y}_R = [\dot{r}_R(d_1) \quad \dot{x}_{4R}(d_2)]^T$$

并表示于图 2.4.1,该指令路径的变化率如图 2.4.2 所示。

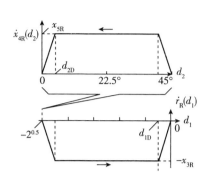

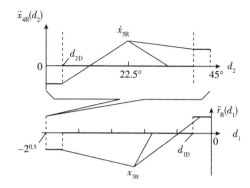

图 2.4.1　$y=[r \quad q]^{T}$ 情况下的状态转移路径　　图 2.4.2　指令移路径的变化率

由于模仿人的行为模式,图 2.3.2 状态转移路径,使前进速度与前进方向控制得到解耦。描述人体转动及前进的动力学方程可分别表示。其中原地转动($x_3 = 0$)是执行状态转移的第一步,相关动力学方程(见 2.5 节路径动力学方程)为

$$\dot{y}_2^{[2]} = -10\ddot{q} + 20 \frac{x_3}{r(1+x_3)} \bar{u}_2$$

执行状态转移的第二步,相关动力学方程近似为

$$\dot{y}_1^{[1]} = \ddot{r} \approx \dot{x}_3 = -10.0x_3 + 10.0\bar{u}_1$$

由以上两式解出

$$\bar{u}_1 = 0.1\dot{x}_3 + x_3, \quad \bar{u}_2 = 0.05\dot{x}_5 + 0.5x_5$$

将

$$\dot{x}_3 = \dot{x}_{3R}, \quad x_3 = x_{3R} = \int \dot{x}_{3R} dt$$

$$\dot{x}_5 = \dot{x}_{5R}, \quad x_5 = x_{5R} = \int \dot{x}_{5R} dt$$

代入上式,则得指令路径控制为

$$\left. \begin{array}{l} \bar{u}_{1R} = 0.1\dot{x}_{3R} + x_{3R} \\ \bar{u}_{2R} = 0.05\dot{x}_{5R} + 0.5x_{5R} \end{array} \right\} \tag{2.4.1b}$$

2.4.3　指令路径的可及驻性和可穿越性

使系统到达目的状态且可使系统滞留在目的状态的指令路径性质,称为可及且可驻留性,简称为可及驻性;如果到达目的状态后的系统不能驻留,则称指令路径的这种性质为可穿越性。

指令路径的可及驻性或可穿越性,都可以使目的距离趋于零,即系统到达目的状态。所以,指令路径具有引导系统到达目的状态的性质。

定理 2.4.1　指令路径可实现的充分必要条件。

当且仅当为实现指令路径所需要的系统运行能力 P_R,不超出系统所具有的运行

能力,即

$$P_R \subset P_O, \quad \forall d \in (0, d_0) \tag{2.4.2}$$

则指令路径是可实现的。式中,指令路径所需要的系统运行能力为 $P_R : \{u_R, e_R\}$,其中 u_R 是指令路径控制

$$e_R = \sum_{i=1}^{m} \int_{t_0}^{t_f} |u_{iR}| \, dt$$

是控制能耗。

证明 将式(2.4.2)分解成两个条件,分别证明如下。

(1) 因为在 $d \to 0$ 的过程中,对于所有的 d,有

$$u_R = \Phi(x_R, v_R) \subset U \tag{2.4.3}$$

即 $\{y_{iR}^{[D_i]}(d)\}_{i=1}^{l}$ 可以通过 u 来实现。或者说,在指令路径上必然是系统状态处处可主动转移。式中,$\Phi(x_R, v_R)$ 是在 $\{y_i^{[D_i]}\}_{i=1}^{l} = \{F_i^{[D_i]}(x, u, v)\}_{i=1}^{l}$ 都显含 u 的条件下,等式

$$\begin{bmatrix} F_1^{[D_1]}(\cdot) & F_2^{[D_2]}(\cdot) & \cdots & F_l^{[D_l]}(\cdot) \end{bmatrix}^T = \begin{bmatrix} y_{1R}^{[D_1]} & y_{2R}^{[D_2]} & \cdots & y_{lR}^{[D_l]} \end{bmatrix}^T$$

关于 u 的解。其中,$\{y_{iR}^{[D_i]}\}_{i=1}^{l}$、$x_R(t)$、$v_R(t)$ 分别是指令路径所对应的 $\{y_i^{[D_i]}\}_{i=1}^{l}$、系统变量、外作用,如式(2.4.1b)所示。

(2) 在 $d \to 0$ 的过程中 $e_R < E$,说明 e_R 的取值为系统运行能力所允许,状态转移过程不会中途停止,故指令路径可实现。

假设仍以图 2.3.1 中的人从初始位置 $y(t_0) = [0 \quad 0]^T$ 转移到目的地 $y_O(t_f) = [1 \quad 1]^T$ 为例。其间,除了初始位置与目的地隔着一片寸步难行的沼泽地,其余并非都是平坦的地面,而是性质不同的草地、沙漠。草地、沙漠,人可以在其中行走,但对人的体力消耗不同。描述人在这种环境中运动的动力学方程不再是式(1.6.3)。其中描述位移和旋转控制效果的方程:

$$\left. \begin{array}{l} \dot{x}_3 = -10.0 x_3 + 10.0 \bar{u}_1 \\ \dot{x}_5 = -10.0 x_5 + \dfrac{20}{1 + x_3} \bar{u}_2 \end{array} \right\}$$

将变为

$$\left. \begin{array}{l} \dot{x}_3 = -10.0 x_3 + v_f \bar{u}_1 \\ \dot{x}_5 = -10.0 x_5 + \dfrac{\omega_f}{1 + x_3} \bar{u}_2 \end{array} \right\}$$

式中,v_f、ω_f 分别称为位移和旋转有效系数,它们的取值与位置有关,表述为

$$v_f = f_v(x_1, x_2) = \begin{cases} 1 \sim 10, & 0.6 < x_1 < 0.9 \text{ 且 } 0.2 < x_2 < 0.9 \\ 0, & \text{其他} \end{cases}$$

$$\omega_f = f_\omega(x_1, x_2) = \begin{cases} 2 \sim 20, & 0.6 < x_1 < 0.9 \text{ 且 } 0.2 < x_2 < 0.9 \\ 0, & \text{其他} \end{cases}$$

人在这种环境中运动的动力学方程改写为

$$
\left.
\begin{aligned}
\dot{x}_1 &= 0.01x_3\cos x_4, & x_{10} \\
\dot{x}_2 &= 0.01x_3\sin x_4, & x_{20} \\
\dot{x}_3 &= -10.0x_3 + v_f\bar{u}_1, & x_{30} \\
\dot{x}_4 &= x_5, & x_{40} \\
\dot{x}_5 &= -10.0x_5 + \frac{\omega_f}{1+x_3}\bar{u}_2, & x_{50} \\
y &= g(x) = [\,x_1\quad x_2\,]^{\mathrm{T}}
\end{aligned}
\right\},
\quad
\left.
\begin{aligned}
\bar{u}_1 &= \begin{cases} u_1, & |\bar{u}_1|<1 \\ 1\cdot\mathrm{sgn}(u_1), & |\bar{u}_1|\geqslant 1 \end{cases} \\
\bar{u}_2 &= \begin{cases} u_2, & |\bar{u}_2|<1 \\ 1\cdot\mathrm{sgn}(u_2), & |\bar{u}_2|\geqslant 1 \end{cases}
\end{aligned}
\right\}
$$

此种情况下,图 2.3.4 中路径 A、B、C、D 是否走得通,不再那么直观,而需要对比能耗。指令路径控制能耗表示为

$$
\begin{aligned}
e_{\mathrm{R}} &= \sum_{i=1}^{2}\int_{t_0}^{t_{\mathrm{f}}} |u_{i\mathrm{R}}|\,\mathrm{d}t = e_{v\mathrm{R}} + e_{\omega\mathrm{R}} \\
&= \int_{t_0}^{t_{\mathrm{f}}} |u_{1\mathrm{R}}|\,\mathrm{d}t + \int_{t_0}^{t_{\mathrm{f}}} |u_{2\mathrm{R}}|\,\mathrm{d}t
\end{aligned}
$$

式中,$e_{v\mathrm{R}}$、$e_{\omega\mathrm{R}}$ 分别是位移和旋转对体力的消耗。就路径 A、B、C、D 分别计算指令控制能耗 e_{RA}、e_{RB}、e_{RC}、e_{RD},并分别与人的体力极限 E_{man} 比较。其中只有小于体力极限的路径才走得通。

如果控制动力学系统的运行能力表示为 $P_{\mathrm{O}}:\{U,\Sigma\}$,指令路径可实现的充分必要条件,也可以表示为 $P_{\mathrm{R}}\subset P_{\mathrm{O}},\forall d\in(0,d_0)$。不过,式中指令路径所需要的系统运行能力变为

$$
P_{\mathrm{R}}:\{u_{\mathrm{R}},s_{\mathrm{R}}\}
$$

式中,u_{R} 仍然表示指令路径控制;s_{R} 是指令路径的状态转移速率。

2.4.4　指令路径的分析综合

以状态转移路径的合理性条件(可及驻性、实用性)为依据,拟定路径函数,在分析系统运行能力的基础之上、满足可实现性的前提条件下,确定路径函数的未知参数,获取指令路径的过程,称为指令路径的分析综合。

指令路径的分析综合不是指令路径设计,也不是指令路径的数学解析求解。因为指令路径没有一定格式的函数表达式,也不是问题的解析解。它是以指令路径的合理性为依据,在充分发挥系统运行能力的基础之上,分析、设计、综合而成。

2.5　路径动力学方程

定义 2.5.1　路径动力学方程。

表达系统沿路径约束进行状态转移动态性质的,各系统变量之间的数学关系,称为路径动力学方程。

回顾 1.6 节的公式,即

$$\dot{y}_i^{[D_i]} = F_i^{[D_i]}(x, u, v, t), \quad i = 1, 2, \cdots, l$$

如果 $\{F_i^{[D_i]}(\bullet)\}_{i=1}^{l}$ 都显含 u,则可将该式改写为状态方程形式。令

$$Y_i = [\dot{y}_i \quad \dot{y}_i^{[1]} \quad \dot{y}_i^{[2]} \quad \cdots \quad \dot{y}_i^{[D_i-1]}]^T, \quad i = 1, 2, \cdots, l$$

则

$$\dot{Y}_i = \begin{bmatrix} 0 & 1 & \cdots & 0 \\ 0 & 0 & \cdots & 0 \\ \vdots & \vdots & & \vdots \\ 0 & 0 & \cdots & 0 \end{bmatrix} Y_i + \begin{bmatrix} 0 \\ \vdots \\ 0 \\ F_i^{[D_i]}(\bullet) \end{bmatrix}$$

$$= \lambda_i Y_i + \mu_i, \quad i = 1, 2, \cdots, l \tag{2.5.1}$$

式中

$$Y_i \in \mathbf{R}^{D_i \times 1}, \quad \lambda_i = \mathbf{R}^{D_i \times D_i}, \quad \mu_i \in \mathbf{R}^{D_i \times 1}$$

令

$$Y = [Y_1 \quad Y_2 \quad \cdots \quad Y_l]^T$$

$$Z = [Y_{11} \quad Y_{21} \quad \cdots \quad Y_{l1}]^T$$

$$= [\dot{y}_1 \quad \dot{y}_2 \quad \cdots \quad \dot{y}_l]^T$$

将式(2.5.1)表示为微分方程组形式,得

$$\left. \begin{array}{l} \dot{Y} = \lambda Y + \mu, \quad Y(t_0) = Y_0 \\ Z = \eta Y \end{array} \right\} \tag{2.5.2}$$

式(2.5.2)称为路径动力学方程。式中 $Y \in \mathbf{R}^K, \mu \in \mathbf{R}^{K \times 1}$。$\lambda$ 和 η 分别为 $K \times K$ 维和 $l \times K$ 维矩阵。其中 K、λ、μ、η 具体表示为

$$K = \sum_{i=1}^{l} D_i \tag{2.5.3}$$

$$\lambda = \begin{bmatrix} \lambda_1 & 0 & \cdots & 0 \\ 0 & \lambda_2 & \cdots & 0 \\ \vdots & \vdots & & \vdots \\ 0 & 0 & \cdots & \lambda_l \end{bmatrix}, \quad \mu = [\mu_1 \quad \mu_2 \quad \cdots \quad \mu_l]^T, \quad \eta = \begin{bmatrix} \eta_1 \\ \eta_2 \\ \vdots \\ \eta_l \end{bmatrix}$$

$$\eta_i = [\eta_{i1} \quad \eta_{i2} \quad \cdots \quad \eta_{iK}], \quad i = 1, 2, \cdots, l$$

式中

$$\eta_{ij} = \begin{cases} 1, & j = \sum_{k=0}^{i-1} D_k + 1, D_0 = 0 \\ 0, & j \neq \sum_{k=0}^{i-1} D_k + 1 \end{cases}$$

例如,以图 2.3.2 的控制问题为例,说明路径动力学方程的建立方法。当其状态定义为 $y=[r\quad q]^T$ 时,有

$$\dot{y}_1=\dot{r}=F_1^0(\,\cdot\,)=x_3\cos p=x_3\cos(q+180°-x_4)$$

$$\dot{y}_2=\dot{q}=F_2^0(\,\cdot\,)=\frac{x_3}{r}\sin p=\frac{x_3}{r}\sin(q+180°-x_4)$$

为了简明而又不失去问题的本质,进行以下假定:① p 为小量;② $\dot{q}\ll\dot{x}_4$;③调整 q 期间,x_3/r 近似为零或常数。

考虑到

$$\cos(q+180°-x_4)\approx1,\quad\sin(q+180°-x_4)=-\sin(q-x_4)$$

等式 $\dot{y}_1=\dot{r}$ 和 $\dot{y}_2=\dot{q}$ 变为

$$\dot{y}_1=\dot{r}=F_1^0(\,\cdot\,)=x_3,\quad\dot{y}_2=\dot{q}=F_2^0(\,\cdot\,)=-\frac{x_3}{r}\sin(q-x_4)$$

$F_1^0(\,\cdot\,)$ 和 $F_2^0(\,\cdot\,)$ 不含 $\bar{u}$,对其继续求导,得

$$\dot{y}_1^{[1]}=\ddot{r}=\frac{\partial F_1^{[0]}(\,\cdot\,)}{\partial x}\dot{x}\approx-10\dot{r}+10\bar{u}_1=F_1^{[1]}(\,\cdot\,)$$

$$\dot{y}_2^{[1]}=\ddot{q}=\frac{\partial F_2^{[0]}(\,\cdot\,)}{\partial x}\dot{x}\approx\frac{x_3}{r}\dot{x}_4=F_2^{[1]}(\,\cdot\,)$$

式中,$F_2^{[1]}(\,\cdot\,)$ 仍不含 $\bar{u}$,继续对其求导,得

$$\dot{y}_2^{[2]}=q^{[2]}=\frac{\partial F_2^{[1]}(\,\cdot\,)}{\partial x}\dot{x}\approx\frac{x_3}{r}\dot{x}_5$$

$$=-10\frac{x_3}{r}\dot{x}_4+20\frac{x_3}{r(1+x_3)}\bar{u}_2$$

$$=-10\ddot{q}+20\frac{x_3}{r(1+x_3)}\bar{u}_2=F_2^{[2]}(\,\cdot\,)$$

令

$$Y_1=\dot{r},\quad Y_2=[\dot{q}\quad\dot{q}^{[1]}]^T$$

由以上关系式导出

$$\lambda_1=0,\quad\lambda_2=\begin{bmatrix}0 & 1\\0 & 0\end{bmatrix}$$

$$\mu_1=-10\dot{r}+10\bar{u}_1,\quad\mu_2=\begin{bmatrix}0\\-10\dot{q}^{[1]}+20\dfrac{x_3}{r(1+x_3)}\bar{u}_2\end{bmatrix}$$

令

$$Y=[\dot{r}\quad\dot{q}\quad\dot{q}^{[1]}]^T,\quad Z=[\dot{r}\quad\dot{q}]^T$$

得图 2.3.2 的控制问题的路径动力学方程

$$\left.\begin{array}{l}\dot{Y}=\lambda Y+\mu\\Z=\eta Y\end{array}\right\}\qquad\qquad(2.5.4)$$

式中

$$\lambda = \begin{bmatrix} \lambda_1 & 0 \\ 0 & \lambda_2 \end{bmatrix} = \begin{bmatrix} 0 & 0 & 0 \\ 0 & 0 & 1 \\ 0 & 0 & 0 \end{bmatrix}$$

$$\mu = \begin{bmatrix} \mu_1 & \mu_2 \end{bmatrix}^{\mathrm{T}} = \begin{bmatrix} -10\dot{r} + 10u_1 & 0 & -10\dot{q}^{[1]} + \dfrac{20x_3}{r(1+x_3)}u_2 \end{bmatrix}^{\mathrm{T}}$$

根据

$$\eta_{ij} = \begin{cases} 1, & j = \displaystyle\sum_{k=0}^{i-1} D_k + 1, D_0 = 0 \\[3mm] 0, & j \neq \displaystyle\sum_{k=0}^{i-1} D_k + 1 \end{cases}$$

找出

$$\eta = \begin{bmatrix} 1 & 0 & 0 \\ 0 & 1 & 0 \end{bmatrix}$$

2.6　线性化路径动力学方程

2.6.1　路径动力学方程的就地线性化

定义 2.6.1　路径动力学方程的就地线性化。

假定当前状态 $y(t)$ 处于指令轨线上，即 $y(t) = y_{\mathrm{R}}(t)$，以 $y(t)$ 对应的指令路径：

$$\dot{y} = h_{\mathrm{R}}(d) = h(y_0 - y)$$

作为状态转移路径的基准（参考），则路径摄动量为

$$\Delta \dot{y}(t) = \dot{y}_{\mathrm{R}}(t) - \dot{y}(t)$$

或

$$\Delta Y = Y_{\mathrm{R}}(t) - Y(t)$$

对路径动力学方程进行线性化，称为路径动力学方程的就地线性化。线性化结果

$$\left.\begin{array}{l} \Delta \dot{Y} = \lambda \Delta Y + \lambda_x \Delta x + \beta \Delta u + \gamma \Delta v, \quad \Delta Y(t_0) = \Delta Y_0 \\ \Delta Z = \eta \Delta Y \end{array}\right\} \tag{2.6.1a}$$

称为就地线性化路径动力学方程。

与以 $y_0(t_1)$ 作为参考状态的线性化方程不同，由于假定了

$$y(t) = y_{\mathrm{R}}(t)$$

就地线性化路径动力学方程总是具有系统的实时动力学特性。式(2.6.1a)中

$$\Delta Y = Y_{\mathrm{R}} - Y = \Delta \dot{y}(t), \quad \Delta Y \in \mathbf{R}^K, \quad K = \sum_{i=1}^{l} D_i$$

$$\Delta x = [\Delta x_1 \quad \Delta x_2 \quad \cdots \quad \Delta x_n]^T, \quad \lambda_x = \frac{\partial \mu}{\partial x}\bigg|_{x=x_R,u=u_R,v=v_R}, \quad \lambda_x \in \mathbf{R}^{n\times l}$$

$$\beta = \frac{\partial u}{\partial \mu}\bigg|_{x=x_R,u=u_R,v=v_R}, \quad \beta \in \mathbf{R}^{K\times m}, \quad \gamma = \frac{\partial \mu}{\partial v}\bigg|_{x=x_R,u=u_R,v=v_R}, \quad \gamma \in \mathbf{R}^{K\times r}$$

对于图 2.3.1 的控制问题,就地线性化路径动力学方程为

$$\Delta \dot{Y} = \alpha \Delta Y + \beta \Delta u \left.\right\}$$
$$\Delta Z = \eta \Delta Y$$

式中

$$\Delta Y = [\Delta \dot{r} \quad \Delta \dot{q} \quad \Delta \dot{q}^{[1]}]^T = \begin{bmatrix} \dot{r}_R - \dot{r} \\ \dot{q}_R - \dot{q} \\ \ddot{q}_R - \ddot{q} \end{bmatrix}$$

$$\alpha = \lambda + \lambda_x, \quad \lambda = \begin{bmatrix} 0 & 0 & 0 \\ 0 & 0 & 1 \\ 0 & 0 & 0 \end{bmatrix}$$

假定在调整 q 期间

$$20x_3 / (r(1+x_3)) = 20x_{3R} / (r_R(1+x_{3R}))$$

近似为常数,有

$$\lambda_x \approx \frac{\partial \mu}{\partial y} = \frac{\partial}{\partial y} \begin{bmatrix} -10\dot{r} \\ 0 \\ -10\dot{q}^{[1]} \end{bmatrix} = \begin{bmatrix} -10 & 0 & 0 \\ 0 & 0 & 0 \\ 0 & 0 & -10 \end{bmatrix}$$

$$\alpha = \lambda + \lambda_x = \begin{bmatrix} -10 & 0 & 0 \\ 0 & 0 & 1 \\ 0 & 0 & -10 \end{bmatrix}$$

$$\beta = \frac{\partial \mu}{\partial \bar{u}} \approx \frac{\partial}{\partial \bar{u}} \begin{bmatrix} 10\bar{u}_1 \\ 0 \\ \dfrac{20x_{3R}}{r_R(1+x_{3R})}\bar{u}_2 \end{bmatrix} = \begin{bmatrix} 10 & 0 \\ 0 & 0 \\ 0 & \dfrac{20x_{3R}}{r_R(1+x_{3R})} \end{bmatrix}$$

将 α、β 代入图 2.3.1 的控制问题的线性化路径动力学方程,得

$$\Delta \dot{Y} = \begin{bmatrix} \Delta \dot{r}^{[1]} \\ \Delta \dot{q}^{[1]} \\ \Delta \dot{q}^{[2]} \end{bmatrix} = \begin{bmatrix} -10 & 0 & 0 \\ 0 & 0 & 1 \\ 0 & 0 & -10 \end{bmatrix} \begin{bmatrix} \Delta \dot{r} \\ \Delta \dot{q} \\ \Delta \dot{q}^{[1]} \end{bmatrix} + \begin{bmatrix} 10 & 0 \\ 0 & 0 \\ 0 & \dfrac{20x_{3R}}{r_R(1+x_{3R})} \end{bmatrix} \begin{bmatrix} \Delta u_1 \\ \Delta u_2 \end{bmatrix}$$

$$(2.6.1b)$$

2.6.2 线性化路径动力学方程的正确性

线性化路径动力学方程的正确性取决于系统建模。若系统建模正确,则通常是

路径调控系统变量 ΔY 的维数 K 与系统变量 Δx 的维数 n 之间有以下关系：

$$\sum_{i=1}^{l} (D_i + 1) \leqslant n$$

或改写为

$$K + l \leqslant n \tag{2.6.2}$$

若 $K+l < n$，则必然存在

$$\{x_i\}_{i=1}^{k}, \quad k = n - (K+l)$$

与路径调控无关，或者系统建模不正确，存在多余的系统组成。去除对于路径调控多余的 $\{x_i\}_{i=1}^{k}$ 之后

$$\Delta x = [\Delta x_1 \quad \Delta x_2 \quad \cdots \quad \Delta x_n]^{\mathrm{T}}_{\Delta y=0}$$

中不为零的剩余变量，经排序应有 $\Delta Y_x = \Delta Y$。式（2.6.1）可以转变为

$$\left. \begin{aligned} \Delta \dot{Y} &= \alpha \Delta Y + \beta \Delta u + \gamma \Delta v, \quad \Delta Y_0 \\ \Delta Z &= \eta \Delta Y \end{aligned} \right\} \tag{2.6.3a}$$

式中

$$\alpha = \lambda + \lambda_x$$

一般而论，ΔY 的维数 K 应比 Δx 的维数 n 少 l 阶，即

$$K = n - l \tag{2.6.3b}$$

例如，图 2.3.1 的控制问题，有

$$K = \sum_{i=1}^{2} D_i = 1 + 2 = 3, \quad l = 2, n = 5$$

恰好满足以上等式限定的 K、l、n 之间的关系。

2.6.3　系统结构与线性化路径动力学方程

假设 u 和 $\bar{u}$ 分别表示控制指令与控制物理量（与 $\dot{y}^{[1]}$ 应该具有相应的动力学关系）。如果 u 至 $\bar{u}$ 的传递时间，与路径误差 ΔZ 调控时间 t_{RC} 相比，可忽略不计，则称路径调控系统的结构是正常的。对于结构正常的路径调控系统：

$$\left. \begin{aligned} \Delta \dot{Y} &= \alpha \Delta Y + \beta \Delta u + \gamma \Delta v, \quad \Delta Y_0 \\ \Delta Z &= \eta \Delta Y \end{aligned} \right\}$$

$\bar{u}$ 与 $\dot{y}^{[1]}$ 应当近似对应。因而，必然

$$Y_i = [\dot{y}_i \quad \dot{y}_i^{[1]} \quad \dot{y}_i^{[2]} \quad \cdots \quad \dot{y}_i^{[D_i-1]}]^{\mathrm{T}}$$

中的 D_i 可近似为 1，即 $D_i \approx 1$。故有 $\lambda = 0$。或

$$\alpha = \lambda_x = \left. \frac{\partial \mu}{\partial x} \right|_{x=x_{\mathrm{R}}, u=u_{\mathrm{R}}, v=v_{\mathrm{R}}}$$

结果，路径调控系统各变量的最高阶，可能都变成了 1。结构正常的路径调控系统，将给调控系统设计带来方便。

一般情况下，$D_i \approx 1$ 是否成立，并非完全由 u 至 $\bar{u}$ 的传递时间的快慢决定。例如，图 2.3.1 的控制问题，$D_1 = 1$、$D_2 = 2$ 是一个例证。Δq 的调控是靠 Δx_4 的调控实现的，虽然 Δx_4 的调控比 Δq 的调控迅速，调控时间可忽略不计，但 Δx_4 的调控属于系统主体的一部分，应尽可能考虑 Δx_4 调控时间的影响。

设计 $D_i \neq 1$ 路径调控系统较为复杂。但是不管 $D_i = 1$ 或 $D_i \neq 1$，只要 Δu 的取值不超过控制取值的允许范围，路径调控系统都是线性的。线性控制（调节）系统有成熟的设计方法，不存在克服不了的设计困难。

2.7　路径调控控制

2.7.1　路径误差

定义 2.7.1　路径误差。

系统当前状态转移速率 $\dot{y}$ 与指令路径所规定的状态转移速率 $\dot{y}_R$ 的差值

$$\Delta Z = Z_R - Z \tag{2.7.1}$$

称为路径误差。

此种情况下，$Z = \eta Y$ 中的

$$\eta = \begin{bmatrix} \eta_{11} & 0 & \cdots & 0 \\ 0 & \eta_{22} & \cdots & 0 \\ \vdots & \vdots & & \vdots \\ 0 & 0 & \cdots & \eta_{ll} \end{bmatrix}, \quad \eta_{ii} = \begin{bmatrix} 1 & 0 & \cdots & 0 \\ 0 & 0 & \cdots & 0 \\ \vdots & \vdots & & \vdots \\ 0 & 0 & \cdots & 0 \end{bmatrix}$$

路径误差为零，表明系统沿指令路径运行；路径误差不为零，表明系统运行偏离了指令路径。

对于图 2.3.1 的控制问题，有

$$\eta = \begin{bmatrix} 1 & 0 & 0 \\ 0 & 1 & 0 \end{bmatrix}$$

所以路径误差为

$$\Delta Z = \begin{bmatrix} \Delta \dot{r} & \Delta \dot{q} \end{bmatrix}^{\mathrm{T}}$$

2.7.2　路径全信息误差

如果 $\eta \in \mathbf{R}^{K \times K}$，且

$$\eta = \begin{bmatrix} 1 & 0 & \cdots & 0 \\ 0 & 1 & \cdots & 0 \\ \vdots & \vdots & & \vdots \\ 0 & 0 & \cdots & 1 \end{bmatrix}$$

则路径误差称为路径全信息误差,或路径全息误差,记为 ΔZ_{Ai}。ΔZ_{Ai} 中包含了路径误差的高阶导数信息。

例如,图 2.3.1 的控制问题,当 $\eta = I$ 时,有

$$\eta = \begin{bmatrix} 1 & 0 & 0 \\ 0 & 1 & 0 \\ 0 & 0 & 1 \end{bmatrix}$$

则

$$\Delta Z_{Ai} = \begin{bmatrix} \dot{r}_R \\ \dot{q}_R \\ \dot{q}_R^{[1]} \end{bmatrix} - \begin{bmatrix} \dot{r} \\ \dot{q} \\ \dot{q}^{[1]} \end{bmatrix} = \begin{bmatrix} \Delta\dot{r} \\ \Delta\dot{q} \\ \Delta\dot{q}^{[1]} \end{bmatrix}$$

2.7.3　路径误差调控

定义 2.7.2　路径误差调控。

以指令路径为系统状态转移路径基准,当 Z 与 Z_R 不一致时,以路径误差 ΔZ 形成调控控制(指令):

$$\Delta u = q(\Delta Z) \tag{2.7.2}$$

用来改变系统状态转移速率,使系统沿指令路径进行状态转移的 Δu,称为路径误差调控控制。

$q(\Delta Z)$ 为 m 维实函数向量。对于图 2.3.1 的控制问题,调控控制为

$$\Delta u = q(\Delta Z) = q\left(\begin{bmatrix} \Delta\dot{r} \\ \Delta\dot{q} \end{bmatrix}\right)$$

路径误差调控,信息需求少,容易实现。

2.7.4　路径误差全息调控

定义 2.7.3　路径误差全息调控。

以路径误差全信息 ΔZ_{Ai} 形成调控控制:

$$\Delta u = q(\Delta Z_{Ai}) \tag{2.7.3}$$

用来改变系统状态转移速率及其高阶导数,使系统按照预期的 $\Delta Z(t)$ 动态变化过程趋于零,称为路径误差全息调控。

对于图 2.3.1 的控制问题,路径误差全息调控控制为

$$\Delta u = q(\Delta Z_{Ai}) = q\left(\begin{bmatrix} \Delta\dot{r} \\ \Delta\dot{q} \\ \Delta\dot{q}^{[1]} \end{bmatrix}\right)$$

路径误差全息调控,技术要求容易得到保证。然而信息需求多,不容易实现。

2.7.5　路径调控系统的可调控性

定义 2.7.4　路径调控系统的可调控性。

如果路径调控系统是定常的(见 4.1 节),可将路径调控时间 t 限制在 $(0, t_{RC})$ 期间,且 $t \in [t_0, t_f)$。可调控性定义为:如果在 ΔY_0 和 Δv 的作用下,可以设计出调控控制

$$\Delta u = q(\Delta Z)$$

使得在 $t \in [t_0, t_f)$ 期间,等式

$$\lim_{t \to t_{RC}} \| \Delta Z(t) \| \leqslant \varepsilon_{RC}$$

成立,则称式(2.6.1)是可调控的。式中,$t_{RC} \ll t_f - t_0$;ε_{RC} 为任意正小数;$\| \Delta Z(t) \|$ 为向量 $\Delta Z(t)$ 的范数,定义为

$$\| \Delta Z(t) \| = \int_0^{t_{RC}} \left[\Delta Z^T(t) \Delta Z(t) \right]^{0.5} dt$$

2.7.6　非配平路径调控控制

定义 2.7.5　非配平路径调控控制。

以

$$\left. \begin{aligned} \Delta \dot{Y} &= \alpha \Delta Y + \beta \Delta u + \gamma \Delta v, \quad \Delta Y_0 \\ \Delta Z &= \eta \Delta Y \end{aligned} \right\} \tag{2.7.4}$$

为调控对象,依据可调控性定义设计出的调控控制 $\Delta u(t)$ 称为非配平路径调控控制。

非配平路径调控控制 $\Delta u(t)$ 不具有消除外作用 $v = v_R + \Delta v$ 和自动补偿指令路径控制 u_R(见第 3 章)的能力,为有差调控控制。非配平调控控制,控制形式简单,确定参数容易。

2.7.7　非配平路径可调控性

如果非配平路径动力学方程(式(2.7.4))在 ΔY_0 和 Δv 的作用下,可以设计出调控控制

$$\Delta u = q(\Delta Z)$$

使得

$$\lim_{t \to t_{RC}} \| \Delta Z(t) \| \leqslant \varepsilon_{RC} \tag{2.7.5}$$

成立,式(2.7.4)则是非配平路径可调控的。式中,$t_{RC} \ll t_f - t_0$、ε_{RC} 分别为调控时间、任意小数;$\| \Delta Z(t) \|$ 为向量 $\Delta Z(t)$ 的范数,定义与以上相同。

2.7.8　配平调控控制

为了使调控控制的设计结果具有对指令路径变化、系统参数不确定、外作用不确

定的自动补偿能力,需要建立配平线性化路径动力学方程,将其作为被调控对象进行路径调控控制设计。为此,将指令路径控制 u_R,与为了抵消总外作用 $v = v_R + \Delta v$,使路径误差 ΔZ 始终保持在一小范围之内,即 $\|\Delta Z(t)\| \leqslant \varepsilon_e$ 的路径调控称为路径配平调控。路径配平调控控制的总和

$$u = u_R + \Delta u$$

称为配平路径调控控制。

将式(2.6.3a)中的 Δu、Δv 分别置换为 u 及 $w = \beta u_R + \gamma v$ 后,线性化路径动力学方程:

$$\left.\begin{array}{l} \Delta \dot{Y} = \alpha \Delta Y + \beta u + w, \quad \Delta Y(t_0) = \Delta Y_0 \\ \Delta Z = \eta \Delta Y \end{array}\right\} \quad (2.7.6)$$

称为配平线性化路径的动力学方程。式中 w 为配平等效外作用。

2.7.9 配平路径可调控性

如果配平线性化路径动力学方程(式(2.7.6)),在 ΔY_0 和 w 的作用下,可以设计出控制

$$u = q(\Delta Z)$$

使得

$$\lim_{t \to t_{RC}} \|\Delta Z(t)\| \leqslant \varepsilon_{RC}, \quad t \in [t_0, t_f) \quad (2.7.7)$$

式(2.7.6)是配平路径可调控的。式中,$t_{RC} \ll t_f - t_0$;ε_{RC} 分别为调控时间,任意小数;$\|\Delta Z(t)\|$ 为向量 $\Delta Z(t)$ 的范数,定义与以上相同。

将配平线性化路径动力学方程作为被调控对象,采用合适的调控控制表达形式及设计方法,调控控制的设计结果将具有对指令路径变化、系统参数不确定、外作用不确定的自动补偿能力。

定理 2.7.1 路径可调控的充分必要条件。

路径调控系统(式(2.7.4)或式(2.7.6))可调控的充分必要条件如下。

(1) $\{\Delta u_i\}_{i=1}^m \neq 0$。

(2) 使式(2.7.7)成立的 u 的解存在,即可调控性矩阵的秩:

$$\mathrm{rank}[\eta\beta \quad \eta\alpha\beta \quad \eta\alpha^2\beta \quad \cdots \quad \eta\alpha^{K-1}\beta] = K$$

(3) $u = u_R + \Delta u \subset U$。

证明

可调控性条件(1)——如果 $\{\Delta u_i\}_{i=1}^m = 0$ 的情况发生,例如,控制动力学系统状态不可完全主动转移(或完全不可主动转移),或指令路径分析综合对控制加速度的需求超限,将导致式(2.7.4)或式(2.7.6)中的 $\{\Delta u_i\}_{i=1,2,\cdots,m}$ 部分或全部缺失,使路径调控系统不能调控是显而易见的。

可调控性条件(2)——对于线性系统,可镇定与可控是等价的,或者说可调控与可控是等价的。因而可借鉴线性系统可控性条件的证明方法,导出可调控性条件(2)。假定 $\varepsilon_{RC} \approx 0$,路径调控系统趋于稳态时,式(2.7.7)变为

$$\Delta Z(t_{RC}) \approx 0, \quad t_{RC} \in [t_0, t_f]$$

即

$$\Delta Z(t_{RC}) = \eta \Delta Y(t_{RC})$$
$$= \eta \left(e^{at_{RC}} \Delta Y_0 + \int_0^{t_{RC}} e^{\alpha(t_{RC}-t)} \beta u(t) \, dt + \int_0^{t_{RC}} e^{\alpha(t_{RC}-t)} w(t) \, dt \right) \approx 0$$

对于路径误差全息调控,因 $\eta = I$,有

$$\int_0^{t_{RC}} e^{-at} \beta u(t) \, dt \approx -\Delta Y_0 - \int_0^{t_{RC}} e^{-at} w(t) \, dt$$

将矩阵指数 e^{-at} 表示为多项式,即

$$e^{-at} = \sum_{i=0}^{K-1} a_i(t) \alpha^i$$

式中,$K = \sum_{i=1}^{l} D_i$ 为 Y 的维数;$a_i(t)$ 是与 α^i 相关的系数。且假定

$$u_i(t_{RC}) = \int_0^{t_{RC}} a_i(t) u(t) \, dt, \quad w_i(t_{RC}) = \int_0^{t_{RC}} a_i(t) w(t) \, dt$$

一并代入原式,原式变为

$$[\beta \quad \alpha\beta \quad \cdots \quad \alpha^{K-1}\beta] \begin{bmatrix} u_0(t_{RC}) \\ u_1(t_{RC}) \\ \vdots \\ u_{K-1}(t_{RC}) \end{bmatrix} \approx -\Delta Y_0 - [I \quad \alpha \quad \cdots \quad \alpha^{K-1}] \begin{bmatrix} w_0(t_{RC}) \\ w_1(t_{RC}) \\ \vdots \\ w_{K-1}(t_{RC}) \end{bmatrix}$$

或者表示为

$$\begin{bmatrix} u_0(t_{RC}) \\ u_1(t_{RC}) \\ \vdots \\ u_{K-1}(t_{RC}) \end{bmatrix} \approx [\beta \quad \alpha\beta \quad \cdots \quad \alpha^{K-1}\beta]^{-1} \left\{ -\Delta Y_0 - [I \quad \alpha \quad \cdots \quad \alpha^{K-1}] \begin{bmatrix} w_0(t_{RC}) \\ w_1(t_{RC}) \\ \vdots \\ w_{K-1}(t_{RC}) \end{bmatrix} \right\}$$

如果满足条件

$$\text{rank}[\beta \quad \alpha\beta \quad \alpha^2\beta \quad \cdots \quad \alpha^{K-1}\beta] = K$$

则使式(2.7.7)成立的控制 $u(t)_{t; t_0 < t \le t_f}$ 的解存在。

例如,图 2.3.1 的控制问题,当 $\eta = I$ 时,有

$$[\beta \quad \alpha\beta \quad \alpha^2\beta] = \begin{bmatrix} 10 & 0 & -100 & 0 & -1000 & 0 \\ 0 & 0 & 0 & 0 & 0 & \dfrac{20x_{3R}}{r_R(1+x_{3R})} \\ 0 & \dfrac{20x_{3R}}{r_R(1+x_{3R})} & 0 & \dfrac{-200x_{3R}}{r_R(1+x_{3R})} & 0 & \dfrac{20x_{3R}}{r_R(1+x_{3R})} \end{bmatrix}$$

分析上式,可知

$$\text{rank}[\beta \quad \alpha\beta \quad \alpha^2\beta]=3$$

所以,图 2.3.1 的路径误差全息调控系统符合可调控条件(2)。

对于图 2.3.1 的控制问题,当采取路径误差调控时,因 $\eta\neq I$,使

$$\Delta Z(t_{RC})\approx 0, \quad t_{RC}\in[t_0,t_f]$$

成立的等式为

$$\eta\int_0^{t_{RC}} e^{-at}\beta u(t)\mathrm{d}t\approx-\eta\Delta Y_0-\eta\int_0^{t_{RC}} e^{-at}w(t)\mathrm{d}t$$

采用以上相同的方法,导出使式(2.7.7)成立的,控制 $u(t)_{t:t_0<t\leqslant t_f}$ 的存在条件:

$$\text{rank}[\beta \quad \alpha\beta \quad \alpha^2\beta]=\text{rank}\begin{bmatrix} 10 & 0 & -100 & 0 & -1000 & 0 \\ 0 & 0 & 0 & 0 & 0 & \dfrac{20x_{3R}}{r_R(1+x_{3R})} \end{bmatrix}$$

$$\neq K\times l\neq 3\times 2$$

结论是图 2.3.1 的控制系统路径误差调控不符合可调控条件(2)。究其原因,建立图 2.3.1 的控制问题路径动力学方程(式(2.6.1b))的简化条件:p 为小量;$q\ll\dot{x}_4$;调整 q 期间 x_3/r 近似为零或常数,将系统分割成了两个独立的子系统。

(1) $\Delta\dot{r}^{[1]}=-10\Delta\dot{r}+10\Delta u_1$。

(2) $\begin{bmatrix} \Delta\dot{q}^{[1]} \\ \Delta\dot{q}^{[2]} \end{bmatrix}=\begin{bmatrix} 0 & 1 \\ 0 & -10 \end{bmatrix}\begin{bmatrix} \Delta\dot{q} \\ \Delta\dot{q}^{[1]} \end{bmatrix}+\begin{bmatrix} 0 \\ \dfrac{20x_{3R}}{r_R(1+x_{3R})} \end{bmatrix}[\Delta u_2]$。

其中,子系统(1)显然符合可调控条件(2)。对于子系统(2),由于

$$\text{rank}[\beta \quad \alpha\beta]=\text{rank}\begin{bmatrix} 0 & \dfrac{20x_{3R}}{r_R(1+x_{3R})} \\ \dfrac{20x_{3R}}{r_R(1+x_{3R})} & \dfrac{-200x_{3R}}{r_R(1+x_{3R})} \end{bmatrix}$$

$$=K=2$$

也符合可调控条件(2)。整体系统究竟是否符合可调控条件(2),需要结合指令路径来判断。对于举例,使调控控制与图 2.3.2 中的解耦指令路径相结合,整体系统则符合可调控条件(2)。图 2.7.1 为两者相结合的示意图。

可调控性条件(3)——既然 u 的解存在,且

$$u=u_R+\Delta u\subset U$$

必有

$$\lim_{t\to t_{RC}}\|\Delta Z(t)\|\leqslant\varepsilon_{RC}=0$$

成立,符合路径可调控性定义,故路径是可调控的。

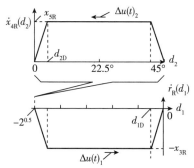

图 2.7.1 指令路径与路径调控相结合的解耦控制

2.8 全息路径调控控制法

前面提到两种路径调控控制方法：一是路径误差调控；二是全息误差路径调控。前者形成调控控制 Δu 的信息是 ΔZ，类似于入/出误差控制；后者形成调控控制 Δu 的信息是 ΔZ_{AI}，类似于状态反馈控制，但这里不是反馈，而是前馈。路径误差调控有成熟的线性系统设计方法，不必解释。全息误差调控，虽然有状态反馈控制知识可参考，然而状态反馈控制不具备全息误差路径调控对指令路径变化、系统参数不确定、外作用不确定的自动配平能力。

全息误差路径调控，被调控对象是配平线性化路径动力学方程，调控控制的表达形式是根据预期调控动态过程设定的。这种方法的设计结果具有对指令路径变化、系统参数及外作用不确定性的自动补偿能力或自动配平能力。

2.8.1 全息路径调控控制的表达形式

由于以指令路径为参考的线性化路径动力学方程是解耦的，故
$$\Delta u = q(\Delta Z_{AI})$$
可以表示为
$$\begin{aligned}\Delta u &= [\,\Delta u_1 \quad \Delta u_2 \quad \cdots \quad \Delta u_l\,]^{\mathrm{T}}\\&= [\,q(\Delta Z_{AI1}) \quad q(\Delta Z_{AI2}) \quad \cdots \quad q(\Delta Z_{AIl})\,]^{\mathrm{T}}\end{aligned}$$
式中，$\{\Delta u_i\}_{i=1}^{l}$ 的表达式为
$$\Delta u_i = q(\Delta Z_{AIi}) = G_i\left(\sum_{j=0}^{D_i-1} k_{ij}\,\Delta \dot{y}_i^{[j]}\right), \quad i=1,2,\cdots,l$$
式中，G_i、k_{ij} 分别称为第 i 调控通道增益、第 i 路径误差的 j 阶导数比例系数。图 2.8.1 是 $\{\Delta u_i\}_{i=1}^{l}$ 的图形表示。图中环节 G_i 表示有界控制的增益，$G_i \uparrow$ 表示出/入比值增大。G_i 可以人为增大，直到以下近似等式成立，即
$$\left(\sum_{j=0}^{D_i-1} k_{ij}\,\Delta \dot{y}_i^{[j]}\right) = \frac{U_i}{G_i} \approx 0, \quad i=1,2,\cdots,l \tag{2.8.1}$$

式中，k_{ij} 可视为各个比例系数与 $k_{i[D_i-1]}$ 的比值，即认定 $k_{i[D_i-1]}=1$。

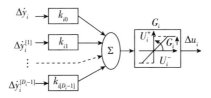

图 2.8.1　全息路径调控控制的图形表示

例如，图 2.3.1 的控制问题为

$$\Delta u_1 = q(\Delta Z_{AI1}) = G_1 k_{11} \Delta \dot{y}_1 = G_1 k_{11} \Delta \dot{r}$$

$$\Delta u_2 = q(\Delta Z_{AI2}) = G_2(k_{21} \Delta \dot{y}_2 + k_{22} \Delta \dot{y}_2^{[1]})$$

当 G_i 变为有界开/关控制时。以上两式变为

$$\Delta u_1 = \begin{cases} U^+, & k_{11} \Delta \dot{r} > 0 \\ U^-, & k_{11} \Delta \dot{r} < 0 \end{cases}$$

$$\Delta u_2 = \begin{cases} U^+, & (k_{21} \Delta \dot{q} + k_{22} \Delta \dot{q}^{[1]}) > 0 \\ U^-, & (k_{21} \Delta \dot{q} + k_{22} \Delta \dot{q}^{[1]}) < 0 \end{cases}$$

或

$$k_{11} \Delta \dot{r} \approx 0, \quad k_{21} \Delta \dot{q} + k_{22} \Delta \dot{q}^{[1]} \approx 0$$

因 $k_{11}=1$，$k_{22}=1$，上式又可以表示为

$$\Delta \dot{r} \approx 0, \quad \Delta \dot{q}^{[1]} + k_{21} \Delta \dot{q} \approx 0$$

2.8.2　指令调控过程

如果 k_{ij}、U_i、G_i、$\Delta \dot{y}_i(0) \sim \Delta \dot{y}_i^{[D_i-1]}(0)$ 使等式(2.8.1)成立，则它的解

$$\Delta \dot{y}_i(t) \approx \sum_{k=0}^{D_i-2} \left(\sum_{j=1}^{D_i-1} a_{ijk} e^{-e_{ij}t} \right) \Delta \dot{y}_i^{[k]}(0), \quad i=1,2,\cdots,l$$

称为指令调控过程或强制调控过程。式中，$\{\{-e_{ij}\}_{i=1}^{l}\}_{j=1}^{D_i-1}$ 是变量为复数 s 的特征方程

$$\sum_{j=0}^{D_i-1} k_{ij} s^j = 0, \quad i=1,2,\cdots,l$$

的、互不相同（人为确定）的、由 $\{\{k_{ij}\}_{i=1}^{l}\}_{j=0}^{D_i-1}$ 决定的特征值。$\{\{\{a_{ijk}\}_{i=1}^{l}\}_{j=1}^{D_i-1}\}_{k=0}^{D_i-2}$ 是 $\{\{-e_{ij}\}_{i=1}^{l}\}_{j=1}^{D_i-1}$ 处的留数，同样是由 $\{\{k_{ij}\}_{i=1}^{l}\}_{j=0}^{D_i-1}$ 决定的。

如果 $\{\{-e_{ij}\}_{i=1}^{l}\}_{j=1}^{D_i-1}$ 使得 $\{\Delta \dot{y}_i(t)\}_{i=1}^{l}$ 渐近稳定，则全息路径调控动态过程保持恒定，而不受指令路径变化、系统参数及外作用不确定的影响。所以，全息路径调控是路径配平调控的一种。

如果 $\Delta\dot{y}_i(0)\sim\Delta\dot{y}_i^{[D_i-1]}(0)$ 不能使等式(2.8.1)成立,只要

$$|u_{iR}+\Delta u_i|<U_i$$

路径调控系统便是可调控的,即 $\{\Delta\dot{y}_i(t)\}_{i=1}^l$ 可以收敛到由 $\{\{k_{ij}\}_{i=1}^l\}_{j=0}^{D_i-1}$ 确定的 $\{\Delta\dot{y}_i(t)\}_{i=1}^l$ 之上。式中

$$\Delta u_i=\left(\sum_{j=0}^{D_i-1}k_{ij}\Delta\dot{y}_i^{[j]}\right)G_i,\quad i=1,2,\cdots,l$$

例如,$D_i-1=1$,有

$$\Delta\dot{y}_i^{[1]}+k_{i0}\Delta\dot{y}_i\approx0$$

若 $\Delta\dot{y}_i^{[1]}(0)$、$\Delta\dot{y}_i(0)$ 使等式成立,则

$$\begin{aligned}\Delta\dot{y}_i(t)&=\sum_{k=0}^0\left(\sum_{j=1}^1a_{ijk}\mathrm{e}^{-e_{ij}t}\right)\Delta\dot{y}_i^{[k]}\\&=\sum_{k=0}^0a_{i1k}\mathrm{e}^{-e_{i1}}\Delta\dot{y}_i^{[k]}\\&=a_{i10}\mathrm{e}^{-e_{i1}t}\Delta\dot{y}_i(0)=\Delta\dot{y}_i(0)\mathrm{e}^{-e_{i1}t},\quad i=1,2,\cdots,l\end{aligned}$$

式中,$a_{i10}=1$;$-e_{i1}$ 是 $s+k_{i0}=0$ 的特征值 $-k_{i0}$。$\Delta\dot{y}_i(t)$ 和 $\Delta\dot{y}_i^{[1]}(t)$ 的变化分别如图 2.8.2 和图 2.8.3 所示,其中虚线是起始条件不符合等式条件的动态过程。对 $\Delta\dot{y}_i(t)$ 微分,得

$$\begin{aligned}\Delta\dot{y}_i^{[1]}(t)&=-e_{i1}\Delta\dot{y}_i(0)\mathrm{e}^{-e_{i1}t}\\&=-k_{i0}\Delta\dot{y}_i(0)\mathrm{e}^{-e_{i1}t},\quad i=1,2,\cdots,l\end{aligned}$$

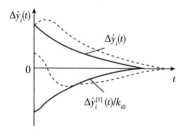

图 2.8.2　$\Delta\dot{y}_i(t)$ 和 $\Delta\dot{y}_i^{[1]}(t)$ 的
指令调控过程

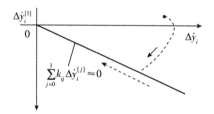

图 2.8.3　$\Delta\dot{y}_i(t)$ 和 $\Delta\dot{y}_i^{[1]}(t)$ 指令调控
过程的相轨迹

$\Delta\dot{y}_i(t)$、$\Delta\dot{y}_i^{[1]}(t)$ 的表达式表明,等式

$$\Delta\dot{y}_i^{[1]}+k_{i0}\Delta\dot{y}_i=0$$

成立。指令调控过程如图 2.8.2 所示,相轨迹表示于图 2.8.3。图中虚线表示起始条件不符合等式条件的调控和相轨迹的收敛过程。

再如,$D_i-1=2$,有

$$\Delta\dot{y}_i^{[2]}+k_{i1}\Delta\dot{y}_i^{[1]}+k_{i0}\Delta\dot{y}_i\approx0$$

若 $\Delta\dot{y}_i^{[2]}(0)$、$\Delta\dot{y}_i^{[1]}(0)$、$\Delta\dot{y}_i(0)$ 使等式成立,则

$$\Delta \dot{y}_i(t) = \sum_{k=0}^{1} \Big(\sum_{j=1}^{2} a_{ijk} \mathrm{e}^{-e_{ij}t} \Big) \Delta \dot{y}_i^{[k]}$$

$$= \sum_{k=0}^{1} (a_{i1k} \mathrm{e}^{-e_{i1}t} + a_{i2k} \mathrm{e}^{-e_{i2}t}) \Delta \dot{y}_i^{[k]}(0)$$

$$= (a_{i10} \mathrm{e}^{-e_{i1}t} + a_{i20} \mathrm{e}^{-e_{i2}}) \Delta \dot{y}_i(0) + (a_{i11} \mathrm{e}^{-e_{i1}} + a_{i21} \mathrm{e}^{-e_{i2}}) \Delta \dot{y}_i^{[1]}(0)$$

式中，$-e_{i1}$、$-e_{i2}$ 为指令调控过程的特征方程

$$s^2 + k_{i1}s + k_{i0} = 0$$

的特征值，与 k_{i1}、k_{i2} 之间的关系为

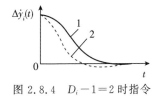

$$k_{i1} = e_{i1} + e_{i2}, \quad k_{i2} = e_{i1} e_{i2}$$

a_{i10}、a_{i11}、a_{i20}、a_{i21} 分别是 $-e_{i1}$、$-e_{i2}$ 处的与 $\Delta \dot{y}_i(0)$、$\Delta \dot{y}_i^{[1]}(0)$ 对应的留数。指令调控过程 $\Delta \dot{y}_i(t)$ 如图 2.8.4 所示，实线和虚线分别对应两个不同的实数特征值和一对复数特征值的 $\Delta \dot{y}_i(t)$ 的动态过程。

图 2.8.4　$D_i - 1 = 2$ 时指令调控过程 $\Delta \dot{y}_i(t)$

对 $\Delta \dot{y}_i(t)$ 一次和二次微分，分别得

$$\Delta \dot{y}_i^{[1]}(t) = -[(a_{i10}e_{i1}\mathrm{e}^{-e_{i1}t} + a_{i20}e_{i2}\mathrm{e}^{-e_{i2}}) \Delta \dot{y}_i(0) + (a_{i11}e_{i1}\mathrm{e}^{-e_{i1}} + a_{i21}e_{i2}\mathrm{e}^{-e_{i2}}) \Delta \dot{y}_i^{[1]}(0)]$$

$$\Delta \dot{y}_i^{[2]}(t) = (a_{i10}e_{i1}^2\mathrm{e}^{-e_{i1}t} + a_{i20}e_{i2}^2\mathrm{e}^{-e_{i2}}) \Delta \dot{y}_i(0) + (a_{i11}e_{i1}^2\mathrm{e}^{-e_{i1}} + a_{i21}e_{i2}^2\mathrm{e}^{-e_{i2}}) \Delta \dot{y}_i^{[1]}(0)$$

由 $\Delta \dot{y}_i(t)$、$\Delta \dot{y}_i^{[1]}(0)$、$\Delta \dot{y}_i^{[2]}(0)$ 的表达式，可以推导出等式

$$\Delta \dot{y}_i^{[2]} + k_{i1} \Delta \dot{y}_i^{[1]} + k_{i0} \Delta \dot{y}_i \approx 0$$

成立。指令调控过程的相轨迹如图 2.8.5 所示，其中粗实线是与图 2.8.4 曲线 1 对应的相轨迹，是三维空间中的一条 $\sum_{j=0}^{2} k_{ij} \Delta \dot{y}_i^{[j]} \approx 0$ 的直线。图中 $\sum_{j=0}^{2} k_{ij} \Delta \dot{y}_i^{[j]}(0) \neq 0$ 的状态表示初始状态不在强制运动轨迹上，虚实变化的曲线表示相轨迹收敛过程。图 2.8.6 是与图 2.8.4 曲线 2 对应的相轨迹，是三维相空间中的一条 $\sum_{j=0}^{2} k_{ij} \Delta \dot{y}_i^{[j]} \approx 0$ 的曲线。

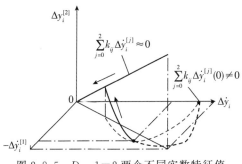

图 2.8.5　$D_i - 1 = 2$ 两个不同实数特征值指令调控过程的相轨迹

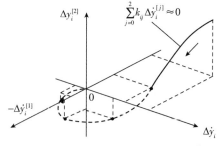

图 2.8.6　$D_i - 1 = 2$ 一对复数特征值指令调控过程的相轨迹

2.8.3 相轨迹的整体描述

由以上($D_i=2$ 和 $D_i=3$)指令调控过程相轨迹的导出过程,可引申出如下结论。

(1) 由于等式约束条件 $\sum_{j=0}^{D_i-1} k_{ij} \Delta \dot{y}^{[j]} \approx 0$ 限定的 $\Delta y \sim \Delta \dot{y}^{[D_i-1]}$ 的交集只能是一条线,不可能是面,所以指令调控过程相轨迹都是直线或曲线,而非面。

(2) 指令调控过程相轨迹的收敛过程是在 $\Delta y \sim \Delta \dot{y}^{[D_i-1]}$ 的交集之内齐头并进,而并非首先进入 $\Delta \dot{y}^{[D_i-2]} \sim \Delta \dot{y}^{[D_i-1]}$ 的交集,依次进入 $\Delta \dot{y}^{[D_i-3]} \sim \Delta \dot{y}^{[D_i-2]} \sim \Delta \dot{y}^{[D_i-1]}$ 的交集等,直至进入 $\Delta y \sim \Delta \dot{y}^{[D_i-1]}$ 的交集,如图 2.8.5 中 $\sum_{j=0}^{2} k_{ij} \Delta \dot{y}_i^{[j]}(0) \neq 0$ 的指令调控过程相轨迹。

(3) 由约束条件:

$$\sum_{j=0}^{D_i-1} k_{ij} \Delta \dot{y}_i^{[j]} = \frac{U_i}{G_i} \approx 0, \quad i=1,2,\cdots,l$$

限定的,第 i 条路径调控相轨迹的终态是第 i 条指令路径。

(4) 因为 l 条指令路径解耦(第 9 章将叙述),故指令路径调控过程相轨迹只在目的状态相交。

2.8.4 全息路径调控控制设计

全息路径调控设计的任务是如何确定 $\{\{k_{ij}\}_{i=1}^{l}\}_{j=0}^{[D_i-1]}$ 和 G_i,使路径调控系统性能符合技术要求。我们已经知道 $\{\{k_{ij}\}_{i=1}^{l}\}_{j=0}^{[D_i-1]}$ 是由特征值 $\{\{e_{ij}\}_{i=1}^{l}\}_{j=0}^{[D_i-1]}$ 决定的,即

$$\left. \begin{array}{l} k_{i[D_i-1]} = 1 \\[2mm] k_{i[D_i-2]} = \sum_{j=1}^{D_i-1} e_{ij} \\[2mm] \vdots \\[2mm] k_{i0} = \prod_{j=1}^{D_i-1} e_{ij} \end{array} \right\}$$

依据需要(路径调控系统性能技术要求)和可能(系统物理组成的快速性限制),给定 $\{\{e_{ij}\}_{i=1}^{l}\}_{j=0}^{[D_i-1]}$,再由上式算出 $\{\{k_{ij}\}_{i=1}^{l}\}_{j=0}^{[D_i-1]}$。至于 G_i 的取值,视系统是否允许高频振荡而定。如果系统不允许高频振荡存在,则可增大 G_i 至高频振荡产生之前为止。如果系统允许存在高频振荡,则可使 $G_i \rightarrow \infty$。

2.8.5 全息路径调控的局限性

仅从理论研究的观点来看,全息路径调控比路径误差调控完美,但也有它的局限

性:第一,信息需求多,不容易获取,增加了工程上的实现难度;第二,实际的系统调控过程(或系统对于指令调控过程的响应),并非与指令调控过程一致,一般系统应由初始状态平滑地收敛至指令调控过程,之后,若 G_i 大到使系统处于开/关运行状态,必引起相对指令调控过程的变频振荡(频率由低变高)。实际的系统调控过程应该是指令调控过程加变频振荡。一般情况下,工程控制不容忍高频振荡存在。

变频振荡如何产生、振荡频率为何由低变高、能否避免变频振荡的产生等,需要进行控制不连续状态下,系统运行状态的动力学特性分析。

2.9　路径约束式预期控制方法

2.9.1　路径约束式预期控制的目标和要求

经过本章以上叙述,路径约束式预期控制的目的和要求具体化为:对于运行能力 P_O 有界的系统,寻求控制向量: $u = u_R + \Delta u$,在满足约束条件: $P_{ned} \subset P_O$,或

$$\left. \begin{array}{l} u \subset U \\ e < E \end{array} \right\}$$

的前提下,使系统在有限时间间隔 $t_T = t_f - t_0$,由初始状态 $y(t_0)$ 转移到目的状态 $y_O(t_f)$,而且在 $d \to 0$ 的过程中,要求做到

$$\dot{y}(d) = \dot{y}_R(d), \quad \forall d \to 0$$

符号 P_{ned} 是系统状态转移过程对运行能力的需求,表示为 $P_{ned}:\{u,e\}$。式中

$$e = \sum_{i=1}^{m} \int_{t_0}^{t_f} |u_i| \, dt$$

$\dot{y}_R(d)$ 称为指令路径,描述了状态转移速率的大小、变化快慢、$\dot{y}_{iR}$ 与 $\dot{y}_{jR}$ 之间的大小搭配,与目的距离 d 的关系。

$$u_R = \Phi(x_R, v_R) \subset U$$

称为指令路径控制,$\Phi(x_R, v_R)$ 是在 $\{y_i^{[D_i]}\}_{i=1}^{l} = \{F_i^{[D_i]}(x,u,v)\}_{i=1}^{l}$ 都显含 u 的条件下,等式

$$[F_1^{[D_1]}(\,\cdot\,) \quad F_2^{[D_2]}(\,\cdot\,) \quad \cdots \quad F_l^{[D_l]}(\,\cdot\,)]^T = [\dot{y}_{1R}^{[D_1]} \quad y_{2R}^{[D_2]} \quad \cdots \quad y_{lR}^{[D_l]}]^T$$

关于 u 的解,其中,$\{\dot{y}_{iR}^{[D_i]}\}_{i=1,2,\cdots,l}$、$x_R(t)$ 和 $v_R(t)$ 分别是指令路径所对应的 $\{\dot{y}_i^{[D_i]}\}_{i=1,2,\cdots,l}$ 系统变量和外作用。

$$\Delta u = q(\Delta Z) \text{ 或 } \Delta u_i = q(\Delta Z_{Ali}), \quad i = 1,2,\cdots,l$$

称为路径调控控制。

不关心系统能耗的情况下,约束条件 $P_{ned} \subset P_O$ 简化为 $u \subset U$。

2.9.2　路径控制系统

路径控制系统是路径约束式预期控制的具体体现,由相关软、硬件组成,如

图 2.9.1所示。

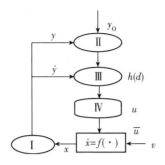

图 2.9.1 路径控制系统组成

图中各组成及其功能如下。

$\dot{x} = f(\cdot)$——控制动力学系统,它包括了被控制对象、信息获取及处理、控制机构等组成部分的动力学特性。

Ⅰ——系统当前运行状态信息的测量、采集、处理,提供满足实时性要求的 y、$\dot{y}$ 信息,体现了控制系统所具有的为形成控制指令获取所需要信息的能力,是实用意义上的信息可测性的体现不同于传统意义的可观测性。

Ⅱ——指令路径形成,提供指令路径 $\dot{y}_R(d)$。

Ⅲ——路径调控控制指令形成,计算 $\Delta u = q(\Delta Z)$ 或 $u = q(\Delta Z)$。

Ⅳ——控制指令转换,将指令 Δu 或 u 转变为控制物理量 $\Delta \bar{u}$ 或 $\bar{u}$。

2.9.3 路径控制的主要研究内容

路径控制包含以下几项主要研究内容。

(1)系统运行状态分析。寻求系统状态的表征和表述方法,分析系统状态的可达区域、系统初始状态及目的状态的确定方法。

(2)控制动力学系统建模。研究系统运行状态转移速率和加速率、与控制及外作用,以及系统状态与系统变量之间的关系、系统控制动力学方程及适合路径控制的路径动力学方程建立方法。

(3)路径控制系统的可控性。研究系统实时可控、系统状态可主动转移性、路径约束式系统可控性。

(4)指令路径的分析综合。研究指令路径的表述方法、可及驻性、可穿越性,指令路径的合理性,以及指令路径的分析综合方法。

(5)路径可调控性分析与调控控制设计。研究路径可调控性,寻求具有一般性的路径调控控制设计方法。

(6)应用研究。开展路径控制理论的应用研究,以对比的方式找出它的优点和不足,使路径控制逐步得到完善。

2.10　小　　结

路径控制研究的是如何以路径约束式预期控制模式,解决控制系统的分析综合。围绕路径控制中心议题,规定了一些名词术语和基本概念、方法。将它们贯穿起来,便是路径控制方法的框架:以指令路径的合理性为依据,分析综合指令路径,确定状态转移的路径约束;建立路径动力学方程和线性化路径动力学方程,确定路径调控系统的可调控性,设计路径调控控制,以调控控制所产生的调控作用,保证系统沿指令路径运行;两者的联合作用,使系统由当前状态转移到目的状态,实现对系统的控制。

第3章　指令路径

3.1　引　　言

路径约束式预期控制,系统由当前状态转移到目的状态是沿袭路径约束进行的。路径约束不只是考虑系统相对目的状态的稳定性,而更为重要的是当前状态与目的状态之间的路是否走得通,以及其他制约条件。满足所有制约条件的转移路径,被认为是合理的。指令路径是合理的转移路径之一,是系统状态转移必须遵循的。

指令路径可看做系统输入,但它不是与系统无关的外在作用,而是依据系统当前状态、目的状态、实用要求、运行能力等因素,分析综合而成的等价状态转移过程,是路径约束式控制模式的核心组成。转移过程的快慢、运动轨线的曲直、能量消耗的多少,在很大程度上取决于指令路径。指令路径分析综合是否合理,关系到路径控制的好坏与成败。因而,指令路径的分析综合是路径控制的核心内容。正如空间飞行器的飞行轨道、导弹的弹道、航空器的飞行航线等,决定了相关事务的成败一样,是路径控制的核心。

对于路径控制,首先需要研究的内容是指令路径应该具有什么样的性质,进而确定路径控制对指令路径的技术要求,以及分析综合指令路径的约束条件。为此,需要分析指令路径状态转移速率及加速率的取值域、基本路径函数、路径函数的拟订,以及指令路径的分类和分析综合方法。

指令路径分为可及驻指令路径、可穿越指令路径、随遇平衡目的状态指令路径。系统经由可及驻指令路径所到达的目的状态,是系统可滞留的平衡状态;系统经由可穿越指令路径所到达的目的状态,是系统不可滞留的非平衡状态;而随遇平衡目的状态指令路径是可及驻指令路径的一种,而它的目的状态却是系统当前状态。三者的属性、表述形式、技术要求、分析综合方法等各不相同。第3章主要叙述前两种指令路径。随遇平衡目的状态指令路径,将在第8章中介绍。

3.2　指令路径的属性

对于可及驻指令路径,其属性包括可及驻性、实用性、可实现性。对于可穿越指令路径,其属性类似于可穿越性、实用性、可实现性。其中实用性与应用有关,放在其他章节介绍,本章介绍可及驻性、可穿越性和可实现性。

3.2.1　指令路径的可及驻性

第 2 章曾提到,若指令路径控制 u_R 能使指令路径实现,并且在调控控制 Δu 的影响下,使控制动力学系统沿指令路径运行,能够在有限的时间 $t:[t_0,t_f)$,由初始状态 $y(t_0)$ 进入目的状态 $y_O(t_f)$ 的小邻域($S_{\delta O}$),即

$$\lim_{t \to t_f} \| d(t) \| \leqslant \varepsilon_R \tag{3.2.1}$$

且能驻留在目的状态的小邻域,称指令路径

$$\dot{y}_R = h(d)$$

对目的状态 $y_O(t_f)$ 是可及驻的。式中,t_f 为系统进入 $S_{\delta O}$ 的时间,可以是确定或非确定的。式中

$$\lim_{t \to t_f} \| d(t) \| = \| d(t_f) \| = [(d_{1f})^2 + (d_{2f})^2 + \cdots + (d_{lf})^2]^{0.5}$$

为 $d(t_f)$ 的欧几里得范数;ε_R 为任意正小数。

对于可及驻的指令路径,只要指令路径控制 u_R 可使指令路径实现,且路径调控控制 Δu 能保证系统沿指令路径转移,则肯定在有限的时间,即

$$t_L = t_f - t_0$$

以允许的误差接近或到达目的状态,并驻留在目的状态 $y_O(t_f)$ 的小邻域。

为了使系统转移到并且驻留在目的状态的小邻域,人们的主观愿望应该是选择一条可实现、可调控,而且可驻留的指令路径。可实现、可调控的条件,第 2 章已有介绍。可实现,后边将进一步讨论;而确定指令路径的可及驻性,需建立指令路径的可及驻条件。

定理 3.2.1　指令路径可及驻的充分条件。

如果数量函数

$$v_i(d) = d_i h_i(d), \quad i = 1, 2, \cdots, l \tag{3.2.2a}$$

满足要求,即

$$\begin{aligned} v_i(d) &> 0, \quad d_i \neq 0 \\ v_i(d) &= 0, \quad d_i = 0 \text{ 或 } | d_i | \leqslant \varepsilon_{Ri} \end{aligned} \quad i = 1, 2, \cdots, l$$

则指令路径

$$\dot{y}_R = h(d) \tag{3.2.2b}$$

是可及驻的。式中,ε_{Ri} 表示 y_i 的 $S_{\delta O}$ 到 y_O 的截距。

证明　假定系统正在沿指令路径进行状态转移,则

$$y(t) = y_R(t)$$

目的距离为

$$d = y_O - y = y_O - y_R$$

考虑到式(1.2.3)的制约关系,有

$$\dot{y}_R = h(d) \approx -\dot{d}$$

将 $h_i(d) \approx -\dot{d}_i$ 代入式(3.2.2a),得

$$\left.\begin{array}{l} d_i\dot{d}_i < 0, \quad d_i \neq 0 \\ d_i\dot{d}_i = 0, \quad d_i = 0 \text{ 或 } |d_i| \leqslant \varepsilon_{Ri} \end{array}\quad i=1,2,\cdots,l\right\} \qquad (3.2.2c)$$

式(3.2.2c)说明,由于

$$d_i\dot{d}_i < 0, \quad d_i \neq 0, \quad i=1,2,\cdots,l$$

必有 $\{d_i\}_{i=1}^{l}$ 与 $\{\dot{d}_i\}_{i=1}^{l}$ 两两对应反号;否则,式(3.2.2c)不可能成立。$\{d_i\}_{i=1}^{l}$ 与 $\{\dot{d}_i\}_{i=1}^{l}$ 两两对应反号,且当

$$d_i = 0 \text{ 或 } |d_i| \leqslant \varepsilon_{Ri}, \quad i=1,2,\cdots,l$$

时有

$$d_i\dot{d}_i = 0, \quad i=1,2,\cdots,l$$

必意味着

$$\lim_{t \to t_f} \| d(t) \| \leqslant \varepsilon_R$$

或

$$\lim_{t \to \infty} |\{d_i\}_{i=1}^{l}| \to 0$$

成立。故指令路径是可及驻的。

　　式(3.2.2)是指令路径可及驻的充分条件,但不是必要的。因为对于 $d_{j,j:(1\sim l)}$,局部的 $d_j \neq 0$,可以有 $v_{j,j:(1\sim l)}(d) \leqslant 0$。即局部范围停止前进或走回头路(绕道而行),只要 $d_j \to 0$ 的一定范围之内满足指令路径可及驻的充分条件,指令路径仍然是可及驻的,如图 3.2.1(a) 的路径 C。图 3.2.1(b) 是路径 C 的示意图,左右两个部分

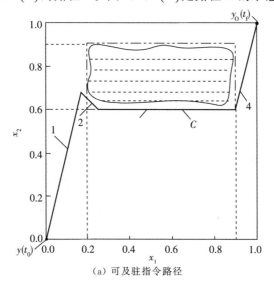

(a) 可及驻指令路径

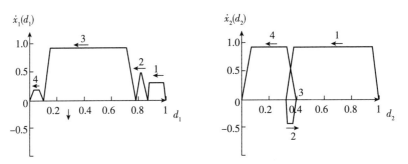

(b) $\dot{x}_1$ 和 $\dot{x}_2$ 的对应关系

图 3.2.1　指令路径的可及驻条件

表示了 $\dot{x}_1(d_1)$ 和 $\dot{x}_2(d_2)$ 各段的对应关系。$\dot{x}_2(d_2)$ 在大约 $0.6 < d_2 = (1-x_2) < 0.7$ 范围之内的第二段,使得 $d_2\dot{d}_2 \leqslant 0$,但路径 C 仍是可及驻的。

另外,指令路径并不一定纯粹是目的距离 $\{d_i\}_{i=1}^l$ 的函数。为了启动状态转移过程,或者为了使状态转移过程平滑连续,指令路径可以是目的距离 d 和时间 t 的混合函数,即

$$\dot{y}_R = h(d, t)$$

此类例子见 5.2 节。通过指令路径的解析解(当解析解存在)也可以直接判断指令路径的可及驻性。如果指令路径的解析解不存在,那么只能用以上充分条件判断指令路径的可及驻性。

3.2.2　指令路径的可穿越性

若控制动力学系统在调控作用 Δu 的影响下,沿指令路径运行,能够在有限的时间 $t:[t_0, t_f]$,由初始状态 $y(t_0)$ 转移到目的状态 $y_O(t_f)$,或进入 S_{8O},即

$$\lim_{t \to t_f} \| d(t) \| \leqslant \varepsilon_R \tag{3.2.3}$$

但不能驻留在目标状态 $y_O(t_f)$ 或 S_{8O} 之内,称指令路径 $\dot{y}_R = h(d)$ 对目的状态是可穿越的。称该类指令路径为可穿越指令路径。式中,t_f 为进入 S_{8O} 的时间,可以是确定或非确定的。式中

$$\lim_{t \to t_f} \| d(t) \| = \| d(t_f) \| = [(d_{1f})^2 + (d_{2f})^2 + \cdots + (d_{lf})^2]^{0.5}$$

为 $d(t_f)$ 的欧几里得范数。

对于可穿越的指令路径,只要路径调控控制保证系统沿指令路径转移,则肯定在有限的时间 $t_L = t_f - t_0$,以无穷小误差接近目标状态。选择符合人们愿望的可穿越目标状态的指令路径,需确定可穿越目标状态指令路径的可穿越条件。

定理 3.2.2　指令路径可穿越目的状态的充分条件。

如果数量函数

$$v_i(d) = d_i h_i(d), \quad i = 1, 2, \cdots, l \tag{3.2.4a}$$

满足不等式

$$
\left.\begin{array}{ll}
v_i(d)<0, & d_i>0 \\
v_i(d)=0, & d_i=0 \text{ 或 } |d_i|\leqslant\varepsilon_{Ri} \quad i=1,2,\cdots,l \\
v_i(d)<0, & d_i<0
\end{array}\right\} \tag{3.2.4b}
$$

则指令路径 $y_R=h(d)$，对于目的状态是可穿越的。

证明 若系统正在沿指令路径运行，则 $y(t)=y_R(t)$。目的距离为

$$
d=y_O-y=y_O-y_R
$$

同样，考虑式(1.2.3)，有

$$
\dot{y}_R=h(d)\approx-\dot{d}
$$

故有 $h_i(d)\approx-\dot{d}_i$。将 $h_i(d)\approx-\dot{d}_i$ 代入式(3.2.4a)和式(3.2.4b)，得

$$
\begin{array}{ll}
d_i\dot{d}_i<0, & d_i>0 \\
d_i\dot{d}_i=0, & d_i=0 \text{ 或 } |d_i|\leqslant\varepsilon_{Ri} \quad i=1,2,\cdots,l \\
d_i\dot{d}_i>0, & d_i<0
\end{array} \tag{3.2.4c}
$$

式(3.2.4c)说明，由于

$$
d_i\dot{d}_i<0, \quad d_i>0, \quad i=1,2,\cdots,l
$$

必有 $\{d_i\}_{i=1}^{l}$ 与 $\{\dot{d}_i\}_{i=1}^{l}$ 两两对应反号，且

$$
d_i\dot{d}_i=0, \quad d_i=0 \text{ 或 } |d_i|=\varepsilon_{Ri}, \quad i=1,2,\cdots,l
$$

意味着有

$$
\lim_{t\to t_f^-}|\{d_i\}_{i=1}^{l}|\leqslant\varepsilon_R
$$

即系统可以接近目的状态 $y_O(t)$。同时考虑到

$$
d_i\dot{d}_i>0, \quad d_i<0, \quad i=1,2,\cdots,l
$$

必有 $\{d_i\}_{i=1}^{l}$ 与 $\{\dot{d}_i\}_{i=1}^{l}$ 两两对应同号，则

$$
\lim_{t\to t_f^+}|\{d_i\}_{i=1}^{l}|>\varepsilon_R
$$

且有

$$
\lim_{t\to\infty}|\{d_i\}_{i=1}^{l}|\to\infty
$$

即系统离开目的状态 $y_O(t)$。故目的状态是可穿越的。式中，$t_f^-<t_f$；$t_f^+>t_f$。

同样，式(3.2.4)是指令路径可穿越的充分条件，但不是必要的。

3.3　指令路径的可实现性

可实现性是指令路径的属性之一。只有可实现的指令路径，才能够平稳而精确地引导系统由当前状态转移到目的状态。对于系统运行能力表示为

$$
P_O:\{U,\Sigma\}
$$

的情况,指令路径的可实现,意味着 $d \rightarrow 0$ 的过程中,指令状态转移速率和加速率都在取值域之内。即

$$P_{\mathrm{R}} \subset P_{\mathrm{O}}, \quad \forall d \in (0, d_0)$$

式中

$$P_{\mathrm{R}} : \{u_{\mathrm{R}}, s_{\mathrm{R}}\}$$

为指令路径所需要的系统运行能力;u_{R} 为指令路径控制;s_{R} 是指令路径的状态转移速率。

3.3.1 指令路径状态转移速率可实现性

如果指令路径界定的状态转移速率:$\dot{y}_{\mathrm{R}} = h(d)$,满足条件

$$h(d) \subseteq \Sigma_{\mathrm{R}} = [\begin{matrix} S_{1\mathrm{R}} & S_{2\mathrm{R}} & \cdots & S_{l\mathrm{R}} \end{matrix}]^{\mathrm{T}} \qquad (3.3.1a)$$

则称指令路径界定的状态转移速率是可实现的。式中,Σ_{R} 为指令路径状态转移速率的取值域,是系统状态转移速率的取值域

$$\Sigma = [\begin{matrix} S_1 & S_2 & \cdots & S_l \end{matrix}]^{\mathrm{T}}$$

的子空间。

例如,对于图 1.4.1 的控制问题,当采用图 2.3.4 中的路径 D 作为人的转移路径时,由于

$$\dot{y} = [\begin{matrix} \dot{r} & \dot{q} \end{matrix}]^{\mathrm{T}}$$

人控制 $\dot{y}$ 的行为

$$\bar{u}_1 = \begin{cases} u_1, & |\bar{u}_1| < 1 \\ 1 \cdot \mathrm{sgn}(u_1), & |\bar{u}_1| \geqslant 1 \end{cases}$$

有界,由

$$\dot{x}_3 = -10.0 x_3 + 10.0 \bar{u}_1$$

导出,人的最大速度 $|x_3| \leqslant 1$。再由

$$\left. \begin{matrix} \bar{u}_2 = \begin{cases} u_2, & |\bar{u}_2| < 1 \\ 1 \cdot \mathrm{sgn}(u_2), & |\bar{u}_2| \geqslant 1 \end{cases} \\ \dot{x}_4 = x_5, & x_{40} \\ \dot{x}_5 = -10.0 x_5 + \dfrac{20}{1+x_3} \bar{u}_2, & x_{50} \end{matrix} \right\}$$

导出,变化的转弯速度为 $1 \leqslant |x_5| \leqslant 2$。所以,人运动状态转移速率的取值域为

$$\Sigma = [\begin{matrix} 1 & 1 \sim 2 \end{matrix}]^{\mathrm{T}}$$

如果人的转移路径,对 x_3 和 x_5 的需求满足不等式

$$|x_3| < 1, \quad |x_5| < 1$$

则人的状态转移速率是可实现的。

3.3.2　指令路径状态转移速率使用权限

Σ 分成两个部分：Σ_R 是其中一部分，用于指令路径；另一部分用于路径调控。Σ_R 所占比例不可太大或太小。如果太大，则系统路径调控能力减弱，甚至变得不可调控，导致系统偏离指令路径；如果过小，则系统状态转移缓慢，不能充分发挥系统转移速率潜能。为避免出现以上两种倾向，规定指令路径对系统状态转移速率合理的使用权限是必要的。假定

$$\Sigma_R = R\Sigma \tag{3.3.1b}$$

式中

$$R = \mathrm{diag}(\xi_i), \quad i = 1, 2, \cdots, l$$

称为指令路径对系统状态转移速率的使用权限。其取值域为

$$0 < \xi_i < 1, \quad i = 1, 2, \cdots, l$$

当 $\{\xi_i\}_{i=1}^{l} = 1$ 时，系统以最大转移速率转移，但完全失去了速率调控能力；当 $\{\xi_i\}_{i=1}^{l} = 0$ 时，系统的速率调控能力最大，但指令路径不可能引导系统到达目的状态。

3.3.3　指令路径状态加速率可实现性

如果指令路径界定的状态转移加速率：

$$\dot{y}_R^{[D_i]} = F_{iR}^{[D_i]}(x_R, u_R, v_R), \quad i = 1, 2, \cdots, l$$

满足条件

$$F_{iR}^{[D_i]}(\bullet) \subseteq A_R = [A_{1R} \quad A_{2R} \quad \cdots \quad A_{lR}]^T \tag{3.3.1c}$$

则称指令路径 $\dot{y}_R = h(d)$ 是状态转移加速率可实现的。式中，A_R 为系统指令路径状态转移加速率的取值域，是系统状态转移加速率的取值域：

$$A = [A_1 \quad A_2 \quad \cdots \quad A_l]^T$$

的子空间。

3.3.4　指令路径加速率使用权限

A_R 所占比例应要适当。如果太大，系统无力进行路径调控，则导致状态转移过程偏离指令路径；如果过小，则导致状态转移过程平缓，不能发挥系统状态转移的潜能。必须规定指令路径合理的状态转移加速率使用权限。假定

$$A_R = \Im A \tag{3.3.1d}$$

式中

$$\Im = \mathrm{diag}(\zeta_i), \quad i = 1, 2, \cdots, l$$

称为指令路径对系统状态转移加速率的使用权限。其取值域为

$$0 < \zeta_i < 1, \quad i = 1, 2, \cdots, l$$

与 $\{\xi_i\}_{i=1}^l$ 的取值类似,$\{\zeta_i\}_{i=1}^l$ 的取值同样不可为 0 或为 1。

$\{\xi_i\}_{i=1}^l$ 和 $\{\zeta_i\}_{i=1}^l$ 的具体取值,视系统 Σ 和 A 间的相对关系、外作用 v 的不确定性、系统参数的不确定性而定。若取值合理,则系统状态转移路径合理,而且具有一定的对不确定性因素的抗干扰能力。

3.3.5 指令路径对系统运行能力的需求

系统状态转移速率向量的取值域 Σ 和控制向量 u 的取值域 U,一并构成系统的状态转移能力,或称为系统的运行能力(见第 2 章),记为

$$P_O : \{U, \Sigma\}$$

又因状态转移加速率 A 与 U 有一定对等关系,所以系统的运行能力又可以表示为

$$P_O : \{A, \Sigma\}$$

指令路径所对应的其中一部分,即

$$P_{OR} : \{A_R, \Sigma_R\}$$

称为指令路径对系统运行能力的需求。P_{OR} 在 P_O 中所占的比例应该适当,具有此种特性的指令路径,首先应该是连续可微。

3.3.6 指令路径函数的连续可微

如果指令路径:

$$\dot{y}_{iR} = h_i(d), \quad i = 1, 2, \cdots, l$$

分别对 $\{d_i\}_{i=1}^l$ 是连续可微函数,则称指令路径函数是连续可微的。

定理 3.3.1 指令路径可实现的必要条件。

如果指令路径函数可实现,$\{h_i(d_i)\}_{i=1}^l$ 必须分别是 $\{d_i\}_{i=1}^l$ 的连续可微函数。

证明 若指令路径函数 $\{h_i(d_i)\}_{i=1}^l$ 分别是 $\{d_i\}_{i=1}^l$ 的连续可微函数,必有 $\{\partial h(d_i)/\partial d_i\}_{i=1}^l$ 存在且有界。又因指令路径变化率

$$\dot{y}_R^{[1]} = \frac{d}{dt}\dot{y}_R = \left[\frac{\partial}{\partial d}h(d)\right]\dot{d} = \left[\frac{\partial}{\partial d}h(d)\right](\dot{y}_O - \dot{y})$$

$$\approx -\left[\frac{\partial}{\partial d}h(d)\right]\left[\frac{\partial}{\partial x}g(x)\right]f(x, u, v, t)$$

的表达式中 $\partial g(x)/\partial x$ 和 $f(x, u, v, t)$ 是由系统数学模型确定的,客观存在且有界。所以 $\dot{y}_R^{[1]}$ 存在且有界。按常理,指令路径控制 $\{|u_{iR}|\}_{i=1}^l$ 分别与 $\{|\dot{y}_{iR}^{[D_i]}|\}_{i=1}^l$ 形成对应关系。当忽略控制指令与控制物理量之间的传递影响时,有

$$|\dot{y}_{iR}^{[D_i]}| \approx |\dot{y}_{iR}^{[1]}|$$

因而可以认为 $\{|u_{iR}|\}_{i=1}^l$ 分别与 $\{|\dot{y}_{iR}^{[1]}|\}_{i=1}^l$ 形成对应关系。故 $\{u_{iR}\}_{i=1}^l$ 存在且有界。

如果

$$\{h_i(d_i)\}i : (1, 2, \cdots, l)$$

不连续或不可微,在此点 d_{iB} 必有

$$\left|\frac{\partial}{\partial d_i}h_i(d_i)\right|_{d_i=d_{iB}} \to \infty, \quad i=1,2,\cdots,l$$

或发生跳变。由于 $\partial g(x)/\partial x$ 和 $f(\cdot)$ 存在且有界,必有

$$|\dot{y}_{iR}^{[1]}|=\infty, \quad \forall\, h_i(d_{iB}^-)\neq h_i(d_{iB}^+)$$

或发生跳变。因而导致 $\{u_{iR}\}_{i=1}^l$ 无定义,或者 $\{u_{iR}\}_{i=1}^l$ 无法实现。所以,指令路径函数的连续可微,是指令路径可以实现的必要条件。

定理 3.3.2　指令路径可实现的充分条件。

指令路径可实现的充分条件是, $\{h_i(d_i)\}_{i=1}^l$ 随 $\{d_i\}_{i=1}^l$ 的变化而变化得充分缓慢。

证明　首先, $\{h_i(d_i)\}_{i=1}^l$ 随 $\{d_i\}_{i=1}^l$ 的变化而变化得充分缓慢,说明指令路径函数 $\{h_i(d_i)\}_{i=1}^l$ 对 $\{d_i\}_{i=1}^l$ 是连续可微的,保证了 $\{|u_{iR}|\}_{i=1}^l$ 有界。又因 $\{|u_{iR}|\}_{i=1}^l$ 与 $\{|\dot{y}_{iR}^{[1]}|\}_{i=1}^l$ 分别形成对应关系,只要 $\{h_i(d_i)\}_{i=1}^l$ 随 $\{d_i\}$ 的变化而变化得充分缓慢,必可以使 $\{|\dot{y}_{iR}^{[1]}|\}_{i=1}^l$ 足够小,因而可以小到使不等式

$$|u_{iR}|<U_i, \quad i=1,2,\cdots,l$$

成立。

需要指出的是,指令路径函数不一定是全局连续可微。若是如此,在断续点 u_R 必不能实现,而造成指令路径的执行偏差。如果不连续点与目的状态相邻,那么指令路径偏差将导致系统状态转移路径偏离指令路径,使系统不能直接到达目的状态(非单向收敛),一般情况下是不允许的;如果不连续点远离目的状态,来得及消除指令路径偏差,而不影响系统目的状态的及驻,那么非连续可微的指令路径函数是允许的。

3.3.7　指令路径的非唯一性

满足以上可及驻性、可实现性的状态转移路径不是唯一的。这种非唯一性有两层含义:一是 $h(d)$ 的非唯一性,具有上述性质的 $h(d)$ 不止一个;二是 $h(d)$ 可以代表同一个时/空中的不同轨线,它表明系统由当前状态转移到目的状态时间坐标上的非唯一性,即 t_0 不是确定的。由于合理状态转移路径是非唯一的,设计者需根据对指令路径实用性的要求,在它们之间做出选择。依据技术要求确定 $h(d)$ 是最简单的选择方法。如有学术研究上的需要,也可以找出其中最为合理的。本书重点放在了路径控制的基本原理叙述之上,用的是最简单的 $h(d)$ 的确定方法。

3.4　指令路径的分析综合

回顾第 2 章关于指令路径分析综合的定义。指令路径分析综合大致是以状态转移路径的合理性条件(可及驻性、实用性)为依据,结合控制系统路径动力学方程、初始状态、目的状态,构造具有路径属性(式(3.2.4b))的路径函数 $h(d)$,分析系统运行

能力 P_0,保证可实现的条件下,确定路径函数的相关参数,获得指令路径函数。

分析综合即不同于控制理论学术界流行的术语综合,也不同于设计。因为 $h(d)$ 既不是系统控制问题的解析解,也没有典型的表达式。分析综合是实践中人们习惯使用的一种解决问题的方法。这种方法将系统的运行能力当成技术方案的实现基础,在充分分析现实条件的基础之上,以合理转移路径作为选择指令路径的背景,拟订出路径函数表达式并确定出相关参数,最终得到指令路径。

3.4.1　最合理指令路径与路径规划

作为学术研究,当然也可以把控制理论的最优控制概念用在指令路径分析综合上。为此,可引出最合理指令路径概念。获取方法可以是最合理指令路径,也可以是路径规划(优化设计)。

若用最合理指令路径,则需定义最合理指令路径。假定使某种评价指标取极值的指令路径,称为最合理指令路径。该评价指标可以是包含合理指令路径三要素(可及驻性、实用性、可实现性)的指令路径函数,也可以是在某些因素得到基本保证的前提条件下的其余因素。

就某种评价指标而言,使评价指标取极值的指令路径,即是最合理指令路径(或最优指令路径)。

最合理指令路径,受数学方法限制,对最合理指令路径表达形式的要求过严(如连续性、可微性、凸函数性等),不能充分发挥系统的运行能力,实用性不大。

路径规划法(某种评价指标 J 下的"寻优"法)是获取最合理指令路径的实用方法。路径规划法多种多样,也很流行。不管哪种方法,它们的主要步骤基本相似。

(1) 将 $h(d)$ 转变成为可用参数组 $P = [\, p_1 \quad p_2 \quad \cdots \quad p_k\,]^T$ 拟合的函数 $h(P)$。

(2) 设参数组初值 P_0,得指令路径初值 $h(P_0)$。

(3) 系统状态转移过程仿真并计算评价指标 J_0。

(4) 用某种寻优方法,改变参数组合为 P_1,重复以上(2)、(3)过程,得到评价指标 J_1。

(5) 比较 J_1 与 J_0,用某种寻优方法,改变参数组合为 P_2,重复以上过程,直至收敛,得 $h(P_n)$。

$h(P_n)$ 为 $h(d)$ 的优化结果。这种方法的最大优点是设计过程有章可循。缺点是优化结果的内在成因不能一目了然。

3.4.2　单一指令路径与复合指令路径

指令路径 $h(d)$,按照子指令路径 $\{h_i(d)\}_{i=1}^{l}$ 间是否存在耦合关系,可以分为单一指令路径和复合指令路径。如果 l 条指令路径中的第 i 条指令路径 $\dot{y}_{iR}$ 只与目的距离 d_i 有关,即

$$\dot{y}_{iR} = h_i(d_i), \quad i=1,2,\cdots,l \tag{3.4.1}$$

称第 i 条指令路径 $\dot{y}_{iR}$ 为单一指令路径。如果第 i 条指令路径不仅与目的距离 d_i 有关,而且与其他目的距离 $\{d_j\}_{j\neq i}$ 有关,即

$$\dot{y}_{iR} = h_i(d_i, d_j), \quad i,j=1,2,\cdots,l, i\neq j \tag{3.4.2}$$

则 $\dot{y}_{iR}$ 称为复合指令路径(见第 7 章)。

就指令路径的分析综合而言,单一指令路径和复合指令路径有许多共性和不同之处。其共性是,它们都具有指令路径的属性;不同之处是,第 i 条单一指令路径的分析综合,只需考虑 $\{d_i\}_{i=1}^{l}$ 的影响,被考察的因素单一,分析综合过程简单;复合指令路径的各种因素交互影响,分析综合第 i 条复合指令路径,需考虑 $\{d_j\}_{j\neq i}$ 的影响,分析综合过程复杂。

不管是单一指令路径,还是复合指令路径都是由指令路径函数 $h(d)$ 表示的,$h(d)$ 由一些基本路径函数连接、组合而成。由基本路径函数连接、组合而成的指令路径函数不是唯一的,但又不是任意的。它们必须满足分析综合指令路径的合理性条件,即可及驻性、实用性、可实现性。为此,必须首先了解系统的运行能力。

3.4.3 系统运行能力分析

分析系统的运行能力,是指弄清它的状态转移速率及加速率的取值域 Σ 及 A,随系统状态变化而变化的情况。指令路径对两者的取值域 Σ_R 及 A_R,仅是 Σ 及 A 的一部分,不可过大(更不能超出),也不可过小。缺乏系统运行能力的了解,指令路径的分析综合是盲目的。盲目的指令路径分析综合结果,可能超出系统运行能力,或系统运行能力得不到充分发挥。

为分析系统运行能力,依据控制系统动力学方程,首先计算出

$$\left.\begin{aligned}
\dot{y}_i &= \frac{\partial}{\partial x} g_i(x)\dot{x}, & i=1,2,\cdots,l \\
\dot{y}_i^{[D_i]} &= F_i^{[D_i]}(x, u_i, v_i), & i=1,2,\cdots,l
\end{aligned}\right\} \tag{3.4.3}$$

而后,分析 $\dot{y}_i$ 和 $\dot{y}_i^{[D_i]}$ 与系统状态距离 d 之间的关系,得到系统由当前状态向目标状态转移过程中,系统状态转移速率和加速率的变化情况。以下举例说明系统运行能力的分析过程。

控制动力学系统为

$$\left.\begin{aligned}
\dot{x}_1 &= C_v \bar{x}_2; x_1(0) \\
\bar{x}_2 &= \begin{cases} x_2, & |x_2| < 1 \\ 1 \cdot \mathrm{sgn}(x_2), & |x_2| \geqslant 1 \end{cases} \\
\dot{x}_2 &= \begin{cases} 0, & \dot{x}_1 < 0, x_2(0)=0 \\ C_a \bar{u} - v, & x_1 \geqslant 0 \end{cases}
\end{aligned}\right\}$$

$$C_v = \begin{cases} 0, & x_1 < 0 \\ 0.2\mathrm{e}^{-x_1}, & x_1 \geqslant 0 \end{cases}$$

$$\bar{u} = \begin{cases} u, & |u| < 1 \\ 1 \cdot \mathrm{sgn}(u), & |u| \geqslant 0 \end{cases}$$

$$C_a = \begin{cases} 0, & x_1 < 0 \\ \mathrm{e}^{-0.6x_1}, & x_1 \geqslant 0 \end{cases}$$

$$v = \begin{cases} 0, & x_1 < 0 \\ 0.4 - 0.00001t, & x_1 \geqslant 0 \end{cases}$$

(3.4.4a)

它的系统状态、目的状态和当前状态分别为

$$\left.\begin{array}{l} y = y_1 = x_1 \\ y_{10} = x_{10} = 1 \\ y_1(t_0) = x_1(t_0) = 0 \end{array}\right\}$$

(3.4.4b)

状态转移速率为

$$\dot{y} = \dot{y}_1 = \frac{\partial}{\partial x} g_i(x)\dot{x} = \dot{x}_1 = C_v \bar{x}_2$$

(3.4.4c)

分析上式,系统状态转移速率取值域为

$$S_1 : \{-C_v, +C_v\}$$

C_v 的取值与 x_1 有关。在系统状态的变化范围之内,即 $x_1:(0,1)$,有

$$C_v : \{0.2, 0.074\}$$

综合以上分析,S_1 如图 3.4.1 所示。指令路径状态转移速率的取值域 S_{1R} 是 S_1 的一部分,即

$$S_{1R} = \xi_1 S_1$$

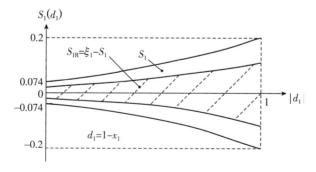

图 3.4.1　状态转移速率取值域

图 3.4.1 中 $S_1(d_1)$ 表明,随着目的距离 d_1 的减小,状态转移速率取值域逐渐减小。指令路径的拟订,必须考虑 S_1 的特点。

　　系统状态变化加速率为

$$\dot{y}_1^{[1]} = \sum_{j=1}^{n} \frac{\partial}{\partial x_j}(\dot{y}_1)\dot{x}_j$$

$$= \begin{cases} 0, & |x_2| \geqslant 1 \\ C_v \dot{x}_2, & |x_2| < 1 \end{cases}$$

$$= \begin{cases} 0, & x_1 < 0, |x_2| \geqslant 1 \\ C_v(C_a \bar{u} - v), & x_1 \geqslant 0, |x_2| < 1 \end{cases}$$

分析上式可知，系统状态变化加速率取值域为

$$\dot{y}_1^{[1]} : \{-C_v C_a, +C_v C_a\}$$

式中，C_a 的取值与 x_1 有关，在系统状态变化范围之内，即 $x_1 : \{0, 1\}$，有

$$C_a : \{1, 0.5488\}$$

通过以上分析，得 $\dot{y}_1^{[1]}$ 的取值域 A_1，如图 3.4.2 所示。用在指令路径的加速率取值域为其中的一部分，即

$$A_{1R} = \zeta_1 A_1$$

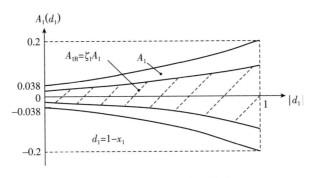

图 3.4.2　状态加速率取值域

$A_1(d_1)$ 表明随着系统状态接近目的状态，系统改变状态转移速率的能力逐渐减小。指令路径的拟订必须考虑系统运行能力 $A_1(d_1)$ 的变化趋势。

3.4.4　满足指令路径可及驻充分条件的基本路径函数

满足指令路径可及驻充分条件的基本路径函数是指符合指令路径可及驻、可穿越和连续可微的简单函数。对于可及驻目的状态，只要 $h_i(d_i)$ 是 d_i 的正奇函数，即

$$\left.\begin{array}{l} h_i(-d_i) = -h_i(d_i) \\ h_i(d_i) > 0, \quad d_i > 0 \end{array}\right\}$$

都是最简单的可及驻基本路径函数。如图 3.4.3 中的指数函数、正弦函数，以及一些不能用数学公式表述的无名正奇函数等。对于可穿越目的状态，只要 $h_i(d_i)$ 是 d_i 的非过零的正的奇函数，都是最简单的可穿越目的状态基本路径函数，如常值、初值不为零的目的距离指数递减或递增函数等。

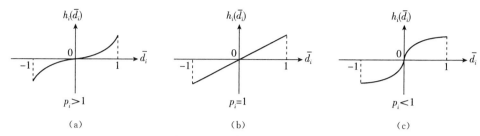

图 3.4.3　指数基本路径函数

了解基本路径函数是指令路径分析综合的基本内容之一。指令路径分析综合，即分析系统状态转移速率取值域随着目的距离的变化情况，以速率取值域为模板，用基本路径函数连接成指令路径函数初型，而后以指令路径的合理性条件为依据，确定指令路径函数初型及未知参数的整个过程。

3.4.5　指数基本路径函数

表达式为目的距离的指数函数，即

$$h_i(d_i) = C_i d_i^{p_i} \qquad (3.4.5)$$

是基本路径函数之一。p_i 为奇数，图 3.4.3 为 p_i 不同取值，标称化目的距离

$$\bar{d}_i = d_i / |y_{i0}(t_f) - y_i(t_0)|$$

的条件下，$h_i(\bar{d}_i)$ 在取值区间 $(-1, +1)$ 的示意图。

指数函数可作为可及驻基本型指令路径函数的理由如下。

(1) $\bar{d}_i h_i(\bar{d}_i) > 0, \forall \bar{d}_i \neq 0$。

(2) $h_i(\bar{d}_i) = 0, \bar{d}_i = 0$。

(3) $h_i(\bar{d}_i)$ 连续可微。

即指数函数满足可及驻和连续可微要求。

3.4.6　正弦基本路径函数

表达式为目的距离的正弦函数，即

$$h_i(\bar{d}_i) = C_i \sin\psi_i, \quad |\psi_i| < \pi$$

是另一类基本路径函数。式中

$$\psi_i = \frac{d_i}{|y_{i0}(t_f) - y_i(t_0)|} \pi = \bar{d}_i \pi \qquad (3.4.6)$$

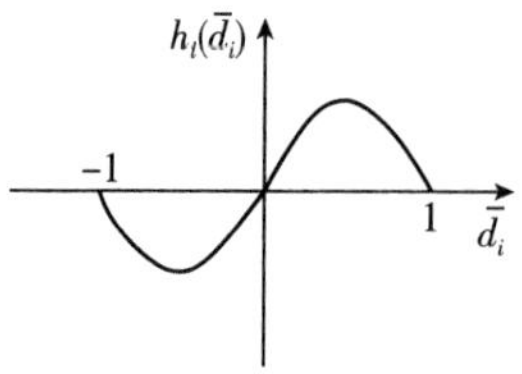

$h_i(\bar{d}_i)$ 形状如图 3.4.4 所示。同理，正弦函数为基本路径函数的理由是，它满足可及驻和连续可微条件。

与指数型函数比，不同点是 $h_i(\bar{d}_i)$ 与 $\bar{d}_i$ 不是单调上升的。某些控制动力学系统的状态转移速率随着目的距离的变化与正弦函数相似。

图 3.4.4　正弦基本路径函数

3.4.7　折线基本路径函数

折线函数是一种表述方便，最常用的基本路径函数，其表达式为

$$h_i(d_i) = \begin{cases} k_{i1}d_i, & |d_i| < d_{i1} \\ h_{i1} + k_{i2}(d_i - d_{i1}), & d_{i1} \leqslant d_i < d_{i2} \\ \vdots & \end{cases} \tag{3.4.7}$$

折线函数也满足可及驻和连续性条件。但连接点处不可微，出现 $\{\partial h_i(d_i)/\partial d_i\}_{i=1}^l$ 跳变，造成 $h_i(d_i)$ 一定的执行误差。只要执行误差允许存在，为了表述上的简单，折线函数可以选为基本路径函数。

图 3.4.5 是折线函数的示意图，它们可以是单调或非单调变化。初始段斜率不为零，如折线 1 和 2，对应指令路径是渐近稳定的；初始段斜率为零，如折线 3，即

$$h_i(d_i) = 0, \quad |d_i| \leqslant \varepsilon_{Ri}$$

对应指令路径是稳定的。

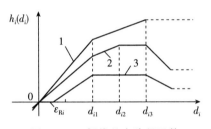

图 3.4.5　折线基本路径函数

3.5　单一指令路径的分析综合

3.5.1　单一指令路径函数的拟订

以 Σ_R 为依据，选择基本路径函数，而后根据实用性要求，连接成整体路径函数的初型，称为指令路径函数的拟订。

举例如下：控制动力学系统为

$$\begin{aligned} \dot{x}_1 &= \bar{x}_2 \\ \bar{x}_2 &= \begin{cases} x_2, & |x_2| < 5 \\ 5\,\mathrm{sgn}(x_2), & |x_2| \geqslant 5 \end{cases} \\ \dot{x}_2 &= \bar{u} + v \\ \bar{u} &= \begin{cases} u, & |u| < 250 \\ 250\,\mathrm{sgn}(u), & |u| \geqslant 250 \end{cases} \end{aligned} \right\} \tag{3.5.1a}$$

系统运行状态、目的状态和初始状态分别为

$$\left.\begin{array}{l} y = y_1 = x_1 \\ y_O = y_{1O} = 1 \\ y(t_0) = x_1(t_0) = 0 \end{array}\right\} \tag{3.5.1b}$$

任务是求 u，使系统尽可能快地由初始状态转移到目的状态（实用性）。

因为 $\dot{y}_1 = \dot{x}_1 = \bar{x}_2$，所以系统状态转移速率取值域为

$$S_1 : (-5, 5) \tag{3.5.1c}$$

分析状态速率取值域，在系统由当前状态 $x_1(t_0) = 0$ 向着目的状态 $x_{1O}(t_f) = 1$ 的转移过程中，状态转移速率的取值域是不变的。故在目的距离大范围之内，可保持指令路径的状态转移速率不变。但当接近目标状态时，为保证指令路径的可及驻性，必须选择基本型路径函数的某一种与之连接。例如，指数基本路径函数或正弦基本路径函数。假如选定指数型路径函数，并指定指数 $p = 1$，则最终拟订出指令路径函数初型为

$$h_1(d_1) = \begin{cases} h_{11} \operatorname{sgn}(d_1), & |d_1| \geqslant d_{11} \\ k_{11} d_1, & |d_1| < d_{11} \end{cases} \tag{3.5.1d}$$

其形状如图 3.5.1 所示。

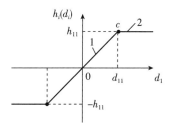

图 3.5.1　指令路径函数初型

3.5.2　可及驻性与连续性的直接检验法

指令路径函数初型拟订后，需要对它的可及驻性和连续性进行检验。通过指令路径的解析解（如果其解析解存在），可以直接来检验可及驻性。为此，求出指令路径的解，而后检验解的性质。例如，举例中的目的距离为 $d_1 = y_{1O} - y_1$，因而有 $\dot{d}_1 = \dot{y}_{1O} - \dot{y}_1$。考虑到 $\dot{y}_{1O} = 0$，故有 $\dot{d}_1 = -\dot{y}_1$。指令路径变为

$$\left.\begin{array}{l} d_1 = d_{1R} \\ \dot{y}_{1R} = h_1(d_{1R}) = -\dot{d}_{1R} \end{array}\right\}$$

代入式(3.5.1d)，得

$$\dot{d}_{1R} = \begin{cases} -h_{11} \operatorname{sgn}(d_{1R}), & |d_{1R}| \geqslant d_{11} \\ -k_{11} d_{1R}, & |d_{1R}| < d_{11} \end{cases}$$

上式与式(3.5.1d)等价,且其解为

$$d_{1R}(t) = \begin{cases} d_1(0) - h_{11}t\,\mathrm{sgn}(d_{1R}(0)), & t \leqslant t_c \\ d_{11}\,\mathrm{e}^{-k_{11}(t-t_c)}, & t > t_c \end{cases} \tag{3.5.2}$$

式(3.5.2)表明:

$$\lim_{t \to t_f} d_{1R}(t) < \varepsilon_R$$

t_f、t_c、ε_R 分别为转移终了时间、到达 d_{11} 的转移时间和任意小数。故式(3.5.1d)的指令路径函数是收敛的,或指令路径是可及驻的。

如果上式中的 t_c 和 d_{11} 满足连续条件:

$$d_{11} = d_1(0) - h_{11}t_c\,\mathrm{sgn}(d_{1R}(0)) \tag{3.5.3}$$

则式(3.5.1d)的指令路径函数是连续的。若要求指令路径在 d_{11} 处可微,则只要不怕表述烦琐,也能做得到。

3.5.3　单一指令路径参数确定

指令路径参数确定的目的是找出指令路径初型的未知数,如式(3.5.1d)中的 h_{11}、k_{11}、d_{11} 及指令路径对系统运行能力的使用权限 ξ_i、ζ_i。确定未知数的依据(或称为限制条件)是系统的状态转移速率和指令路径的状态转移速率取值域 S_i 和 S_{iR},如举例中的

$$\left.\begin{array}{l} S_1 : \{-5, 5\} \\ S_{1R} : \xi_1\{-5, 5\} \end{array}\right\}$$

以及改变状态转移速率的控制取值域 A_i 和 A_{iR},如举例中的 A_i、A_{iR}。对于举例,由于 $\dot{y}_1^{[1]} = \dot{x}_1^{[1]} = \dot{x}_2$,所以

$$\left.\begin{array}{l} A_1 : \{-250, 250\} \\ A_{1R} : \zeta_1\{-250, 250\} \end{array}\right\}$$

指令路径参数设计必须满足以下条件。

(1) 状态转移速率可实现。

(2) 状态转移加速率可实现。

因而,指令路径参数确定的限制条件为

$$\begin{array}{l} \dot{y}_{iR} \leqslant S_{iR} = \xi_i S_i \\ \dot{y}_{iR}^{[D_i]} = h_i^{[D_i]}(d_i) \leqslant A_{iR} = \zeta_i A_i \end{array} \qquad i = 1, 2, \cdots, l$$

将指令路径(式(3.5.1d))参数确定限制条件改写为等式及不等式约束。由式(3.5.2)的 $d_{1R}(t)$ 表达式可知:在指令路径的连接点 d_{11} 处两段指令路径的状态转移速率都取最大值且相等,即

$$\max\left\{\left|\frac{\mathrm{d}}{\mathrm{d}t}d_{1R}(t)\right|\right\} = \max\left\{\begin{cases} h_{11}, & t \leqslant t_c \\ k_{11}d_{11}, & t > t_c \end{cases}\right\} = \begin{cases} h_{11}, & t \leqslant t_c \\ k_{11}d_{11}, & t > t_c \end{cases}$$

第一个约束条件变为

$$k_{11} = h_{11}/d_{11} = \xi_1 |S_1|_{max}/d_{11} \qquad (3.5.4)$$

由式(3.5.2)又知,指令路径两段连接点 d_{11} 处的状态转移加速率最大值为

$$\max\left\{\left|\frac{\mathrm{d}^2}{\mathrm{d}t^2}d_{1R}(t)\right|\right\} = \max\{d_{11}k_{11}^2\} = d_{11}k_{11}^2$$

第二个约束条件改为 $d_{11}k_{11}^2 \leqslant \zeta_1 |A_1|_{max}$,或

$$k_{11} \leqslant (\zeta_1 |A_1|_{max}/d_{11})^{0.5} \qquad (3.5.5)$$

如果等式(3.5.4)及不等式(3.4.5)成立,则 $\dot{y}_{1R}$ 的状态转移速率和加速率是可实现的。指令路径参数的约束条件数,一般少于指令路径未知数的数目,如等式(3.5.4)及不等式(3.5.5)包含两个已知数:

$$\left.\begin{aligned} |S_1|_{max} &= 5 \\ |A_1|_{max} &= 250 \end{aligned}\right\}$$

和四个未知数 k_{11}、d_{11}、ξ_1、ζ_1,它们分别是图 3.5.1 中指令路径函数第 1 段的斜率、1 和 2 段连接点 c 的横坐标、状态转移速率指令路径使用权限,状态转移加速率指令路径使用权限。用迭代法(或试凑法),由两个约束条件确定四个未知数。如果其中某两个未知数重要,如 d_{11} 和 ξ_1,则可先行指定 d_{11}、ξ_1 的值,再由式(3.5.4)算出 k_{11},而后调整 ζ_1 使条件(式(3.5.5))成立。如果得不到满足,则应减小 ξ_1,增大 d_{11},以减小由式(3.5.4)确定的 k_{11}。如此,直至四个未知数被确定。

总结以上论述,确定指令路径参数的过程如下。

(1) 建立指令路径参数与系统运行能力 Σ、A 之间的关系。

(2) 以迭代法求解非线性代数方程组,最终确定指令路径参数。

3.6 复合指令路径的分析综合

复合指令路径与单一指令路径不同之处在于,指令状态转移速率不仅与自身目的距离有关,而且受其他目的距离的影响。换言之,复合指令路径函数是多变量函数。复合指令路径函数比起单一指令路径函数,在拟订上变得更加复杂而多变。在复合指令路径分析综合中,除了与单一指令路径相同的要求,值得给予特别关注的是以下两个方面。

(1) 分析其他目的距离对某一状态指令路径转移速率的影响,使其设计指标趋于合理,称此过程为局部分析综合。

(2) 统筹安排每个指令路径转移速率的大小(或到达目的状态的快慢),使得某种全局指标趋于合理,称此过程为全局分析综合。

与单一指令路径相同的内容不再重述,以下主要介绍不同点。

3.6.1 复合指令路径系统运行能力分析

设计复合指令路径仍需分析系统的运行能力,即状态转移速率和加速率:

$$\dot{y}_i = \sum_{j=1}^{n} \frac{\partial}{\partial x_j} g_i(x) \dot{x}_j, \quad i = 1, 2, \cdots, l \tag{3.6.1a}$$

$$\dot{y}_i^{[D_i]} = F_i^{[D_i]}(x, u, v), \quad i = 1, 2, \cdots, l \tag{3.6.1b}$$

与单一指令路径的不同之处是,状态转移速率及改变状态转移速率的控制能力不仅与自身目的距离有关,而且与其他目的距离有关。也就是说,复合指令路径的状态转移速率及改变状态转移速率的控制能力是耦合在一起的。

以式(3.6.2a)的控制动力学方程为例。式中,x_1、x_2、x_3、x_4 为系统变量,它们的变化规律与 x_1 有关,随 x_1 的增大呈自然指数减小。控制指令和控制物理量分别为

$$u = [u_1 \quad u_2]^T, \quad \bar{u} = [\bar{u}_1 \quad \bar{u}_2]^T$$

$\bar{u}$ 有界,u 与 $\bar{u}$ 之间无传递惯性。如果 u 与 $\bar{u}$ 之间存在传递惯性,则 $\bar{u}$ 应当视为系统变量。式(3.6.2)中 μ、η 是系统在 x_1、x_3 运行能力上的分配比。x_1 和 x_3 描述系统运行状态,v 为外作用。式(3.6.2)是典型的控制有界非线性系统。

$$\left. \begin{aligned} &\dot{x}_1 = C_v \bar{x}_2, \quad x_1(0) = 1 \\ &C_v = \begin{cases} 0, & x_1 < 0 \\ 0.2e^{-x_1}, & x_1 \geqslant 0 \end{cases} \\ &\bar{x}_2 = \begin{cases} x_2, & |x_2| < 1 \\ 1 \cdot \text{sgn}(x_2), & |x_2| \geqslant 1 \end{cases} \\ &\dot{x}_2 = \begin{cases} 0, & x_1 < 0, x_2(0) = 0 \\ C_a \bar{u}_1 - v, & x_1 \geqslant 0 \end{cases} \\ &C_a = \begin{cases} 0, & x_1 < 0 \\ e^{-0.6}, & x_1 \geqslant 0 \end{cases} \end{aligned} \right\} \tag{3.6.2a}$$

$$\left. \begin{aligned} &\bar{u}_1 = \begin{cases} u_1, & |u_1| < 1 \\ 1 \cdot \text{sgn}(u_1) & |u_1| \geqslant 1 \end{cases} \\ &v = \begin{cases} 0, & x_1 < 0 \\ 0.4 - 0.0001t, & x_1 \geqslant 0 \end{cases} \\ &\dot{x}_3 = C_v \bar{x}_4, \quad x_3(0) = 0.5 \\ &\bar{x}_4 = \begin{cases} x_4, & |x_4| < 1 \\ 1 \cdot \text{sgn}(x_4), & |x_4| \geqslant 1 \end{cases} \\ &\dot{x}_4 = C_a \bar{u}_2, \quad x_4(0) = 0 \\ &\bar{u}_2 = \begin{cases} u_2, & |u_2| < 1 \\ 1 \cdot \text{sgn}(\omega), & |u_2| \geqslant 1 \end{cases} \end{aligned} \right\} \tag{3.6.2b}$$

$$0 < \mu \leqslant 1 \atop \eta = 1 - \mu \right\} \tag{3.6.2c}$$

该系统的运行状态、目标状态和初始状态分别为

$$y = [\, y_1 \quad y_2 \,]^{\mathrm{T}} = [\, x_1 \quad x_3 \,]^{\mathrm{T}}, \quad y_O = [\, y_{1O} \quad y_{2O} \,]^{\mathrm{T}} = [\, x_{1O} \quad x_{3O} \,]^{\mathrm{T}} = [\, 0 \quad 0 \,]^{\mathrm{T}}$$

$$y(t_0) = [\, y_1(t_0) \quad y_2(t_0) \,]^{\mathrm{T}} = [\, x_1(t_0) \quad x_3(t_0) \,]^{\mathrm{T}} = [\, 1 \quad 0.5 \,]^{\mathrm{T}}$$

路径控制的任务是求 u,使系统按照实用要求(如状态转移速度最快、障碍物规避、节能等),由初始状态转移到目的状态。

为此,需依据数学模型,分析系统的运行能力。该系统状态变量 y_1 的转移速率的表达式为

$$\dot{y}_1 = \sum_{j=1}^{4} \frac{\partial}{\partial x_j} g_1(x) \dot{x}_j = \dot{x}_1 = \mu C_v \bar{x}_2 \tag{3.6.3}$$

式(3.6.3)表明,$\bar{x}_2$ 取值为 1 时,$\dot{y}_1$ 取最大值,又由 C_v 表达式看出,$\dot{y}_1$ 的最大值是 x_1 的指数函数。d_1 的取值域 $(-1,0)$ 对应了 x_1 取值域 $(1,0)$。所以在 $|d_1|$ 的取值域为 $(0,1)$,$\dot{y}_1$ 的取值域如图 3.6.1 所示。其中 S_1、S_{1R} 分别为状态转移速率取值域、指令路径的状态转移速率使用权限取值域。

图 3.6.1 中的 S_1 表明,随着目的距离 d_1 的减小,状态 y_1 转移速率取值域逐渐增大。系统状态 y_2 的转移速率表达式为

$$\dot{y}_2 = \sum_{j=1}^{4} \frac{\partial}{\partial x_j} g_2(x) \dot{x}_j = \eta C_v \bar{x}_4 \tag{3.6.4}$$

同理,$\bar{x}_4$ 取值为 1 时,$\dot{y}_2$ 取最大值。在 y_2 由 $y_2(t_0)$ 向 y_{2O} 转移的过程中,$|d_2|$ 的取值域 $(-0.5,0)$ 与 x_1 的取值域 $(1,0)$ 相对应,或者说与 d_1 的取值域 $(-1,0)$ 相对应,所以 $\dot{y}_2$ 也是 d_1 的函数。$\dot{y}_2$ 的取值域如图 3.6.2 中的 S_2 所示。S_{2R} 为指令路径状态转移速率的使用权限取值域。图 3.6.2 中的 S_2 表明,状态 y_2 的转移速率取值域也与状态距离 d_1 有关。所以状态 y_2 的状态转移指令路径的状态转移速率必须考虑目的距离 d_1 的影响。

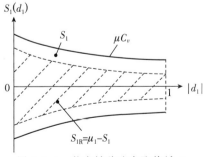

图 3.6.1　状态转移速率取值域 S_1

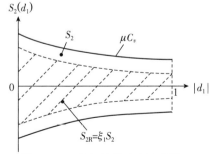

图 3.6.2　状态转移速率取值域 S_2

从图 3.6.1 和图 3.6.2 看出,S_{1R}、S_{2R} 还与 μ、η 的取值有关。由约束条件

$$\mu + \eta \leqslant 1$$

可知,若 S_{1R} 增大,则 S_{2R} 减小。或者说,若增大指令路径状态转移速率 $\dot{y}_{1R}$(增大 μ),则必须减小 $\dot{y}_{2R}$(减小 η);反之亦然。

该系统使用控制改变状态转移速率的能力,体现于 $\dot{y}_1^{[1]}$ 和 $\dot{y}_2^{[1]}$ 表达式,它们分别为

$$\dot{y}_1^{[1]} = \sum_{j=1}^{n} \frac{\partial}{\partial x_j}(\dot{y}_1)\dot{x}_j$$

$$= \begin{cases} \mu C_v \dot{x}_2, & |x_2| < 1 \\ 0, & |x_2| \geqslant 1 \end{cases}$$

$$= \begin{cases} 0, & |x_2| \geqslant 1, x_1 < 0 \\ \mu^2 C_v C_a \bar{u}_1 - \mu C_v v, & |x_2| < 1, x_1 \geqslant 0 \end{cases} \qquad (3.6.5)$$

$$\dot{y}_2^{[1]} = \sum_{j=1}^{n} \frac{\partial}{\partial x_j}(\dot{y}_2)\dot{x}_j$$

$$= \begin{cases} \eta C_v \dot{x}_4, & |x_4| < 1 \\ 0, & |x_4| \geqslant 0 \end{cases}$$

$$= \begin{cases} \eta^2 C_v C_a \bar{u}_2, & |x_4| < 1 \\ 0, & |x_4| \geqslant 0 \end{cases} \qquad (3.6.6)$$

分析式(3.6.5)和式(3.6.6),当

$$\left. \begin{array}{l} |u_1| = 1 \\ |u_2| = 1 \end{array} \right\}$$

时,$|\dot{y}_1^{[1]}|$、$|\dot{y}_2^{[1]}|$ 取最大值。故 $|\dot{y}_1^{[1]}|$、$|\dot{y}_2^{[1]}|$ 的取值边界分别为

$$\{|\dot{y}_1^{[1]}|\}_{\max} = \mu^2 C_v C_a = 0.2\mu^2 e^{-1.6x_1}, \qquad \{|\dot{y}_2^{[1]}|\}_{\max} = \eta^2 C_v C_a = 0.2\eta^2 e^{-1.6x_1}$$

考虑到 d_1、d_2 与 x_1 的关系,该系统使用控制改变状态转移速率的能力:A_1、A_{1R}、A_2、A_{2R} 分别如图 3.6.3 和图 3.6.4 所示。它们不仅与自身状态距离有关,而且与其他状态距离有关。

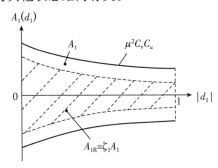

图 3.6.3 状态转移加速率取值域 A_1

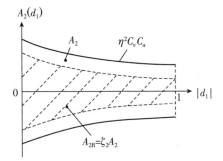

图 3.6.4 状态转移加速率取值域 A_2

经过系统运行能力的分析,与单一指令路径系统相比可看出,复合指令路径系统状态转移速率的取值域和改变状态转移速率的能力,除了与自身状态有关,还受其他

状态的影响。将举例中 S_{1R}、A_{1R}、S_{2R}、A_{2R} 写成函数表达式,即

$$S_{1R}=f(\xi_1,x_1,\mu),\quad A_{1R}=f(\zeta_1,x_1,\mu),\quad S_{2R}=f(\xi_2,x_1,\eta),\quad A_{2R}=f(\zeta_2,x_1,\eta)$$

式中,$\{\xi_i\}_{i=1,2}$、$\{\zeta_i\}_{i=1,2}$ 为指令路径对系统运行能力的使用权限,上式表明 S_{1R}、A_{1R} 不仅影响 $h_1(d_1)$ 的拟订,而且影响 $h_2(d_2)$ 的拟订。

3.6.2　复合指令路径全局规划——指令路径解耦

进行复合指令路径全局规划的目的是将复合指令路径:

$$\dot{y}_{iR}=h_i(d_i,d_j),\quad i,j=1,2,\cdots,l,i\neq j$$

变成互不耦合的单一指令路径:

$$\dot{y}_{iR}=h_i(d_i)\big|_{d_j=c},\quad i,j=1,2,\cdots,l,i\neq j$$

式中,$d_j=c$ 表示目的距离为常数。为达到指令路径全局规划的目的,需完成以下工作。

(1) 制订全局状态转移指令路径评价指标(体现指令路径的实用性,如路径是否通畅、状态转移时间的长短、能量消耗的多少、系统运行平稳程度等)。

(2) 分析指令路径间耦合因素(如举例中的 x_1、μ、η)对评价指标的影响。

根据评价指标要求,确定各耦合因素的取值,将复合指令路径解耦为单一指令路径。为此,需分析耦合因素对评价指标的影响。就举例系统而言,如果约定以状态转移时间最短作为指令路径的全局规划指标,且当 d_1、d_2 都满足收敛条件

$$\left.\begin{array}{l}\lim\limits_{t\to t_f}|d_1|\leqslant\varepsilon_{l1}\\[2mm]\lim\limits_{t\to t_f}|d_2|\leqslant\varepsilon_{l2}\end{array}\right\}$$

时,那么才算是系统状态由 $y(t_0)$ 转移到了 $y_O(t_f)$。为此,希望指令状态转移速率 $\dot{y}_{1R}$、$\dot{y}_{2R}$ 都具有较大的取值域,而且控制也具有较大的改变状态转移速率的能力 (A_{1R}、A_{2R})。$\dot{y}_{1R}$、$\dot{y}_{2R}$ 的取值,受到图 3.6.1~图 3.6.4 系统运行能力的制约,而且相互间还需满足式(3.6.2c)的要求。在举例中 μ 与 η 的取值分配,实质上是欲使目的距离 d_1、d_2,哪一个消失快的问题。若 $\dot{y}_{1R}$ 大,则 d_1 消失快;若 $\dot{y}_{2R}$ 大,则 d_2 消失快。对于系统状态转移全局,究竟哪一个消失得快些好,或同步消失更好,是需要通过实用要求的分析、论证才能回答的问题,是规划复合指令路径特有的。这种现象存在于工程系统复合指令路径全局规划,也存在于广义系统复合指令路径全局规划。例如,经济发展的控制问题,沿海、中部、西部孰先孰后,还是齐头并进,需要分析论证,才能得出正确的决策。

要想回答以上问题,需分析其他目的距离对某个转移速率的影响。考查图 3.6.1 和图 3.6.2,$S_{1R}(d_1)$、$S_{2R}(d_1)$ 都是 d_1 的衰减指数函数,确定指令路径 $\dot{y}_{1R}$ 考虑的因素有两个,即 d_1 和 μ,表示为

$$\dot{y}_{1R}=f_1(d_1,\mu)$$

而确定指令路径 $\dot{y}_{2R}$ 考虑的因素有三个,即 d_2、η 和 d_1,表示为

$$\dot{y}_{2R} = f_2(d_2, \eta, d_1)$$

假定将系统由当前状态 $y(t_0)$ 转移到目标状态 $y_O(t_f)$ 所需的时间最短,作为指令路径的期望指标。设计指令路径的策略,应该是尽快使 d_1 减小,以增大系统机动能力。为此,首先赋予 μ 大值,增大状态 y_1 指令转移速率 $\dot{y}_{1R}$,使 d_1 迅速减小。待 d_1 小到一定程度,改变 μ 与 η 赋值比例,增大 η,减小 μ。如此规划的结果,会使系统状态转移过程如图 3.6.5 所示。

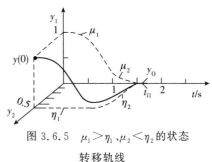

图 3.6.5 $\mu_1 > \eta_1$、$\mu_2 < \eta_2$ 的状态转移轨线

如果采取 $\mu = \eta$,或

$$\mu_1 > \eta_1, \quad \mu_2 < \eta_2, \quad \mu_3 > \eta_3$$

的指令路径全局规划策略,可以预料它们对应的状态转移过程,将分别如图 3.6.6 和图 3.6.7 所示。预计后两种转移策略的状态转移时间 t_{l2}、t_{l3},比前一种转移策略的状态转移时间 t_{l1} 长得多,即有关系

$$t_{l1} < t_{l2} < t_{l3}$$

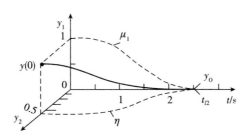

图 3.6.6 $\mu = \eta$ 的状态转移轨线

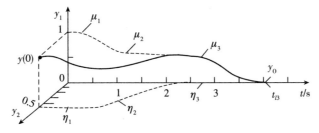

图 3.6.7 $\mu_1 > \eta_1$、$\mu_2 < \eta_2$、$\mu_3 > \eta_3$ 的状态转移轨线

结论是,如果要求状态转移时间最短,采取图 3.6.5 的路径全局规划策略,即

$$\left.\begin{array}{ll} \mu_1 > \eta_1, & |d_1| > d_{11} \\ \mu_2 < \eta_2, & |d_1| \leqslant d_{11} \end{array}\right\}$$

最为合理。

　　然而状态转移路径的评价标准,不一定总是转移时间最短。换个角度看问题,或许图 3.6.7 的 μ、η 规划策略最好,即

$$\left.\begin{array}{ll} \mu_1 > \eta_1, & |d_1| \leqslant d_{11} \\ \mu_2 < \eta_2, & d_{11} < |d_1| \leqslant d_{12} \\ \mu_3 > \eta_3, & d_{12} < |d_1| \leqslant d_{13} \end{array}\right\}$$

　　例如,飞机着陆过程,不只是为了快速,而首要的是符合着陆技术设备、环境、安全等技术要求。

3.6.3　子指令路径的分析综合

　　经过全局规划后的复合指令路径中,每条子路径都变成了可以单独进行分析综合的单一指令路径。它的分析综合原则、方法、步骤与单一指令路径基本相似,如基本路径函数、指令路径函数的拟订、指令路径参数的确定等。

　　1. 子指令路径函数的拟订

　　与单一指令路径函数拟定相似,子指令路径函数 $\dot{y}_{iR}$ 可以由若干函数段组成。除了末段(使 d_i 趋近零的指令路径函数段,即 $|d_i| \leqslant |d_{if}|$ 的路径)必须是本状态转移目的距离 d_i 的基本路径函数:

$$\dot{y}_{iR} = f(d_i), \quad |d_i| \leqslant |d_{if}|$$

其余各段可以是满足可及驻条件

$$d_i \dot{y}_{iR} > 0, \quad |d_i| \geqslant |d_{if}|, \quad i = 1, 2, \cdots, l$$

和连续条件的任何已知其他目的距离的函数(或常数),即

$$\dot{y}_{iR} = f(d_i, d_j), \quad i = 1, 2, \cdots, l, i \neq j$$

式中,d_{if} 为末段目的距离。

　　以系统式(3.6.2)为例,假定指令子路径 $\dot{y}_{1R}$、$\dot{y}_{2R}$ 分别由 S_1、S_2 和指数型的基本路径函数连接而成,连接点处的目的距离分别为 d_{1f}、d_{2f},则指令子路径函数的初型为

$$\left.\begin{array}{l} \dot{y}_{1R} = \begin{cases} k_{11} d_1, & |d_1| < |d_{1f}| \\ -\xi_1 S_1, & |d_1| \geqslant |d_{1f}| \end{cases} \\ \dot{y}_{2R} = \begin{cases} k_{21} d_2, & |d_2| < |d_{2f}| \\ -\xi_2 S_2, & |d_2| \geqslant |d_{2f}| \end{cases} \end{array}\right\} \qquad (3.6.7a)$$

连接点的连续条件为

$$\left.\begin{array}{l} k_{11} = -0.2 \xi_1 \mu e^{d_{1f}} / d_{1f} \\ k_{21} = -0.2 \xi_2 \mu e^{d_{2f}} / d_{2f} \end{array}\right\} \qquad (3.6.7b)$$

容易说明指令路径函数(式(3.6.7))既满足可及驻性,又满足连续性的要求。首先,式(3.6.7b)保证了 $\dot{y}_{1R}$、$\dot{y}_{2R}$ 在连接点的连续性,而且因为 d_1、d_2 的取值域分别为

$$-1 < d_1 \leqslant 0, \quad -1 < d_2 \leqslant 0$$

所以有

$$k_{11} = -0.2\xi_1\mu e^{d_{1f}}/d_{1f} > 0, \quad k_{21} = -0.2\xi_2\mu e^{d_{2f}}/d_{2f} > 0$$

继而导出 $\dot{y}_{1R}$ 和 $\dot{y}_{2R}$ 满足指令路径的可及驻条件：

$$\dot{y}_{1R}d_1 = \begin{cases} 0, & d_1 = 0 \\ k_{11}d_1^2 > 0, & 0 < |d_1| < |d_{1f}| \\ -\xi_1 S_1 d_1 = -0.2\xi_1\mu e^{d_1}, & |d_1| > d_{1f} \end{cases}$$

$$\dot{y}_{2R}d_2 = \begin{cases} 0, & d_2 = 0 \\ k_{21}d_2^2 > 0, & 0 < |d_2| < |d_{2f}| \\ -\xi_2 S_2 d_2 = -0.2\xi_2\eta e^{d_2}, & |d_2| \geqslant d_{2f} \end{cases}$$

而且从 k_{11}、k_{21} 的表达式得出，$\dot{y}_{1R}$ 和 $\dot{y}_{2R}$ 满足指令路径函数的连续条件：

$$\left.\begin{array}{l} k_{11}d_{1f} = -0.2\xi_1 e^{d_{1f}} = -\xi_1 S_1 \\ k_{21}d_{2f} = -0.2\xi_2\eta e^{d_{2f}} = -\xi_2 S_2 \end{array}\right\}$$

所以，式（3.6.7a）可以定为举例系统指令路径函数的初型，形状如图 3.6.8 和图 3.6.9 所示。

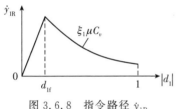

图 3.6.8　指令路径 $\dot{y}_{1R}$

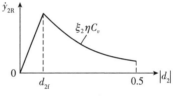

图 3.6.9　指令路径 $\dot{y}_{2R}$

2. 子指令路径参数的确定

确定子指令路径参数的目的，是确定子指令路径函数初型中的未知数，如举例（式（3.6.7a））中的 k_{11}、d_{1f}、ξ_1、k_{21}、d_{2f}、ξ_2。确定上述参数的依据是系统的状态转移速率的取值域 S_{1R}、S_{2R} 以及控制 u 改变状态转移速率的能力 A_{1R}、A_{2R}。为此，分析设计参数的约束条件，检验 $\dot{y}_{1R}$、$\dot{y}_{1R}^{[1]}$、$\dot{y}_{2R}$、$\dot{y}_{2R}^{[1]}$ 每个组成段，是否满足以下约束条件：

$$\left.\begin{array}{l} \dot{y}_{1R} \subseteq S_{1R} = \xi_1\mu C_v \\ \dot{y}_{1R}^{[1]} \subseteq A_{1R} = \zeta_1\mu^2 C_v C_a \\ \dot{y}_{2R} \subseteq S_{2R} = \xi_2\eta C_v \\ \dot{y}_{2R}^{[1]} \subseteq A_{2R} = \zeta_2\mu^2 C_v C_a \end{array}\right\}$$

若满足约束条件，则建立指令路径函数初型各个连接点的等式约束（保证指令路径函数的连续性）和不等式约束（保证连接点对改变状态转移速率能力的要求，不超出控制的取值域）；若不满足约束条件，则修改指令路径函数初型（式（3.6.7a））。为此需完成以下几点。

（1）由指令路径表达式求出 $d_{1R}(t)$、$d_{2R}(t)$（类似于式（3.5.2））。

（2）建立等式约束条件（类似于式（3.5.4））。

（3）求出 $\ddot{d}_{1\mathrm{R}}(t)$、$\ddot{d}_{2\mathrm{R}}(t)$。

（4）建立不等式约束条件（类似于式（3.5.5））。

同样，等式约束和不等式约束关系式的数目少于需要确定的未知数的数目，确定参数的过程也与单一指令路径函数确定参数的做法类似。

3.7　随遇驻留目的状态指令路径

引用第 2 章定义：随遇驻留目的状态是系统需要保持的且不需要经过状态大范围转移即可到达的状态。随遇驻留目的状态又分为确定型（记为 y_{OB}）和变化型（记为 y_{OV}）（见第 8 章）。确定型驻留目的状态的取值不变，即 $y_{\mathrm{OB}}=C,t\in[t_0,t_{\mathrm{f}}),C\in\mathbf{R}^l$ 为常值。变化的目的状态是系统状态自身，即 $y_{\mathrm{OV}}=y(t)$。

变化型随遇驻留目的状态指令路径是可及驻指令路径的一种，它所趋近的目的状态是系统当前状态，所以有

$$d=y_{\mathrm{VB}}-y(t)\equiv0$$

故

$$\dot{y}_{\mathrm{R}}=h(d)=h(0)$$

又因随遇驻留目的状态指令路径是可及驻指令路径，所以此类指令路径表示为

$$\dot{y}_{\mathrm{R}}=h(0)\equiv0 \tag{3.7.1}$$

3.8　指令路径的分类

按照目的状态的不同，以及以上指令路径的单一性、复合性、可及驻性、可穿越性，指令路径可分为确定型目的状态指令路径、随遇平衡目的状态指令路径、自修正指令路径，以及单一、复合、可及驻、可穿越指令路径等，它们各自又有单级和多级之分。其中，系统状态转移只有一个目的状态的指令路径，称为单级指令路径；系统状态转移的最终目的状态与初始状态之间还有可及驻或可穿越的中间目的状态的指令路径，称为多级指令路径。因而，确定型目的状态指令路径大致可分为以下几种。

（1）单一可及驻指令路径。

（2）复合可及驻指令路径。

（3）单级可穿越指令路径。

（4）多级可穿越指令路径。

（5）多级可及驻指令路径等。

常见控制议题以及起飞着陆飞行指令路径（见第 5 章和第 6 章）、飞机自动着陆指令路径（见第 7 章）、末制导指令路径（见第 8 章）、巡航导弹等飞行指令路径、空间自动交会对接飞行指令路径（或图 1.4.1 的例子），分别是它们的例证。

自修正指令路径可以依据某些系统变量的变化加以修正,以保证系统由当前状态转移到目的状态,适合于再入弹头、滑翔导弹等无动力飞行器的制导。

3.9　小　　结

本章介绍了引导系统由当前状态转移到目的状态的指令路径分析综合。正确的指令路径分析综合是保证控制系统进行状态转移的前提。正如汽车爬山,修建具有合理坡度、弯度的盘道,是必须做的工作。

分析综合指令路径,首先根据系统状态转移路径的实用要求,拟订出路径函数。而后分析系统的运行能力及系统运行环境,即系统的状态转移速率取值域、改变状态转移速率的控制能力、外部作用。指令路径对系统运行能力的需求,必须为系统的运行能力所允许,而且符合使用权限的限制。指令路径使用权限之外的系统运行能力,用于状态转移过程的路径调控,克服模型及外部作用的不确定性对状态转移的影响。若指令路径对系统运行能力的使用权限过大,使系统不能克服不确定性对状态转移路径的影响,则必导致系统偏离指令路径。反之,虽然系统能严格按照指令路径进行状态转移,但运行能力得不到充分发挥,延缓状态转移时间。

指令路径应具备期望它应该具有的合理性:可及驻性(或可穿越性)、实用性及可实现性。保证指令路径函数可及驻(或可穿越性)的条件下,以系统运行能力的使用权限为依据,确定路径函数中的未知数。

确定路径函数未知数的自由度很大,但也存在不小的麻烦。自由是因为待确定的参数多于约束条件,其解必存在,而且有多个;麻烦是因为从多个解中找出我们需要的,步骤烦琐。

然而实际并不一定如此,路径控制具有很强的实践性质,实践中获取的经验知识结合仿真技术的运用,会使指令路径参数的确定变得容易。

第4章 路径调控控制

4.1 引 言

4.1.1 路径调控器组成及功能

参照图 2.9.1 路径控制系统图,将属于路径调控器的部分标示出来,细化为图 4.1.1。图中Ⅲ、Ⅳ属于路径调控器的组成,其中Ⅲ的功能是用路径误差信号:

$$\Delta \dot{y} = \dot{y}_R - \dot{y}$$

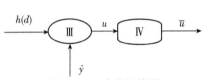

图 4.1.1 路径调控器

计算出调控控制指令 Δu;Ⅳ的作用是将调控控制指令 Δu 转变为调控物理量 $\Delta \bar{u}$。有关路径调控器,值得研究的内容很多,如调控控制设计(路径调控指令算法)、调控控制指令与调控物理量间的传递机制、技术要求、物理实现等。这一章的内容以调控控制指令设计为主,设计方法有两种:一是全息路径调控设计法;二是路径误差调控设计法。其中全息路径调控设计法,理论上较为完善、方法使用容易。但有它的局限性,应用在工程上较为困难。相反,路径误差调控设计法,理论上不完善,方法使用困难。但有它的优点,应用在工程上容易。以下只是介绍如何避免方法使用上的困难,用路径误差调控设计法,设计调控控制指令 Δu。

4.1.2 路径调控控制的类型

第 2 章提出过,路径控制系统的路径调控控制有以下三种。

(1) 配平路径调控控制。

(2) 非配平路径调控控制。

(3) 随遇驻留目的状态路径调控控制。

配平调控控制的调控系统为

$$\left. \begin{array}{l} \Delta \dot{Y} = \alpha \Delta Y + \beta u + w, \quad \Delta Y(t_0) = \Delta Y_0 \\ \Delta Z = \eta \Delta Y \end{array} \right\}$$

配平路径调控控制方法有两种:路径误差调控和全息路径调控。其中误差调控控制表示为

$$u = q(\Delta Z) = q_E(\eta \Delta Y)$$

式中,$q_E(\cdot)$ 表示配平调控函数。全息路径调控控制表示为

$$\Delta u = q(\Delta Z_{Ai})$$

式中,ΔZ_{Ai} 为路径全信息误差。

非配平调控控制的调控系统为

$$\left.\begin{array}{l}\Delta \dot{Y}=\alpha \Delta Y+\beta \Delta u+\gamma \Delta v, \quad \Delta Y(t_0)=\Delta Y_0 \\ \Delta Z=\eta \Delta Y\end{array}\right\}$$

其路径误差调控控制为

$$u=q(\Delta Z)=q_{NE}(\eta \Delta Y)$$

式中,$q_{NE}(\cdot)$ 表示非配平调控函数。

随遇驻留目的状态路径调控的调控系统为

$$\left.\begin{array}{l}\Delta \dot{Y}=\alpha \Delta Y+\beta \Delta u+\gamma \Delta v, \quad \Delta Y(t_0)=\Delta Y_0 \\ \Delta Z=\eta \Delta Y\end{array}\right\}$$

由于随遇驻留目的状态指令路径为

$$\dot{y}_R=h(0)\equiv 0$$

所以

$$\Delta Z=\eta \Delta Y=\eta(\dot{y}_R-\dot{y})\equiv -\eta \dot{y}$$

对应的随遇驻留目的状态路径调控控制为

$$u=q(\Delta Z)\equiv q_B(-\eta \dot{y})$$

路径误差调控控制变成了状态变化率调控。其中,$q_B(\cdot)$ 表示随遇驻留目的状态指令路径调控函数。

4.1.3　路径调控的特点

就路径调控而言,实质上路径控制动力学系统是输入指令已知为 $\dot{y}_R$ 的指令跟踪系统。通过路径调控控制的作用,使系统跟踪指令路径运行,达到使系统运行状态大范围转移的目的。如何设计运行于跟踪方式的路径调控控制,使它具有满足技术要求的调控能力,是路径调控的设计目标。

路径调控的指令跟踪稳定性,看起来似乎与输入/输出稳定性问题类似,但两者研究内容有很大差别。输入/输出稳定性研究的是系统相对变化的参考状态 y_R 的稳定性。路径调控系统指令跟踪问题的稳定性是系统相对变化的参考状态变化率 $\dot{y}_R$ 的稳定性。

路径调控指令跟踪的输入指令 $\dot{y}_R$,是根据指令路径的合理性分析综合出来的。由于输入指令 $\dot{y}_R$ 的变化,路径误差 ΔZ 不仅与系统的动力学特性有关,而且受输入指令 $\dot{y}_R$ 的影响。如果以路径误差 ΔZ(系统跟踪误差)的大小、收敛快慢、振荡程度等,作为评价跟踪系统性能的指标,跟踪系统设计,则不仅需要分析、计算系统自身的组成结构与相关参数,以及路径调控系统性能之间的关系,而且需要分析输入指令的合理性,对路径调控系统性能的影响。

4.1.4　定常路径调控系统

线性化路径动力学方程,是以当前状态 $y(t)$ 作为参考状态,进行线性化的(假定 $y(t)$ 与 $y_R(t)$ 一致)。严格地讲,线性化路径动力学方程是时变的。时变的线性路径调控系统,设计起来比较难。

与 ΔY 的变化相比,如果式(2.6.3a)中的 α、β 都是缓慢变化的量,线性化路径调控系统可近似认为是定常的。定常路径调控系统的设计将变得容易。

α 和 β 都是指令路径的函数,变化快慢取决于路径函数 $h(d)$,而且 $h(d)$ 又是人为的。如果人为的指令路径函数,使式(2.6.3)满足了定常路径调控系统的要求,则认为指令路径是充分合理的(不只是可及驻、实用、可实现)。或者说,充分合理的指令路径,使得式(2.6.3a)中 α 和 β 在 t_{RC} 期间的变化可以忽略不计。相反,在 t_{RC} 期间 α、β 的变化不可忽略不计,则认为指令路径不够充分合理。

当然,也可以认为调控系统快速性不够,使 t_{RC} 过大。不过,调控系统的快慢是由控制动力学系统的主要硬件组成决定的,不易改变。

4.2　路径调控控制问题的提法

路径调控对象的数学模型,可以是非线性控制动力学系统方程或线性化控制动力学系统方程,也可以是线性化路径动力学方程。对于非线性控制动力学方程,路径调控为变化的指令路径跟踪;将线性化控制动力学方程作为调控对象,变化的指令跟踪可简化为变指令路径调控,或常指令路径调控;数学模型为线性化路径动力学方程的路径调控称为路径动力学路径调控;随遇驻留目的状态的路径调控称为随遇驻留路径调控。

4.2.1　控制动力学变指令路径跟踪

已知控制动力学系统

$$\left.\begin{array}{l} \dot{x}=f(x,u,v,t),\quad x(t_0) \\ y=g(x) \end{array}\right\} \tag{4.2.1a}$$

及引导系统由初始状态 $y(t_0)$ 向目标状态 $y_O(t_f)$ 转移的指令路径

$$\dot{y}_R=h(d) \tag{4.2.1b}$$

求调控控制

$$u=f(\Delta \dot{y}) \tag{4.2.1c}$$

使系统在状态转移期间 $t:[t_0,t_f]$,有

$$\|\Delta \dot{y}(t)\| \leqslant \varepsilon_e \tag{4.2.1d}$$

成立,称为控制动力学变指令路径跟踪。

式中

$$\Delta \dot{y} = \dot{y}_R - \dot{y}, \quad \dot{y} = \left[\frac{\partial g(x)}{\partial x} \right] \dot{x}$$

而 $\| \Delta \dot{y}(t) \|$、ε_e 分别是向量函数 $\dot{y}(t)$ 的范数：

$$\| \Delta \dot{y}(t) \| = \int_{t_0}^{t_f} [\Delta \dot{y}^T(t) \Delta \dot{y}(t)]^{0.5} \mathrm{d}t$$

和给定的正小数，其余符号同前。

控制动力学变指令路径跟踪系统，尚且没有成熟的设计方法。只要指令路径分析综合得充分合理，使得式(2.6.3)中 α 和 β 在 t_{RC} 期间的变化可以忽略不计，可避免形成控制动力学变指令路径跟踪问题。

4.2.2　控制动力学变指令路径调控

若已知控制动力学系统以指令路径为参考状态的线性化动力学方程：

$$\left. \begin{array}{l} \Delta \dot{x} = A \Delta x + B \Delta u + C \Delta v, \quad \Delta x(t_0) = x_0 \\ \Delta \dot{e} = D \Delta \dot{x} \end{array} \right\} \tag{4.2.2a}$$

求控制

$$\Delta u = f(\Delta \dot{e}) \tag{4.2.2b}$$

使系统在允许的调控期间 t_{RC}，以下不等式成立：

$$\lim_{t \to t_{RC}} \| \Delta \dot{e}(t) \| \leqslant \varepsilon_e \tag{4.2.2c}$$

称为控制动力学变指令路径调控。式中

$$\Delta \dot{e} = \Delta \dot{y}_R - \Delta \dot{y} \tag{4.2.2d}$$

为变指令路径调控的路径误差摄动量，由指令路径状态转移速率的摄动量 $\Delta \dot{y}_R$ 和系统状态转移速率的摄动量 $\Delta \dot{y}$ 两部分组成。

4.2.3　控制动力学常指令路径调控

对于状态转移速率为常值向量的指令路径：

$$\dot{y}_R = \Gamma \tag{4.2.3a}$$

有 $\Delta \dot{y}_R = 0$。或者指令路径状态转移速率虽不为常值，但控制动力学系统具有希望它具有的特性，如主次有序、快慢有别等，使得调控器对摄动误差 $\Delta \dot{e}$ 的调控时间 $t_{RC} \ll (t_f - t_0)$。因而可以认为，在时间 t_{RC} 期间，$\Delta \dot{y}_R$ 与 $\Delta \dot{y}$ 相比为小量，即

$$\| \Delta \dot{y}_R \| \ll \| \Delta \dot{y} \|$$

因而式(4.2.2d)简化为

$$\Delta \dot{e} = \Delta \dot{y}_R - \Delta \dot{y} \approx -\Delta \dot{y} = -D \Delta \dot{x}$$

以上指令路径状态转移速率为常值，或近似为常值的路径调控问题，称为控制动力学常指令路径调控。

控制动力学常指令路径调控概括为,以指令路径为参考状态的线性化动力学方程

$$\Delta \dot{x} = A\Delta x + B\Delta u + C\Delta v, \quad \Delta x(t_0) \left.\right\} \\ \Delta \dot{y} = D\Delta \dot{x} \qquad\qquad\qquad\quad \left.\right\} \tag{4.2.3b}$$

为被控对象,设计调控控制:

$$\Delta u = f(-\Delta \dot{y}) = f(-D\Delta \dot{x}) \tag{4.2.3c}$$

在调控时间 t_{RC} 之内,使不等式

$$\lim_{t \to t_{RC}} \| \Delta \dot{y}(t) \| \leqslant \varepsilon_{RC} \tag{4.2.3d}$$

成立。

概括以上叙述得出:一般情况下,路径调控控制为指令跟踪式(4.2.1);一定的条件下,可处理成为变指令路径调控式(4.2.2);特定情况下,可简化为常指令路径调控式(4.2.3)。

对于路径调控,由于认定系统由初始状态向目的状态的转移过程中,始终处于指令路径所规定的系统状态上,即

$$y(t) = y_R(t), \quad t:[t_0, t_f]$$

两者只是状态转移速率上的差异,即 $\Delta \dot{y} = \dot{y}_R - \dot{y} \neq 0$。所以不论目的距离 d 多么大,系统线性化模型(式(4.2.2)和式(4.2.3))总是代表系统的当地动力学特性,此即就地线性化带来的好处。

控制动力学变指令路径调控控制设计,与控制动力学常指令路径调控控制设计不同,后者不必考虑指令路径的影响,而且有成熟的设计方法,设计工作容易得多;而前者必须考虑指令路径变化的影响。

4.2.4　路径动力学路径调控

以线性化路径动力学方程

$$\dot{\Delta Y} = \alpha \Delta Y + \beta \Delta u + \gamma \Delta v, \quad \Delta Y(t_0) = \Delta Y_0 \left.\right\} \\ \Delta Z = \eta \Delta Y \qquad\qquad\qquad\qquad\qquad\qquad \left.\right\} \tag{4.2.4a}$$

或

$$\dot{\Delta Y} = \alpha \Delta Y + \beta u + w, \quad \Delta Y(t_0) = \Delta Y_0 \left.\right\} \\ \Delta Z = \eta \Delta Y \qquad\qquad\qquad\qquad\qquad \left.\right\} \tag{4.2.4b}$$

为调控对象,求控制

$$\Delta u = q(\Delta Z) \tag{4.2.4c}$$

使系统在调控期间 t_{RC},以下不等式:

$$\lim_{t \to t_{RC}} \| \Delta Z(t) \| \leqslant \varepsilon_e \tag{4.2.4d}$$

成立,称为路径动力学路径调控。式中,$\|\Delta Z(t)\|$ 的含义与第 2 章相同,即

$$\|\Delta Z(t)\| = \int_0^{t_{RC}} [\Delta Z^T(t)\Delta Z(t)]^{0.5} dt$$

与控制动力学变指令路径调控及常指令路径调控相比,路径动力学路径调控是将路径动力学方程,看成是由控制动力学方程演变而来的另一个系统的调控问题。在这种系统中,被关心的变量是原系统的状态变化率。因而,系统的阶次降低,调控控制的设计变得容易操作。考虑到

$$\Delta y(d) = y_R(d) - y(d) = 0$$

实质上,$y(d)$ 和 $y_R(d)$ 二者是相同的。

4.3　路径调控控制的设计要求

路径调控控制的设计要求主要有稳定性、可实现性和自动配平能力等。

4.3.1　稳定性

对于变指令路径调控问题,如果有

$$\|\Delta\dot{e}(t)\| \leqslant \varepsilon_e, \quad t:[t_0,t_f) \tag{4.3.1a}$$

对于常指令路径调控问题,如果有

$$\lim_{t\to t_{RC}} \|\Delta\dot{y}(t)\| \leqslant \varepsilon_{RC} \tag{4.3.1b}$$

则称路径调控系统是稳定的。式中,t_f、t_{RC}、ε_e、ε_{RC} 分别为系统由当前状态转移到目标状态所需的时间、调控时间、两个任意小数。其中

$$\|\Delta\dot{e}(t)\| = \int_{t_0}^{t_f} [\Delta\dot{e}^T(t)\Delta\dot{e}(t)]^{0.5} dt$$

$$\lim_{t\to t_{RC}} \|\Delta\dot{y}(t)\| = \|\Delta\dot{y}(t_{RC})\|$$

4.3.2　可实现性

如果非配平路径调控控制

$$\Delta u \subseteq (I-\Im)A \tag{4.3.1c}$$

或配平路径调控控制

$$u = u_R + \Delta u \subseteq A \tag{4.3.1d}$$

则称路径调控控制是可实现的。式中

$$\Im = \text{diag}(\zeta_i), \quad i=1,2,\cdots,l$$

为指令路径加速度使用权限。Δu 的大小与不确定性路径起始偏差 $\Delta\dot{y}(t_0)$、外作用 v 等因素有关。

　　换个角度看,若调控控制加速度使用权限 $(I-\Im)A$ 增大(对应指令路径加速度使用权限减小),虽然状态转移过程变得平缓,但指令路径跟踪精度将会提高。指令路径调控系统设计过程,是使系统希望具有的性能与系统运行能力之间的协调过程。

4.3.3　自动配平能力

　　一般情况下,指令路径控制 u_R 不为零,而且影响系统沿袭指令路径转移的外作用 v 多半同时存在且是不确定的。如果控制 u 中不包含指令路径控制 u_R,加之系统参数、综合外作用、指令路径等的变化,将导致系统运行偏离指令路径。为避免指令路径设计结果中出现 u_R、v_R(依据指令路径估算出来的值),可采用配平路径调控的方式。

　　在调控控制的作用下,系统自动补偿路径误差,趋于指令路径的过程,称为自动配平。具有自动配平能力的路径调控,称为配平路径调控。这种调控方式可以自动消除变化慢的系统参数、综合外作用、指令路径控制 u_R 等造成的路径偏差,使

$$\lim_{t \to t_B} \parallel \Delta \dot{y}(t) \parallel \to 0$$

式中,t_B 为配平时间,一般 $t_B \approx t_{RC}$。

　　满足以上要求的配平调控控制不是唯一的,但必须是可实现的。

　　配平调控控制是依据配平线性化路径动力学方程,或配平线性化控制动力学系统方程设计的。其中配平线性化路径动力学方程是式(4.2.4b),即

$$\left.\begin{aligned} \Delta \dot{Y} &= \alpha \Delta Y + \beta u + w, \quad \Delta Y(t_0) = \Delta Y_0 \\ \Delta Z &= \eta \Delta Y \end{aligned}\right\}$$

式中,$w = Bu_R + Cv$ 称为综合外作用。

　　控制动力学变指令与常指令路径方程(式(4.2.2a)和式(4.2.3b))的配平线性化控制动力学系统方程分别为

$$\left.\begin{aligned} \Delta \dot{x} &= A(x,u,v)\Delta x + B(x,u,v)u + w, \quad \Delta x_0 \\ \Delta \dot{e} &= D(x,u,v)\Delta \dot{x} \end{aligned}\right\} \tag{4.3.2a}$$

$$\left.\begin{aligned} \Delta \dot{x} &= A(x,u,v)\Delta x + B(x,u,v)u + w, \quad \Delta x_0 \\ \Delta \dot{y} &= D(x,u,v)\Delta \dot{x} \end{aligned}\right\} \tag{4.3.2b}$$

式中,综合外作用为 $w = Bu_R + Cv$。

4.4　控制动力学变指令路径配平调控

定义 4.4.1　控制动力学变指令路径配平调控。

　　如前所述,以配平线性化控制动力学系统方程

$$\left.\begin{aligned} \Delta \dot{x} &= A\Delta x + Bu + w, \quad \Delta x_0 \\ \Delta \dot{e} &= D\Delta \dot{x} \end{aligned}\right\} \tag{4.4.1a}$$

为被调控对象,设计调控控制:

$$u = f(\Delta \dot{e})$$

使得

$$\lim_{t \to t_{RC}} \| \Delta \dot{e}(t) \| \leqslant \varepsilon_e$$

称为控制动力学变指令路径配平调控。

由于被控对象是线性的,所以调控控制的设计可以用误差控制设计法。可用的设计法有多种,以误差 PI 控制最为适合。理由是不仅误差 PI 控制方法简单、容易实现,而且具有自动配平能力。

定理 4.4.1　控制动力学变指令路径配平调控控制。

若

$$u = K_P \Delta \dot{e} + K_I \int \Delta \dot{e} \, \mathrm{d}t \tag{4.4.1b}$$

则 u 是具有自动配平能力的控制动力学变指令路径配平调控控制之一。式中

$$\left.\begin{array}{l} K_P = \mathrm{diag}(k_{Pi}), \quad i = 1, 2, \cdots, l \\ K_I = \mathrm{diag}(k_{Ii}), \quad i = 1, 2, \cdots, l \end{array}\right\} \tag{4.4.1c}$$

证明　式(4.4.1b)中

$$\Delta \dot{e} = \Delta \dot{y}_R - \Delta \dot{y}$$

又知

$$\dot{y}_R = h(d)$$

$$\Delta \dot{y}_R = \left[\frac{\partial}{\partial d} h(d)\right] \Delta d = E \Delta(y_O - y) = E \Delta(y_O - y) = -E \Delta y = -ED \Delta x$$

$$\Delta \dot{y} = \left[\frac{\partial}{\partial x} g(x)\right] \Delta \dot{x} = D \Delta \dot{x}$$

式中

$$E = \frac{\partial}{\partial d} h(d), \quad D = \frac{\partial}{\partial x} g(x)$$

将上述关系代入式(4.4.1b)得

$$u = K_P(-ED\Delta x - D\Delta \dot{x}) + K_I \int (-ED\Delta x - D\Delta \dot{x}) \mathrm{d}t$$

将以上关系代入式(4.4.1a)得闭环调控系统方程:

$$\Delta \dot{x} = A\Delta x - BK_P(ED\Delta x + D\Delta \dot{x}) - BK_I \int (ED\Delta x + D\Delta \dot{x}) \mathrm{d}t + w$$

当 w 为常值或变化缓慢的量时,对以上等式的两边两次微分得

$$\frac{\mathrm{d}^2}{\mathrm{d}t^2} \Delta \dot{x} = A \frac{\mathrm{d}}{\mathrm{d}t} \Delta \dot{x} - BK_P ED \frac{\mathrm{d}}{\mathrm{d}t} \Delta \dot{x} - BK_P D \frac{\mathrm{d}^2}{\mathrm{d}t^2} \Delta \dot{x} - BK_I ED \Delta \dot{x} - BK_I D \frac{\mathrm{d}}{\mathrm{d}t} \Delta \dot{x}$$

整理得

$$\frac{\mathrm{d}^2}{\mathrm{d}t^2}\Delta\dot{x} = (I+BK_{\mathrm{P}}D)^{-1}(A-BK_{\mathrm{P}}ED-BK_{\mathrm{I}}D)\frac{\mathrm{d}}{\mathrm{d}t}\Delta\dot{x}$$

$$-(I+BK_{\mathrm{P}}D)^{-1}BK_{\mathrm{I}}ED\Delta\dot{x}$$

$$=a\frac{\mathrm{d}}{\mathrm{d}t}\Delta\dot{x}+b\Delta\dot{x} \tag{4.4.2a}$$

令

$$X=[\Delta\ddot{x}\quad\Delta\dot{x}]^{\mathrm{T}}$$

把式(4.4.2a)改写成状态方程形式:

$$\dot{X}=\begin{bmatrix}a & b\\ I & 0\end{bmatrix}X=A_{\mathrm{C}}X,\quad X_0 \tag{4.4.2b}$$

式中

$$A_{\mathrm{C}}=\begin{bmatrix}(I+BK_{\mathrm{P}}D)^{-1}(A-BK_{\mathrm{P}}ED-BK_{\mathrm{I}}D) & -(I+BK_{\mathrm{P}}D)^{-1}BK_{\mathrm{I}}ED\\ I & 0\end{bmatrix}$$

对于可调控的式(4.4.2b),A_{C} 是特征结构完全可配置的 $2n\times2n$ 维矩阵。因而,可采用某种设计方法,选择适当的 K_{P}、K_{I},使得闭环系统阵 A_{C} 的特征值 $\{\lambda_i\}_{i=1}^{2n}$ 符合系统暂态过程性能要求,并且使对应的特征向量:

$$Q=[q_1\quad q_2\quad\cdots\quad q_{2n}]$$

是完备的,且其左特征向量系可表示为

$$P=[p_1\quad p_2\quad\cdots\quad p_{2n}]=[Q^{-1}]^{\mathrm{T}}$$

式中,$q_i\in\mathbf{R}^{2n}$,$p_i\in\mathbf{R}^{2n}$。该闭环系统对于 $X_0\neq0$ 的暂态过程为

$$X(t)=\sum_{k=1}^{2n}QA_k\mathrm{e}^{\lambda_k t} \tag{4.4.3}$$

式中

$$A_k=p_k^{\mathrm{T}}X_0$$

为标量函数,$X(t)$ 的第 i 个暂态过程为

$$x_i(t)=q_{1i}A_1\mathrm{e}^{\lambda_1 t}+q_{2i}A_2\mathrm{e}^{\lambda_2 t}+\cdots+q_{ni}A_{2n}\mathrm{e}^{\lambda_{2n} t},\quad i=1,2,\cdots,2n$$

式中

$$x_i(t)=\Delta\ddot{x}(t),\quad i=1,2,\cdots,n$$

$$x_i(t)=\Delta\dot{x}(t),\quad i=n+1,n+2,\cdots,2n$$

它的大小、收敛快慢,与给定的特征值及其对应的特征向量、起始扰动有关。

若系统符合状态完全可主动转移的必要条件,且指令路径分析综合得合理,系统(式(4.4.2b))必可调控。因而,总可以选择适当的参数 K_{P}、K_{I},配置合适的特征参数:

$$\left.\begin{aligned}&\{\lambda_i\}_{i=1}^{2n}\\&Q=[q_1\quad q_2\quad\cdots\quad q_{2n}]\end{aligned}\right\}$$

产生适当的系统变量变化过程：

$$x_i(t) = \sum_{k=1}^{2n} q_{ki} A_k e^{\lambda_k t}, \quad i = 1, 2, \cdots, 2n \tag{4.4.4}$$

使得路径误差

$$\Delta \dot{e} = \Delta \dot{y}_R - \Delta \dot{y}$$

满足调控系统各项设计要求。所以，u 是符合以上路径调控系统设计要求的控制动力学变指令路径配平调控控制，但它不是唯一的。

举例如下：控制动力学系统为

$$\left. \begin{aligned} &\dot{x}_1 = C_v \bar{x}_2, \quad x_1(0) = 0 \\ &C_v = \begin{cases} 0, & x_1 < 0 \\ 0.2 e^{-x_1}, & x_1 \geqslant 0 \end{cases} \\ &\bar{x}_2 = \begin{cases} x_2, & |x_2| < 1 \\ 1 \cdot \mathrm{sgn}(x_2), & |x_2| \geqslant 1 \end{cases} \\ &\dot{x}_2 = \begin{cases} 0, & x_1 < 0 \\ C_a \bar{u} - v, & x_1 \geqslant 0 \end{cases} \\ &C_a = \begin{cases} 0, & x_1 < 0 \\ e^{-0.6 x_1}, & x_1 \geqslant 0 \end{cases} \\ &\bar{u} = \begin{cases} u, & |u| < 1 \\ 1 \cdot \mathrm{sgn}(u), & |u| \geqslant 1 \end{cases} \\ &v = \begin{cases} 0, & x_1 < 0 \\ 0.4 - 0.0001 t, & x_1 \geqslant 0 \end{cases} \end{aligned} \right\} \tag{4.4.5a}$$

系统状态方程

$$\left. \begin{aligned} &\dot{x} = f(x, u, v, t), \quad x(t_0) \\ &y = g(x), \quad y(t_0) \end{aligned} \right\}$$

的系统变量、状态、目标状态、目的距离分别为

$$\left. \begin{aligned} &x = \begin{bmatrix} x_1 & x_2 \end{bmatrix}^T \\ &y = g(x) = \begin{bmatrix} 1 & 0 \end{bmatrix} x = x_1 \\ &y_O = \begin{bmatrix} 1 & 0 \end{bmatrix} x_O = x_{1O} = 1 \\ &d = y_O - y = 1 - x_1 \end{aligned} \right\} \tag{4.4.5b}$$

假如指令路径分析综合结果为

$$\begin{aligned} \dot{y}_R = h(d) &= \begin{cases} 1 - x_1, & |1 - x_1| < 0.05 \\ 0.15 e^{-x_1}, & |1 - x_1| \geqslant 0.05 \end{cases} \\ &= \begin{cases} d_1, & |d_1| < 0.05 \\ 0.15 e^{d_1 - 1}, & |d_1| \geqslant 0.05 \end{cases} \end{aligned} \tag{4.4.5c}$$

当 $d_1 \neq 0$ 时,由指令路径(式(4.4.5c))导出

$$d_1 h(d_1) = \begin{cases} d_1^2 > 0, & |d_1| < 0.05 \\ 0.15 d_1 e^{d_1^{-1}} > 0, & |d_1| \geqslant 0.05 \end{cases}$$

当 $d_1 = 0$ 时,有

$$d_1 h(d_1) = d_1^2 = 0, \quad d_1 = 0$$

故指令路径(式(4.4.5c))是可及驻的。又因系统状态

$$y = y_1 = x_1$$

导出系统状态转移速率为

$$\dot{y} = \dot{y}_1 = \frac{\partial y}{\partial x} \dot{x} = \dot{x}_1 = C_v x_2$$

进而导出系统状态转移加速率为

$$\dot{y}^{[1]} = \dot{y}_1^{[1]} = \frac{\partial \dot{y}}{\partial x} C_v \dot{x}_2 = C_v C_a u - C_v v$$

因为 $\dot{y}^{[1]}$ 中包含控制 u,只要 u 可以改变 $\dot{y}_1^{[1]}$ 的符号,则系统状态是可主动转移的。

假定指令路径分析综合结果合理,可使该系统状态运行在 $\bar{x}_2$、$\bar{u}$ 的取值域之内,控制动力学系统模型可简单化为

$$\begin{bmatrix} \dot{x}_1 \\ \dot{x}_2 \end{bmatrix} = \begin{bmatrix} f_1(\cdot) \\ f_2(\cdot) \end{bmatrix} = \begin{bmatrix} C_v x_2 \\ C_a u - v \end{bmatrix}$$

以指令路径为平衡状态的控制动力学线性化方程为

$$\left. \begin{aligned} \Delta \dot{x} &= A\Delta x + B\Delta u + C\Delta v, \quad \Delta x_0 \\ \Delta \dot{e} &= D\Delta \dot{x} \end{aligned} \right\} \tag{4.4.6}$$

式中

$$\Delta x = \begin{bmatrix} \Delta x_1 & \Delta x_2 \end{bmatrix}^T$$

$$A = \begin{bmatrix} \dfrac{\partial f_1(\cdot)}{\partial x_1} & \dfrac{\partial f_1(\cdot)}{\partial x_2} \\ \dfrac{\partial f_2(\cdot)}{\partial x_1} & \dfrac{\partial f_2(\cdot)}{\partial x_2} \end{bmatrix} \Bigg|_{x=x_R, u=u_R, v=v_R}$$

$$= \begin{bmatrix} 0 & C_v \\ 0 & 0 \end{bmatrix} \Bigg|_{x=x_R, u=u_R, v=v_R} = \begin{bmatrix} 0 & 0.2 e^{-x_{1R}} \\ 0 & 0 \end{bmatrix}$$

$$B = \begin{bmatrix} \dfrac{\partial f_1(\cdot)}{\partial u} \\ \dfrac{\partial f_2(\cdot)}{\partial u} \end{bmatrix} \Bigg|_{x=x_R, u=u_R, v=v_R} = \begin{bmatrix} 0 \\ C_a \end{bmatrix} \Bigg|_{x=x_R, u=u_R, v=v_R} = \begin{bmatrix} 0 \\ e^{-0.6 x_{1R}} \end{bmatrix}$$

$$C = \begin{bmatrix} \dfrac{\partial f_1(\cdot)}{\partial v} \\ \dfrac{\partial f_2(\cdot)}{\partial v} \end{bmatrix} \Bigg|_{x=x_R, u=u_R, v=v_R} = \begin{bmatrix} 0 \\ -1 \end{bmatrix}$$

$$D = \frac{\partial g(x)}{\partial x} = \left[\begin{array}{cc} \frac{\partial g(x)}{\partial x_1} & \frac{\partial g(x)}{\partial x_2} \end{array} \right] \bigg|_{x=x_R, u=u_R, v=v_R} = [1 \quad 0]$$

将式(4.4.6)改写为配平调控系统方程,得

$$\left. \begin{array}{l} \Delta \dot{x} = A \Delta x + Bu + w, \quad \Delta x_0 \\ \Delta \dot{e} = D \Delta \dot{x} \end{array} \right\} \qquad (4.4.7a)$$

式中

$$w = Cv + Bu_R$$

取调控控制:

$$u = K_P \Delta \dot{e} + K_I \int \Delta \dot{e} \, dt \qquad (4.4.7b)$$

式中

$$K_P = k_P, \quad K_I = k_I, \quad \Delta \dot{e} = \Delta \dot{y}_R - \Delta \dot{y} = -ED \Delta x - D \Delta \dot{x}$$

$$E = \frac{\partial}{\partial d} h(d) = \begin{cases} 1, & |d_1| < 0.05 \\ 0.15 e^{d_1 - 1} = 0.15 e^{-x_{1R}}, & |d_1| \geqslant 0.05 \end{cases}$$

当 $|d_1| < 0.05$ 时,将 Δx、A、B、C、D、E 代入式(4.4.2a)得闭环调控系统:

$$\frac{d^2}{dt^2} \Delta \dot{x} = a \frac{d}{dt} \Delta \dot{x} + b \Delta \dot{x} \qquad (4.4.7c)$$

式中

$$a = (I + Bk_P D)^{-1} (A - Bk_P ED - Bk_I D) = \begin{bmatrix} k_P C_a^2 (k_P + k_I) & C_v \\ -(k_P + k_I) C_a & 0 \end{bmatrix}$$

$$b = -(I + Bk_P D)^{-1} Bk_I ED = \begin{bmatrix} k_P k_I C_a^2 & 0 \\ -k_I C_a & 0 \end{bmatrix}$$

将 a、b 代入式(4.4.2b)得闭环调控系统:

$$\dot{X} = A_C X, \quad X_0 \qquad (4.4.7d)$$

式中

$$A_C = \begin{bmatrix} k_P C_a^2 (k_P + k_I) & C_v & k_P k_I C_a^2 & 0 \\ -(k_P + k_I) C_a & 0 & -k_I C_a & 0 \\ 1 & 0 & 0 & 0 \\ 0 & 1 & 0 & 0 \end{bmatrix}$$

当 $|d_1| \geqslant 0.05$ 时,将 Δx、A、B、C、D、E 代入式(4.4.2a),得类似于式(4.4.7d)的闭环调控系统。

关于调控控制参数设计。由闭环系统阵 A_C 导出闭环系统特征方程:

$$|sI - A_C| = 0 \qquad (4.4.8)$$

式中

$$C_v = 0.2 e^{-x_{1R}}, \quad C_a = e^{-0.6x_{1R}}$$

未知数为 k_P、k_I。给定系统闭环特征参数，采用某种设计方法可获得变量为 x_{1R} 的 k_P、k_I 表达式。由图 2.9.1 中的单元 I，以测量或估计的方法，获取系统变量 x_1，并令 $x_{1R} = x_1$，进而由 k_P、k_I 表达式获得 k_P、k_I 的值。可得保持调控系统性能不变的路径调控控制。

k_P、k_I 也可为常值，只要系统状态转移期间系统性能变化不超出误差允许范围，则是可行的。

4.5　控制动力学常指令路径配平调控

定义 4.5.1　控制动力学常指令路径配平调控。
如前所述，当条件

$$\frac{\mathrm{d}}{\mathrm{d}t}\dot{y}_R = 0$$

或

$$\left\|\frac{\mathrm{d}}{\mathrm{d}t}\dot{y}_R\right\| \ll \left\|\frac{\mathrm{d}}{\mathrm{d}t}\dot{y}\right\|$$

得到满足时，以控制动力学线性化方程：

$$\left.\begin{aligned}\Delta\dot{x} &= A\Delta x + Bu + w, \quad \Delta x_0\\\Delta\dot{y} &= D\Delta\dot{x}\end{aligned}\right\} \tag{4.5.1a}$$

为调控对象，设计

$$u = f(D\Delta\dot{x}) \tag{4.5.1b}$$

使得

$$\lim_{t \to t_{RC}} \|\Delta\dot{y}(t)\| \leqslant \varepsilon_{RC}$$

或

$$\lim_{t \to t_{RC}} \|D\Delta\dot{x}\| \leqslant \varepsilon_{RC} \tag{4.5.1c}$$

成立，称为控制动力学常指令路径配平调控。

定理 4.5.1　控制动力学常指令路径配平调控控制。
若调控控制

$$u = -\left(K_P D\Delta\dot{x} + K_I\int D\Delta\dot{x}\,\mathrm{d}t\right) \tag{4.5.2a}$$

则 u 是具有自动配平能力的控制动力学常指令路径配平调控控制之一。式中

$$\left.\begin{aligned}K_P &= \mathrm{diag}(k_{Pi}), \quad i = 1, 2, \cdots, l\\K_I &= \mathrm{diag}(k_{Ii}), \quad i = 1, 2, \cdots, l\end{aligned}\right\}$$

证明　将式(4.5.2a)代入式(4.5.1a)得

$$\Delta\dot{x} = A\Delta x - BK_P D\Delta\dot{x} - BK_I\int D\Delta\dot{x}\,\mathrm{d}t + w$$

对上式两边微分。当 w 为常值或变化缓慢的量时,得

$$\frac{\mathrm{d}}{\mathrm{d}t}\Delta \dot{x} = A\Delta \dot{x} - BK_{\mathrm{P}}D\,\frac{\mathrm{d}}{\mathrm{d}t}\Delta \dot{x} + -BK_{\mathrm{I}}D\Delta \dot{x}$$

整理后得

$$\frac{\mathrm{d}}{\mathrm{d}t}\Delta \dot{x} = (I + BK_{\mathrm{P}}D)^{-1}(A - BK_{\mathrm{I}}D)\Delta \dot{x} = A_{\mathrm{C}}\Delta \dot{x} \tag{4.5.2b}$$

对于可调控的系统(式(4.5.1a)),闭环系统阵 A_{C} 是特征结构完全可配置的。采用某种设计方法,选择适当的 K_{P}、K_{I},使得闭环系统阵 A_{C} 的特征值 $\{\lambda_i\}_{i=1}^{l}$ 符合系统暂态过程特性要求,并且使对应的特征向量

$$Q = [\,q_1 \quad q_2 \quad \cdots \quad q_n\,]$$

是完备的,以及左特征向量系可以表示为

$$P = [\,p_1 \quad p_2 \quad \cdots \quad p_n\,] = [Q^{-1}]^{\mathrm{T}}$$

式中,$q_i \in \mathbf{R}^{2n}$,$p_i \in \mathbf{R}^{2n}$。该闭环系统对于起始扰动 $\Delta \dot{x}_0 \neq 0$ 的暂态过程为

$$\Delta \dot{x}(t) = \sum_{k=1}^{n} QA_k \mathrm{e}^{\lambda_k t} \tag{4.5.2c}$$

式中,$A_k = p_k^{\mathrm{T}}\Delta \dot{X}_0$ 为标量,第 i 个系统暂态过程为

$$\Delta \dot{x}_i(t) = q_{1i}A_1 \mathrm{e}^{\lambda_1 t} + q_{2i}A_2 \mathrm{e}^{\lambda_2 t} + \cdots + q_{ni}A_n \mathrm{e}^{\lambda_n t}, \quad i = 1, 2, \cdots, n$$

如果系统符合状态完全可主动转移的必要条件,且指令路径分析综合得合理,式(4.5.1a)必可调控。对于可调控的式(4.5.1a),总可以选择出合适的 $\{\lambda_i\}_{i=1}^{n}$ 和特征向量 Q,使 $\{\Delta \dot{x}_i(t)\}_{i=1}^{n}$ 符合调控器的设计要求(式(4.5.1c))。所以,式(4.5.2a)给出的 u 是符合条件的控制动力学常指令路径配平调控控制之一。

式(4.5.2a)称为控制动力学常指令路径配平调控控制。

比较变指令路径调控问题的闭环系统方程(式(4.4.2a))和常指令路径调控问题的闭环系统方程(式(4.5.2b)),若

$$\dot{h} = \frac{\mathrm{d}}{\mathrm{d}t}h(d) = 0$$

即指令路径状态转移速率为常值,式(4.4.2a)变为

$$\frac{\mathrm{d}^2}{\mathrm{d}t^2}\Delta \dot{x} = a'\,\frac{\mathrm{d}}{\mathrm{d}t}\Delta \dot{x}$$

上式两边积分得

$$\frac{\mathrm{d}}{\mathrm{d}t}\Delta \dot{x} = a'\Delta \dot{x}, \quad \Delta \dot{x}_0 \tag{4.5.3}$$

式中

$$a' = (I + BK_{\mathrm{P}}D)^{-1}(A - BK_{\mathrm{I}}D)$$

式(4.5.3)与式(4.5.2b)相同。

以上比较说明,常指令路径调控问题的路径调控控制是变指令路径调控问题的

路径调控控制的特殊情况。变指令路径调控问题的路径调控控制设计,考虑到状态转移引起的指令路径变化对调控系统性能的影响;而常指令路径调控问题的路径调控控制设计,不必考虑系统状态转移引起的指令路径变化对调控系统性能的影响,并且调控系统阶次的降低简化了设计工作。

举例如下,仍以式(4.4.5a)为例:

$$
\left.
\begin{aligned}
&\dot{x}_1 = C_v \bar{x}_2, \\
&C_v = \begin{cases} 0, & x_1 < 0 \\ 0.2\mathrm{e}^{-x_1}, & x_1 \geqslant 0 \end{cases} \\
&\bar{x}_2 = \begin{cases} x_2, & |x_2| < 1 \\ 1 \cdot \mathrm{sgn}(x_2), & |x_2| \geqslant 1 \end{cases} \\
&\dot{x}_2 = \begin{cases} 0, & x_1 < 0 \\ C_a \bar{u} - v, & x_1 \geqslant 0 \end{cases} \\
&C_a = \begin{cases} 0, & x_1 < 0 \\ \mathrm{e}^{-0.6x_1}, & x_1 \geqslant 0 \end{cases} \\
&\bar{u} = \begin{cases} u, & |u| < 1 \\ 1 \cdot \mathrm{sgn}(u), & |u| \geqslant 1 \end{cases} \\
&v = \begin{cases} 0, & x_1 < 0 \\ 0.4 - 0.0001t, & x_1 \geqslant 0 \end{cases}
\end{aligned}
\right\}
$$

所表达的系统为例,其系统状态方程:

$$
\left.
\begin{aligned}
\dot{x} &= f(x, u, v, t), x(0) \\
y &= g(x)
\end{aligned}
\right\}
$$

的变量、状态、目的状态及目的距离仍分别为

$$
x = [x_1 \quad x_2]^T, \quad y = g(x) = [1 \quad 0]x = x_1, \quad y_O = [1 \quad 0]x_O = x_{1O} = 1
$$

$$
d = y_O - y = 1 - x_1
$$

假如指令路径分析综合结果仍为

$$
\dot{y}_R = \begin{cases} 1 - x_1, & |1 - x_1| < 0.05 \\ 0.15\mathrm{e}^{-x_1}, & |1 - x_1| \geqslant 0.05 \end{cases}
$$

容易证明它是可及驻的,而且是路径可调控的。由系统模型导出配平路径调控系统模型为

$$
\left.
\begin{aligned}
\Delta\dot{x} &= A\Delta x + Bu + w \\
\Delta\dot{y} &= D\Delta\dot{x}
\end{aligned}
\right\}
\tag{4.5.4}
$$

式中

$$
w = Cv + Bu_R, \quad A = \begin{bmatrix} 0 & 0.2\mathrm{e}^{-x_{1R}} \\ 0 & 0 \end{bmatrix}, \quad B = \begin{bmatrix} 0 \\ \mathrm{e}^{-0.6x_{1R}} \end{bmatrix}, \quad C = \begin{bmatrix} 0 \\ -1 \end{bmatrix}, \quad D = [1 \quad 0]
$$

为将变指令路径调控简化为常指令路径调控,检验是否符合常指令路径调控的近似条件。由指令路径表达式,求出指令路径状态转移速率的导数为

$$\frac{\mathrm{d}}{\mathrm{d}t}\dot{y}_\mathrm{R} = \begin{cases} -\dot{x}_1, & |1-x_1| < 0.05 \\ -0.15\mathrm{e}^{-x_1}\dot{x}_1, & |1-x_1| \geqslant 0.05 \end{cases}$$

当 $|1-x_1| \geqslant 0.05$ 时,有

$$\left| \frac{\mathrm{d}}{\mathrm{d}t}\dot{y}_\mathrm{R} \right| = |-0.15\mathrm{e}^{-x_1}\dot{x}_1| = 0.15\mathrm{e}^{-x_1}|\dot{x}_1|$$

式中,e^{-x_1} 取值为

$$\mathrm{e}^{-x_1} \leqslant 1, \quad \forall\, x_1 \in [0\quad 1]$$

故有

$$\left| \frac{\mathrm{d}}{\mathrm{d}t}\dot{y}_\mathrm{R} \right| \ll \left| \frac{\mathrm{d}y}{\mathrm{d}t} \right| = |\dot{x}_1|$$

满足由变指令路径调控简化为常指令路径调控的条件。

将常指令路径调控问题的路径配平调控控制:

$$u = -\left(K_\mathrm{P} D\Delta\dot{x} + K_\mathrm{I} \int D\Delta\dot{x}\,\mathrm{d}t \right) = -\left(k_\mathrm{P} D\Delta\dot{x} + k_\mathrm{I} \int D\Delta\dot{x}\,\mathrm{d}t \right)$$

代入式(4.5.4)得

$$\Delta\dot{x} = A\Delta\dot{x} - Bk_\mathrm{P} D\Delta\dot{x} - Bk_\mathrm{I} \int D\Delta\dot{x}\,\mathrm{d}t + w$$

对上式的两边求导数,当 w 为常值或变化缓慢的量时,整理后得

$$\frac{\mathrm{d}}{\mathrm{d}t}\Delta\dot{x} = (I + Bk_\mathrm{P} D)^{-1}(A - Bk_\mathrm{I} D)\Delta\dot{x} = A_\mathrm{C}\Delta\dot{x}, \quad \Delta\dot{x}(t_0) = \Delta\dot{x}_0 \quad (4.5.5)$$

若系统符合状态完全可主动转移的必要条件,且指令路径分析综合得合理,系统(式(4.5.5))必可调控。因而,可采用某种设计方法选择适当的 K_P、K_I,配置合适的特征参数(即特征值及特征向量),使得调控系统由起始摄动 $\Delta\dot{x}_0$ 引起的暂态过程:

$$\Delta\dot{x}(t) = \sum_{k=1}^{n} QA_k\mathrm{e}^{\lambda_k t}$$

符合调控器的设计要求:

$$\lim_{t \to t_\mathrm{RC}} \| D\Delta\dot{x} \| \leqslant \varepsilon_\mathrm{RC}$$

比较变指令路径和常指令路径两种调控问题设计法,前者考虑了指令路径变化对调控器的影响,设计过程复杂,但设计结果精确;后者设计过程简单,而设计结果有一定的近似性。

4.6 路径动力学路径配平调控

4.6.1 路径动力学路径调控

以线性化路径动力学方程作为调控对象,设计路径调控控制,称为路径动力学路

径调控。

与控制动力学路径调控相似,设计路径调控控制,将调控控制的表达式

$$\Delta u = q(\Delta Z)$$

代入线性化路径动力学方程:

$$\left.\begin{aligned}\Delta \dot{Y} &= \alpha \Delta Y + \beta \Delta u + \gamma \Delta v, \quad \Delta Y_0 \\ \Delta Y &= \eta \Delta Z\end{aligned}\right\}$$

或

$$\left.\begin{aligned}\Delta \dot{Y} &= \alpha \Delta Y + \beta u + w, \quad \Delta Y_0 \\ \Delta Z &= \eta \Delta Y\end{aligned}\right\}$$

只要上式表示的线性系统可调控,则 $q(\Delta Z)$ 存在。

特别地,指令路径分析综合得充分合理,使得式(2.6.3)中 α 和 β 在 t_{RC} 期间的变化可以忽略不计时,路径动力学路径调控系统为定常的,设计 $q(\Delta Z)$ 将变得容易。

4.6.2　路径动力学路径配平调控控制

$q(\Delta Z)$ 的具体形式依据设计要求而定。如果要求系统对于变化缓慢的系统参数、综合外作用、指令路径控制 u_R 等具有自动配平能力,则采用路径配平调控控制:

$$u = K_P \eta \Delta Y + K_I \int \eta \Delta Y \mathrm{d}t$$

举例说明路径动力学路径配平调控控制设计方法。仍以上述系统

$$\left.\begin{aligned}
\dot{x}_1 &= C_v \bar{x}_2, \quad x_1(0)=0 \\
C_v &= \begin{cases}0, & x_1 < 0 \\ 0.2\mathrm{e}^{-x_1}, & x_1 \geqslant 0\end{cases} \\
\bar{x}_2 &= \begin{cases}x_2, & |x_2| < 1 \\ 1 \cdot \mathrm{sgn}(x_2), & |x_2| \geqslant 1\end{cases} \\
\dot{x}_2 &= \begin{cases}0, & x_1 < 0 \\ C_a \bar{u} - v, & x_1 \geqslant 0\end{cases} \\
C_a &= \begin{cases}0, & x_1 < 0 \\ \mathrm{e}^{-0.6x_1}, & x_1 \geqslant 0\end{cases} \\
\bar{u} &= \begin{cases}u, & |u| < 1 \\ 1 \cdot \mathrm{sgn}(u), & |u| \geqslant 1\end{cases} \\
v &= \begin{cases}0, & x_1 < 0 \\ 0.4 - 0.0001t, & x_1 \geqslant 0\end{cases}
\end{aligned}\right\}$$

为例。其系统变量、状态、目的状态、状态距离仍分别为

$$x = [x_1 \quad x_2]^{\mathrm{T}}, \quad y = g(x) = [1 \quad 0]x = x_1$$

$$y_0 = [1 \quad 0]x_0 = x_{10} = 1, \quad d = y_0 - y = 1 - x_1$$

路径动力学系统状态、路径动力学方程分别为

$$Y = \dot{y}_1, \qquad \left.\begin{array}{l} \dot{Y} = \lambda Y + \mu \\ Z = \eta Y \end{array}\right\}$$

式中

$$\lambda = 0, \quad \eta = 1$$
$$\mu = C_v C_a u - C_v v$$

线性化路径动力学方程为

$$\left.\begin{array}{l} \Delta \dot{Y} = \lambda \Delta Y + \lambda_x \Delta x + \beta \Delta u + \gamma \Delta v, \quad \Delta Y(t_0) \\ \Delta Z = \eta \Delta Y \end{array}\right\} \tag{4.6.1}$$

式中

$$\Delta Y = \Delta \dot{y} = \dot{y}_{1R} - \dot{y}_1$$

$$\lambda_x = \frac{\partial \mu}{\partial x}\Big|_{\substack{x=x_R \\ u=u_R \\ v=v_R}} = [\lambda_{11} \quad \lambda_{12}] = [-0.32 u_R e^{-1.6x_{1R}} + 0.2 e^{-x_{1R}} v_R \quad 0]$$

$$\beta = \frac{\partial \mu}{\partial u}\Big|_{\substack{x=x_R \\ u=u_R \\ v=v_R}} = C_v C_a = 0.2 e^{-x_{1R}} e^{-0.6x_{1R}} = 0.2 e^{-1.6x_{1R}}$$

$$\gamma = \frac{\partial \mu}{\partial v}\Big|_{\substack{x=x_R \\ u=u_R \\ v=v_R}} = 0.2 e^{-x_{1R}}$$

将 ΔY、λ_x、β、γ 代入式(4.6.1),得线性化路径动力学方程:

$$\left.\begin{array}{l} \Delta \dot{y}_1^{[1]} = \lambda_{11} \Delta y_1 + \beta \Delta u - \gamma \Delta v \\ \Delta z = \Delta \dot{y}_1 \end{array}\right\}$$

由于认定

$$y_{1R} = y_1$$

线性化路径动力学方程变为

$$\left.\begin{array}{l} \Delta \dot{y}_1^{[1]} = \beta \Delta u + w \\ \Delta Z = \eta \Delta \dot{y}_1 \end{array}\right\} \tag{4.6.2}$$

式中

$$w = \gamma v - \beta u_R + \lambda_{11} \Delta y_1 = \gamma v - \beta u_R$$

将

$$\Delta u = -\left(k_P h \Delta \dot{y}_1 + k_I \int h \Delta \dot{y}_1 \mathrm{d}t\right)$$

代入式(4.6.2)并对等式两边微分,假定 w 为变化缓慢的量,得

$$\Delta \dot{y}_1^{[2]} = -\beta k_P \Delta \dot{y}_1^{[1]} - k_I \beta \Delta \dot{y}_1 \tag{4.6.3}$$

　　如果系统符合状态完全可主动转移的必要条件,且指令路径分析综合得合理,系统(式(4.6.3))必可调控。因而,可采用某种设计方法选择适当的 k_P、k_I,配置合适的特征参数,使系统动态及稳态特性符合路径配平调控的要求。

4.7　路径动力学路径比例调控

若对路径调控系统无自动配平要求,则采用简单的比例调控控制

$$\Delta u = K\eta\Delta Y$$

的路径调控形式,称为路径动力学路径比例调控。

回忆第 2 章有关路径控制系统结构正常的定义,如果 $u \sim \bar{u}$ 的传递时间,与路径误差调控时间 t_{RC} 相比,可忽略不计,则称路径控制系统结构是正常的。对于结构正常的路径调控系统:

$$\left.\begin{aligned}\Delta\dot{Y} &= \alpha\Delta Y + \beta\Delta u + \gamma\Delta v, \quad \Delta Y_0 \\ \Delta Z &= \eta\Delta Y\end{aligned}\right\} \tag{4.7.1}$$

有

$$\lambda = 0$$

$$\eta = \begin{bmatrix} 1 & 0 & \cdots & 0 \\ 0 & 1 & \cdots & 0 \\ \vdots & \vdots & & \vdots \\ 0 & 0 & \cdots & 1 \end{bmatrix}$$

所以

$$\alpha = \begin{bmatrix} \alpha_{11} & \cdots & \alpha_{1l} \\ \vdots & & \vdots \\ \alpha_{l1} & \cdots & \alpha_{ll} \end{bmatrix} = \lambda + \lambda_x = \lambda_x$$

致使各变量的最高阶都变成了 1。此情况下路径调控控制:

$$\Delta u = K\eta\Delta Y = K\Delta Y$$

对应的闭环路径调控系统变为

$$\begin{aligned}\Delta\dot{Y} &= (\lambda_x + \beta K)\Delta Y + \gamma\Delta v, \quad \Delta Y_0 \\ &= a\Delta Y + \gamma\Delta v, \quad \Delta Y_0\end{aligned}$$

若系统符合状态完全可主动转移的必要条件,且指令路径分析综合得合理,系统(式(4.7.1))必可调控。因而,采用某种设计方法,容易确定误差增益 K,使闭环系统

$$\Delta\dot{Y} = a\Delta Y + \gamma\Delta v, \quad \Delta Y_0$$

具有所需要的动态特性。

4.8　随遇驻留路径比例调控

随遇驻留目的状态指令路径为

$$\dot{y}_R = h(0) \equiv 0 \tag{4.8.1}$$

所以,线性化路径动力学系统

$$\left.\begin{aligned}\dot{\Delta Y} &= \alpha \Delta Y + \beta \Delta u + \gamma \Delta v, \quad \Delta Y_0 \\ \Delta Z &= \eta \Delta Y\end{aligned}\right\} \tag{4.8.2}$$

的随遇驻留目的状态的路径比例调控控制为

$$\Delta u = q_B(\Delta Z) = q_B(-\dot{y}) \tag{4.8.3}$$

Δu 设计起来更为简单。

4.9 小　　结

第 4 章介绍了路径调控控制的设计。与第 3 章内容相比,这一章传承了较多的成熟控制理论和方法。所以大部分内容只是点到为止,没有展开来详细论述。

内容包含路径调控器的组成功能、路径调控控制设计问题的提法及设计要求;控制动力学变指令路径配平调控;控制动力学常指令路径配平调控;路径动力学路径配平调控;路径动力学路径比例调控等。

配平是路径调控控制设计的重要要求,这一要求源于实践,具有一定的实用价值。误差 PI 调控控制,具有使路径调控消除变化缓慢的不确定性干扰影响的优点。

路径比例调控是系统调控的一种最简单形式。指令路径结合路径比例调控,给非线性控制系统的分析综合带来方便。

路径调控控制设计的依据是就地线性化路径动力学方程。在系统运行过程中,只要系统沿指令路径运行,则该方程的性质是已知的。所以,路径调控控制的设计结果可信且精确。

第5章 单一指令路径控制系统（一）
——路径控制在常见控制议题中的验证

5.1 引　言

本章欲将前四章内容联系在一起形成具体路径控制方法,通过常见控制议题,验证其特点和优势。

单一指令路径控制系统是路径控制系统中最简单的一种。许多常见于控制理论的议题,多数可以归纳为单一指令路径控制系统。在解决此类问题的过程中,控制理论曾遇到许多疑难问题,如入/出误差控制的局限性、运行能力(状态速率和加速度)有界系统的分析综合方法、模型不确定控制系统的性能不易变(即所谓的鲁棒性(robust))等。这些疑难问题受到广泛关注,并提出许多解决问题的思路和方法,使许多疑难问题得到了解决,或相关研究取得了一定程度的进展。

这一部分内容提到的疑难问题,是与上述问题相关联的、一般性的、具体的,然而又是最为常见的控制难题。它们是快速响应、性能不易变、低速精确跟踪、控制解耦。

其中快速响应研究最为广泛,不论误差 PID 控制、最优控制,还是误差 PD 模糊控制,都把响应的快速性当成立论的基点。其中 PD 模糊控制最为突出[1-3]。

性能不易变控制是针对不确定系统的一种控制方法。有关该议题的研究,形成了控制系统的研究专题。围绕该专题提出了各种各样的控制方法,如 Lyapunov 综合法、变结构控制、自适应控制、H_∞ 设计等,都取得了一定的成效[4-10],其中变结构控制在性能不易变控制理论中的影响尤为突出。

伺服系统低速跟踪发生跳动现象是系统传动部分的静、动摩擦差异造成的结果[11]。这种系统运行不平稳现象,严重影响精密伺服系统的正常工作。低速精确跟踪,又称为低速——无爬行跟踪控制,是伺服系统低速性能重要技术指标之一。它是具有低速输入/输出控制稳定性的、典型的非线性系统控制问题。但不为控制理论界所关注,没有提出过解决问题的有效方法。

控制解耦是多输入/输出控制系统设计的核心技术指标之一,输入/输出解耦控制、变结构控制等,是熟知的非线性系统解耦控制方法[12-16]。

本章将表明用路径控制解决上述议题,比起已有方法,具有更为明显的优势。

5.2　路径控制系统的快速性

5.2.1　研究背景

控制系统的快速响应,向来是各种控制方法追求的核心性能指标之一,如时间最短控制(又称 Bang-Bang 控制)、误差 PID 控制、误差 PD 模糊控制以及最优控制等。

评价系统快速性的方法,通常是以阶跃响应建立(或起始偏差消失)过程,进入稳态值邻域的某一小范围时间长短为准。不同的控制方法,改变系统快速性的方法不同;PID 控制通过改变增益以及比例与微分信号之间的比值、积分信号的去留,达到改变系统快速性的目的;时间最短非线性控制通过调整开关控制的换向时间,缩短响应时间;模糊控制缩短响应时间的举措,是优化控制规则集及隶属度函数;线性最优控制改变响应时间的办法,是变更指标函数的加权阵[17]。图 5.2.1～图 5.2.4 分别是 Bang-Bang 控制、PID 控制、PD 模糊控制以及线性最优控制情况下,系统阶跃响应建立或初始扰动消失的过程。图中的曲线①、②、③,是当影响系统快速性的因素取不同值的情况下,各种控制方法的系统响应过程。

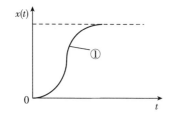

图 5.2.1　时间最短非线性控制阶跃响应

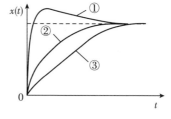

图 5.2.2　PID 控制阶跃响应

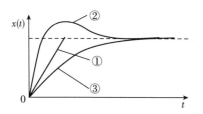

图 5.2.3　PD 模糊控制阶跃响应

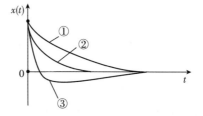

图 5.2.4　线性最优控制初值消失过程

就某种控制方法而言,尽管各自影响系统快速性的因素不同,系统快速性差异明显。但不同控制方法之间相比,控制方法的机理对系统快速性的影响更为显著。时间最短控制只适应于开/关型控制方式,不容易实现精确控制。误差 PID 与最优控制影响系统快速性的能力相近。由于它们的控制机理本质上相同,都是无路径约束型的系统镇定方法。系统动态过程的特性取决于系统特征值。

神经网络及模糊控制打破了解析控制算法的约束,使控制的形成更为灵活。适应于多输入/多输出控制问题的神经网络控制方法,即以矩阵形式组合而成的参数组,所拟合出来的输入与输出之间的传递关系,即参数化法(parametrizition)所形成的智能控制,以及适应于单输入/单输出控制问题的误差 PD 模糊控制,在提高系统快速响应性上,都优于 PID 与状态反馈控制。

误差 PD 模糊控制,在追求控制系统的快速性上,效果最为突出。它基本上发挥了系统可能利用的运行能力,具有独特的优势。事实上,误差 PD 模糊控制是一种离散化了的误差 PD 控制。由误差 e 和误差变化率 $\dot{e}$ 形成的控制指令:

$$u = k_\mathrm{P} e + k_\mathrm{D} \dot{e}$$

e 和 $\dot{e}$ 在 u 中所占比例,随 e 和 $\dot{e}$ 离散值的大小而变化。这种比例关系是通过以系统的快速性为优化指标的优化方法确定下来的"经验知识"。e 和 $\dot{e}$ 的大小及它们的组合关系代表了系统运行的态势。就系统的快速性而言,控制策略(e 与 $\dot{e}$ 在 u 中所占的比例关系,本质上是系统的动态特性——特征值)应该随系统的运行态势的不同而变化,如图 5.2.5 所示。而误差 PD 控制,这种比例关系固定不变,如图 5.2.6 所示,即系统动态特性不变。或者说,它的控制策略不能顾及系统的运行态势,而造成系统运行能力的闲置或浪费。

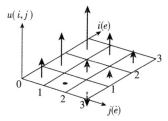

图 5.2.5   模糊控制策略与系统运行
态势的关系

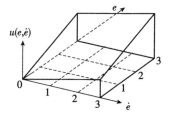

图 5.2.6   PD 控制策略与系统运行
态势的关系

但模糊控制有它的不足之处。由于它是一种试凑式的优化设计方法,设计过程麻烦,且对设计结果缺乏内在规律的认识;经验知识表述烦琐,不适于多输入/多输出控制系统;稳态误差不确定等。

路径控制达到快速响应的机理完全不同。其快速性是通过路径约束达到的。路径控制使系统可能具有最高快速性、无稳态误差、分析综合机理清晰等优点。

5.2.2   控制动力学系统

以非线性系统(式(5.2.1))为例,研究路径控制在快速响应系统设计中的使用。系统是一个状态变化速率受限、控制有界(运行能力受约束)、抽象化了的二阶、单输入/输出非线性方程,描述了一个简单系统的基本动力学特性。

$$\left.\begin{aligned}
&\dot{x}_1 = \overline{x}_2, \quad x_1(0) = 0 \\
&\overline{x}_2 = \begin{cases} x_2, & |x_2| < 5 \\ 5\,\mathrm{sgn}(x_2), & |x_2| \geqslant 5 \end{cases} \\
&\dot{x}_2 = \overline{u}, \quad x_2(0) = 0 \\
&\overline{u} = \begin{cases} u, & |u| < 250 \\ 250\,\mathrm{sgn}(u), & |u| \geqslant 250 \end{cases}
\end{aligned}\right\} \tag{5.2.1}$$

式中,x_1、x_2 为系统变量,$\overline{x}_2$ 表述 x_2 的取值域,即 $|x_2| \leqslant 5$;u 为系统控制指令,$\overline{u}$ 是控制物理量,有界,即 $|u| \leqslant 250$;$\overline{x}_2$、$\overline{u}$ 代表了系统的运行能力。式(5.2.1)具有实际系统的基本属性。

我们的任务是寻求将系统由初始状态:

$$x_1(t_0) = 0$$

转移到目的状态:

$$x_1(t_f) = 1$$

使转移时间 t_f 尽可能短地控制 u。t_f 为进入 $x_1 = 1$ 的 5% 邻域的时间,"尽可能"的含义是充分发挥系统的运行能力。至少理论上 t_f 不存在进一步减小的余地。

5.2.3　系统状态方程

以路径控制的概念讨论问题,该系统的状态方程为

$$\left.\begin{aligned}
&\dot{x} = f(x,u,v,t), \quad x(t_0) \\
&y = g(x), \quad y(t_0)
\end{aligned}\right\}$$

由控制任务得知,系统状态、初始状态、目的状态、目的距离分别为

$$y = y_1 = x_1$$
$$y(t_0) = x_1(t_0) = 0$$
$$y_0 = y_{10} = x_{10} = 1$$
$$d = d_1 = 1 - x_1$$

且 $v = 0$。

5.2.4　系统状态可转移性

由系统数学模型及系统状态导出

$$\dot{y} = x_2$$
$$\dot{y}^{[1]} = \dot{y}_1^{[1]} = \dot{x}_1^{[1]} = \dot{x}_2 = u$$

由于 $\dot{y}^{[1]}$ 含 u,而且对于 $\dot{y}^{[1]} = u$ 关于 u 的解,有

$$u = \dot{x}_2$$

只要 x_{2R}、$\dot{x}_{2R}$(指令路径数值)的取值分别满足

$$(\,|\,x_{2\mathrm{R}}\,|\,)_{\max}<5$$
$$(\,|\,\dot{x}_{2\mathrm{R}}\,|\,)_{\max}<250$$

则指令路径是可实现的(指令路径上,系统状态是完全可主动转移的)。

5.2.5　指令路径分析综合

1. 系统运行能力分析

状态转移速率为

$$\dot{y}_1=\dot{x}_1=x_2$$

其取值域如图 5.2.7 所示。状态转移加速率为

$$\dot{y}_1^{[1]}=\dot{x}_1^{[1]}=\dot{x}_2=\overline{u}$$

其取值域如图 5.2.8 所示。图 5.2.7 和图 5.2.8 表明,系统由初始状态向目的状态转移的过程中,运行能力为常值。

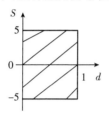

图 5.2.7　状态速率取值域图

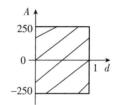

图 5.2.8　状态加速率取值域

2. 指令路径函数拟订

根据控制任务:寻求在尽可能短的时间之内,将系统由初始状态转移到目的状态的控制 u,认定该议题是控制系统的快速响应。因而,指令路径函数的拟订首先需满足快速响应的需求。为此,指令路径函数要以尽可能大的速率向目的状态转移。而后,为满足可及驻性的要求,减缓状态转移速度,过渡为指数型路径函数。为指令路径的以上实用性,将指令路径函数拟订为

$$\dot{y}_{\mathrm{R}}=h_1\left(d_1\right)=\begin{cases}h_{11}\,\mathrm{sgn}(d_1),&|\,d_1\,|\geqslant d_{11}\\k_{11}d_1,&|\,d_1\,|<d_{11}\end{cases} \tag{5.2.2}$$

它由直线和指数为 1 的指数型路径函数连接而成。连接点处虽然连续,但不可微。不过,只要指令路径执行误差允许,路径函数(式(5.2.2))可行。以指令路径的属性为设计依据,确定指令路径参数(见第 3 章内容的相应部分),得指令路径参数:

$$\left.\begin{aligned}h_{11}&=5\\k_{11}&=50\\d_{11}&=0.1\end{aligned}\right\}$$

代入指令路径表达式,得指令路径设计结果:

$$\dot{y}_R = \begin{cases} 5\,\text{sgn}(d_1), & |d_1| \geqslant 0.1 \\ 50d_1, & |d_1| < 0.1 \end{cases} \tag{5.2.3}$$
$$d_1 = x_{10} - x_1$$

5.2.6 路径动力学方程及路径可调控性

在系统变量取值范围内,路径动力学方程:

$$\dot{Y} = \lambda Y + \mu$$
$$Z = \eta Y$$

中的符号含义分别为

$$Y = \dot{x}_1, \quad \lambda = 0, \quad \mu = u, \quad \eta = 1$$

式中,$\lambda = 0$ 说明控制动力学系统结构正常。线性化路径动力学方程为

$$\Delta\dot{Y} = \lambda\Delta Y + \lambda_x\Delta x + \beta\Delta u + \gamma\Delta v, \quad \Delta Y(t_0)$$
$$\Delta Z = \eta\Delta Y$$

式中

$$\Delta Y = Y_R - Y = \dot{x}_{1R} - \dot{x}_1 = \Delta\dot{x}_1$$

$$\lambda_x = \left.\frac{\partial\mu}{\partial x}\right|_{x=x_R, u=u_R, v=v_R} = 0$$

$$\beta = \left.\frac{\partial\mu}{\partial u}\right|_{x=x_R, u=u_R, v=v_R} = 1$$

$$\gamma = \left.\frac{\partial\mu}{\partial v}\right|_{x=x_R, u=u_R, v=v_R} = 0$$

$$\Delta Z = \Delta\dot{x}_1$$

代入线性化路径动力学方程,得

$$\frac{d}{dt}\Delta\dot{x}_1 = \Delta u, \quad \Delta\dot{x}_1(t_0)$$
$$\Delta Z = \Delta\dot{x}_1$$

检查可调控条件:因 $\Delta u \neq 0$,且

$$\text{rank}[\eta\beta \vdots \eta\alpha\beta \vdots \eta\alpha^2\beta \vdots \cdots \vdots \eta\alpha^{n-1}\beta] = l = 1$$

只要

$$u = |u_R + \Delta u| < 250$$

则线性化路径动力学系统是完全可调控的。

5.2.7 路径调控控制设计

路径调控系统的调控对象可以是就地线性化路径动力学方程或控制动力学方程。

对于调控对象为就地线性化路径动力学方程,而且不必路径配平的情况,可采用路径比例调控控制:

$$\Delta u = -k_P \Delta \dot{x}_1$$

代入线性化路径动力学方程,得闭环路径调控系统:

$$\frac{\mathrm{d}}{\mathrm{d}t} \Delta \dot{x}_1 = -k_P \Delta \dot{x}_1$$

只要 $k_P > 0$(包括 $k_P = \infty$),则路径调控系统都是稳定的。照顾到不等式 $t_{RC} \ll t_f$,k_P 取值应尽可能大。

如果需要路径配平,则采用路径配平调控控制:

$$\Delta u = -\left(k_P \Delta \dot{x}_1 + k_I \int \Delta \dot{x}_1 \mathrm{d}t \right)$$

代入线性化路径动力学方程,得闭环配平路径调控系统:

$$\frac{\mathrm{d}^2}{\mathrm{d}t^2} \Delta \dot{x}_1 = -\left(k_P \frac{\mathrm{d}}{\mathrm{d}t} \Delta \dot{x}_1 + k_I \Delta \dot{x}_1 \right)$$

只要给定 $k_P > 0$,$k_I > 0$,闭环路径调控系统稳定,而且是可配平的。不过,k_P 及 k_I 的取值应照顾到不等式 $t_{RC} \ll t_f$ 的成立。

无论采用路径比例调控或路径配平调控,设计工作都很简单。

如果选用就地线性化控制动力学方程为调控对象,路径调控控制的另一种设计方法,可以是具有配平能力的控制动力学路径配平调控。为此选定路径配平调控控制:

$$u = k_P \dot{e} + k_I \int \dot{e} \mathrm{d}t$$

式中,误差变为

$$\begin{aligned} \dot{e} &= \dot{x}_{1R} - \dot{x}_1 \\ \dot{x}_{1R} &= \begin{cases} 5\mathrm{sgn}(d_1), & |d_1| \geqslant 0.1 \\ 50d_1, & |d_1| < 0.1 \end{cases} \end{aligned}$$

以指令路径为参考状态,由控制动力学系统,导出路径调控系统线性化模型:

$$\left. \begin{aligned} \dot{x}_1 &= x_2 \\ \dot{x}_2 &= u \\ u &= k_P \dot{e} + k_I \int \dot{e} \mathrm{d}t \\ \dot{e} &= \dot{x}_{1R} - \dot{x}_1 = \dot{x}_1 \\ \dot{x}_{1R} &= 50(x_{10} - x_1), \quad |x_{10} - x_1| < 0 \end{aligned} \right\}$$

经以下推导:

$$\begin{aligned} \dot{e} &= \Delta \dot{x}_1 = 50(x_{10} - x_1) - \dot{x}_1 \\ \ddot{e} &= \Delta \dot{x}_1^{[1]} = -50\dot{x}_1 - \dot{x}_1^{[1]} \end{aligned}$$

$$\Delta \dot{t}_1^{[1]} = -50\dot{t}_1 - k_P\dot{t}_1 - k_I\int\Delta\dot{t}_1\,\mathrm{d}t$$

$$\Delta \dot{t}_1^{[2]} = -50(k_P\Delta\dot{t}_1 + k_I\int\Delta\dot{t}_1\,\mathrm{d}t) - k_P\Delta\dot{t}_1^{[1]} - k_I\Delta\dot{t}_1$$

$$\Delta \dot{t}_1^{[3]} = -50k_P\Delta\dot{t}_1^{[1]} - 50k_I\Delta\dot{t}_1 - k_P\Delta\dot{t}_1^{[2]} - k_I\Delta\dot{t}_1^{[1]}$$

得闭环路径调控系统方程:

$$\Delta\dot{t}_1^{[3]} + k_P\Delta\dot{t}_1^{[2]} + (50k_P + k_I)\Delta\dot{t}_1^{[1]} + 50k_I\Delta\dot{t}_1 = 0$$

令

$$X = [\,\Delta\dot{t}_1 \quad \Delta\dot{t}_1^{[1]} \quad \Delta\dot{t}_1^{[2]}\,]^{\mathrm{T}}$$

将闭环系统方程写成状态方程:

$$\dot{X} = A_C X, \quad X(t_0) = X_0$$

式中,闭环系统阵为

$$A_C = \begin{bmatrix} 0 & 1 & 0 \\ 0 & 0 & 1 \\ -50k_I & -(50k_P + k_I) & -k_P \end{bmatrix}$$

由 A_C 得闭环特征方程:

$$s^3 + k_P s^2 + (50k_P + k_I)s + 50k_I = 0$$

　　调控控制参数 k_P、k_I 可以采用任何一种线性系统设计方法来确定,例如,用特征值及对应的特征向量或其他形式的指标来代表系统性能,可设计出 k_P、k_I 的具体值,如

$$\left.\begin{array}{l} k_I = 20 \\ k_P = 180 \end{array}\right\}$$

对应闭环特征值为

$$\left.\begin{array}{l} \lambda_1 = -0.11 \\ \lambda_{2,3} = -89.9 \pm \mathrm{j}30.2 \end{array}\right\}$$

若

$$\left.\begin{array}{l} k_I = 100 \\ k_P = 200 \end{array}\right\}$$

则对应闭环特征根为

$$\left.\begin{array}{l} \lambda_1 = -0.5 \\ \lambda_{2,3} = -99.75 \pm \mathrm{j}7.08 \end{array}\right\}$$

　　特征值表明:闭环系统具有一个单调、稳定、变化缓慢的运动模态和一个过阻尼、稳定、快变化的振荡运动模态。

5.2.8　性能验证

　　目的是检验以上路径控制系统,是否具有预期的快速响应特性,并与实践中最为

有效的误差 PD 和 PID 控制比较,揭示路径控制系统快速响应特性的本质。使用的数学模型是式(5.2.1)及以上相关公式。

1. 响应的快速性

图 5.2.9 是路径调控控制参数为

$$\left.\begin{array}{l} k_{\mathrm{I}}=20 \\ k_{\mathrm{P}}=180 \end{array}\right\}$$

时,式(5.2.1)路径控制系统的状态转移过程。由速度曲线 $\dot{x}_1(t)$ 看出,除了 $d<0.1$,状态转移速度近似于最大。曲线 $u(t)$ 过程大部分时间为一小常值,只是开始达到最大,$d=0.1$ 时突跳。开始最大是由 $\Delta\dot{x}_1(0)$ 引起的,突跳是因为此处指令路径连续但不可微,修改指令路径可避免。

结论是路径控制可以赋予系统响应快速性;方法简便程度、预期与效果的一致性是其他控制方法不能比拟的。

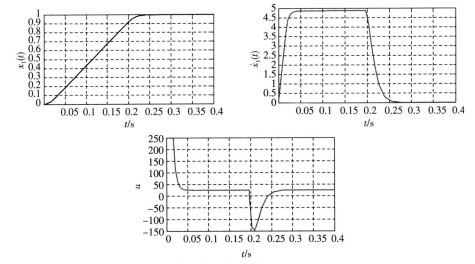

图 5.2.9　路径控制的快速性($k_{\mathrm{I}}=20,k_{\mathrm{P}}=180$)

2. 路径调控参数对响应过程的影响

路径约束式控制模式与无路径约束控制模式不同。系统状态转移过程,前者主要由指令路径决定,基本不受路径调控参数影响。后者原理上靠的是系统稳定过程的动态特性,必然受控制参数影响。路径控制,只要路径调控设计符合要求,不同的调控参数系统状态转移过程大体相同。例如,将调控参数由

$$\left.\begin{array}{l} k_{\mathrm{I}}=20 \\ k_{\mathrm{P}}=180 \end{array}\right\}$$

改为

$$\left.\begin{array}{l} k_{\mathrm{I}}=100 \\ k_{\mathrm{P}}=200 \end{array}\right\}$$

虽然两组调控参数差别明显,但图 5.2.10 的仿真结果:$x_1(t)$、$\dot{x}_1(t)$、$u(t)$ 与图 5.2.9 的 $x_1(t)$、$\dot{x}_1(t)$、$u(t)$ 无明显差别。

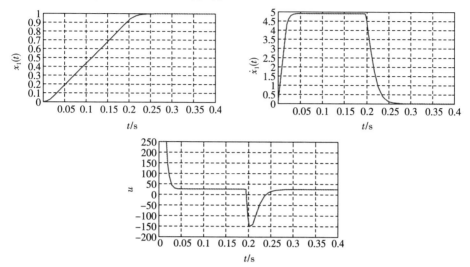

图 5.2.10 路径控制过程与调控参数($k_1=100, k_P=200$)

3. 指令路径与系统的路径可调控性

检查图 5.2.9 及图 5.2.10 中两组曲线,系统开始运行时的 $u(t)$ 都达到了最大值,说明不能按照人的主观愿望及时改变系统状态,使 $\dot{x}_1$ 与 $\dot{x}_{1R}$ 达到一致。或者说路径误差:

$$\Delta\dot{y} = \dot{y}_R - \dot{y} = \dot{x}_{1R} - \dot{x}_1$$

不可调控。原因是 $\dot{x}_{1R}$ 分析综合不合理。

解决问题的办法可以是修改指令为目的距离和时间的混合函数,即

$$\dot{y}_R = \begin{cases} 200t, & \dot{y}_R < 5, |d_1| \geqslant 0.1 \\ 5\,\mathrm{sgn}(d_1), & \dot{y}_R \geqslant 5, |d_1| \geqslant 0.1 \\ 50d_1, & |d_1| < 0.1 \end{cases}$$
$$d_1 = x_{10} - x_1$$

使起始路径偏差减小。

4. 无路径约束控制模式下的控制效果

最简单而又能说明问题的无路径约束求取控制的方法,莫过于线性系统的状态反馈控制方法。当条件

$$\begin{rcases} |x_2| < 5 \\ |u| < 250 \end{rcases}$$

得到满足时,式(5.2.1)变成了线性系统:

$$\dot{x} = Ax + Bu, \quad x(t_0) = 0$$

式中

$$x = [x_1 \quad x_2]^T, \quad A = \begin{bmatrix} 0 & 1 \\ 0 & 0 \end{bmatrix}, \quad B = \begin{bmatrix} 0 \\ 1 \end{bmatrix}$$

只要线性系统条件得到满足,由于

$$\text{rank}[B \quad AB] = \begin{bmatrix} 0 & 1 \\ 1 & 0 \end{bmatrix} = 2$$

系统必然是可控的。给定控制表达式为

$$u = -Kx = -[k_D \quad k_P]x$$

按照稳定性要求设计的系统,阶跃响应变化过程的形状取决于 k_P、k_D 的取值,或者说取决于由 k_P、k_D 决定的闭环特征值。假定

$$\left. \begin{array}{l} k_D = 15 \\ k_P = 100 \end{array} \right\}$$

则相应的特征值为一对相对阻尼比 $\zeta \approx 0.49$、角频率 $\omega \approx 13.2$ 的复根。系统(式(5.2.1))单位阶跃响应如图 5.2.11 中的曲线 a 所示。由曲线 $\dot{x}_1(t)$、$u(t)$ 看出,它们都没有达到各自的最大值,系统线性本质始终未变。与以上路径控制状态转移过程(表示于图 5.2.11 的曲线 b),两者存在明显的差异。这种差异,无论如何改变 k_P、k_D 的取值,也不可能消除。

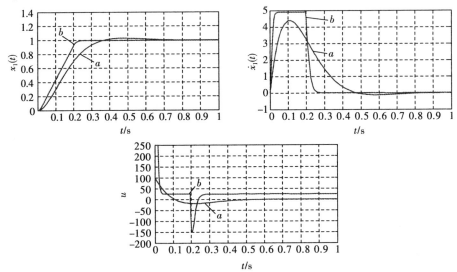

图 5.2.11　路径控制与 PD 控制的对比($k_P = 100, k_D = 15$)

如果采取误差 PID 控制,那么现象与状态反馈控制类似。假定系统(式(5.2.1))的控制指令为

$$\left. \begin{array}{l} u = k_P \Delta x_1 + k_I \displaystyle\int \Delta x_1 \mathrm{d}t + k_D \Delta \dot{x}_1 \\ \Delta x_1 = 1 - x_1 \end{array} \right\}$$

当

$$k_P = 100$$
$$k_I = 12$$
$$k_D = 15$$

系统(式(5.2.1))的阶跃响应记录于图 5.2.12,其形状取决于 k_P、k_I、k_D 形成的闭环特征值。由于闭环系统特征值中多了小负实根,其阶跃响应变得更为缓慢。

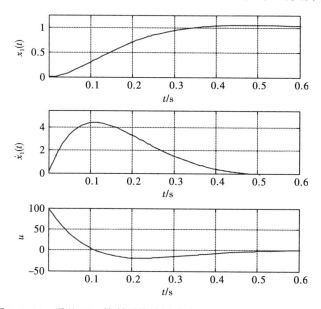

图 5.2.12　误差 PID 控制系统阶跃响应($k_P = 100, k_I = 12, k_D = 15$)

比较不同控制模式所得到的阶跃响应,路径控制阶跃响应的状态转移速率 $\dot{x}_1$ 大部分时间为可能达到的最大值。其控制指令 u 只在阶跃响应开始达到了取值边界,使系统短时间失去可控性(可改进),之外系统都是可控的。可见路径控制充分发挥了系统的运行能力。状态反馈控制阶跃响应较慢,因为它的阶跃响应形状是由闭环系统的特征值决定的。状态转移期间,$\dot{x}_1$ 取值大部分时间较小,幅值较大的 u 遍及整个过程,状态反馈控制不能有效地发挥系统的运行能力。PID 控制阶跃响应最缓慢,除了与状态反馈控制类似的原因,还与误差信号积分,使闭环系统增加了运动变化慢的模态有关。

如果比较路径控制与模糊控制动态响应的快速性,可以预料,模糊控制的快速性只能等于或小于路径控制的快速性。理由是模糊控制的控制效果不可能超出系统的运行能力。

5.3　路径控制系统性能的不易变性

5.3.1　问题介绍

控制系统性能的不易变性,或控制系统性能的鲁棒性,是控制理论长期追求的重要系统性能指标之一。

人们习惯以控制系统对阶跃输入的系统响应,作为评价系统性能的参照尺度。其中,阶跃响应稳态值不受外干扰影响、动态过程形状不随阶跃输入幅值的变更而改变、动态过程不随系统模型的不确定而变化等,是控制系统鲁棒性的主要几个方面。消除常值或变化缓慢的干扰对系统响应稳态精度的影响,误差 PD 控制、误差 PD 模糊控制都无能为力。有效的传统做法是采取误差 PID 控制。然而误差 PID 控制,不可避免地使动态响应过程变慢,是人们不希望的。

对于误差 PID 控制或误差 PD 模糊控制,当系统运行于非线性状态时,其阶跃响应的形状多半受系统模型不确定性影响。路径控制的自动配平,保证了(在常值或缓慢变化的外干扰作用下)系统响应无稳态误差,而且路径控制的机理可以使阶跃响应的形状保持不变,而不受系统运行状态的影响。或者说,只要指令路径分析综合得合理,路径控制对外干扰、系统模型的不确定性等,具有较强的鲁棒性。

5.3.2　阶跃响应稳态值的不变性

1. 路径控制系统

仍以式(5.2.1)所代表的系统为例。不同的是,这里多了常值干扰(如负载)。其动力学方程为

$$\left.\begin{aligned}
&\dot{x}_1 = \bar{x}_2, \quad x_1(0) = 0 \\
&\bar{x}_2 = \begin{cases} x_2, & |x_2| < 5 \\ 5\mathrm{sgn}(x_2), & |x_2| \geqslant 5 \end{cases} \\
&\dot{x}_2 = \bar{u} + v, \quad x_2(0) = 0 \\
&\bar{u} = \begin{cases} u, & |u| < 250 \\ 250\mathrm{sgn}(u), & |u| \geqslant 250 \end{cases} \\
&v = -20\mathrm{sgn}(x_{10})
\end{aligned}\right\} \tag{5.3.1a}$$

式中

$$v = -20\mathrm{sgn}(x_{10})$$

为常值干扰,是引起阶跃响应稳态误差的原因。

以路径控制的概念讨论问题,该系统的状态方程为

$$\left.\begin{aligned}
\dot{x} &= f(x, u, v, t), \quad x(t_0) \\
y &= g(x), \quad\quad\quad y(t_0)
\end{aligned}\right\}$$

系统状态、目的状态、运行能力分析等与 5.2 节相同。关于系统状态的可主动转移性，由系统数学模型及系统状态导出：

$$\dot{y} = x_2$$
$$\dot{y}^{[1]} = \dot{y}_1^{[1]} = \dot{x}_1^{[1]} = \dot{x}_2 = u + v$$

由于 $\dot{y}^{[1]}$ 含 u，而且对于

$$\dot{y}^{[1]} = u + v$$

关于 u 的解：

$$u = \dot{x}_2 - v$$

只要 x_{2R}、$\dot{x}_{2R}$ 的取值分别满足

$$(| x_{2R} |)_{max} < 5$$
$$(\bar{u})_{max} = (| \dot{x}_{2R} - v |)_{max} < U = 250$$

则指令路径上的系统状态是完全可主动转移的。式中，x_{2R}、$\dot{x}_{2R}$、v 分别是指令路径对应的 x_2、$\dot{x}_2$ 数值与外作用。

指令路径表达式为

$$\dot{y}_{1R} = \dot{x}_{1R} = \begin{cases} 5\,\mathrm{sgn}(d_1), & | d_1 | \geqslant d_{11} \\ 50d_1, & | d_1 | < d_{11} \end{cases} \tag{5.3.1b}$$

式中

$$\left. \begin{array}{l} d_1 = x_{10} - x_1 \\ x_{10} = 1 \\ d_{11} = 0.1 \end{array} \right\}$$

及路径配平调控控制为

$$u = k_P \dot{e} + k_1 \!\int\! \dot{e}\,\mathrm{d}t \tag{5.3.1c}$$

式中

$$\left. \begin{array}{l} k_P = 180 \\ k_1 = 20 \\ \dot{e} = \dot{x}_{1R} - \dot{x}_1 \end{array} \right\}$$

2. 误差 PD 控制系统

若伺服系统采用误差 PD 控制：

$$u = k_P \Delta x_1 + k_D \Delta \dot{x}_1 \tag{5.3.1d}$$

式中

$$\left. \begin{array}{l} \Delta x_1 = x_{10} - x_1 \\ \Delta \dot{x}_1 = -\dot{x}_1 \end{array} \right\}$$

假定误差 PD 控制参数为

$$\left. \begin{array}{l} k_P = 100 \\ k_D = 12 \end{array} \right\}$$

当该系统为误差 PID 控制时,控制指令为

$$u = k_P \Delta x_1 + k_I \int \Delta x_1 \mathrm{d}t + k_D \Delta \dot{x}_1 \qquad (5.3.1\mathrm{e})$$

式中

$$\left.\begin{aligned} \Delta x_1 &= x_{10} - x_1 \\ \Delta \dot{x}_1 &= -\dot{x}_1 \end{aligned}\right\}$$

指定误差 PID 控制的控制参数为

$$\left.\begin{aligned} k_P &= 112 \\ k_I &= 13 \\ k_D &= 100 \end{aligned}\right\}$$

3. 性能对比

对以上三种类型控制系统进行阶跃响应仿真,对比它们的动态过程及系统响应的稳态值。判断各种控制结果的优劣,尤其验证路径控制对消除由常值干扰造成的阶跃响应稳态误差的能力。仿真系统数学模型为式(5.3.1)。

仿真结果见图 5.3.1~图 5.3.3,它们分别是 v 为不同值时的路径控制、PD 控制、PID 控制的阶跃响应。

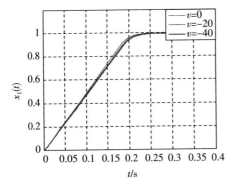

图 5.3.1　路径控制($k_P = 180, k_I = 20$)

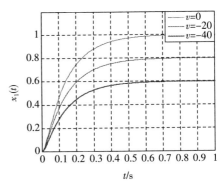

图 5.3.2　误差 PD 控制($k_P = 100, k_D = 15$)

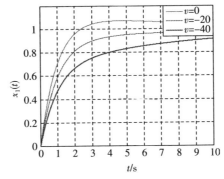

图 5.3.3　误差 PID 控制($k_P = 112, k_D = 100, k_I = 13$)

分析比较图 5.3.1～图 5.3.3 得出如下结论。

(1) 路径控制可以消除常值或缓慢变化干扰,造成阶跃响应稳态误差,而不会使响应过程变慢。

(2) 误差 PD 控制不能消除常值或缓慢变化干扰造成的阶跃响应稳态误差。

(3) 误差 PID 控制可消除常值或缓慢变化干扰造成的阶跃响应稳态误差,但必须在时间大大延长的条件下才有可能。

(4) 误差 PD 模糊控制从原理上讲,不可能消除常值或缓慢变化干扰造成的阶跃响应稳态误差。

5.3.3　阶跃响应/输入幅值的不易变性

1. 路径控制系统

路径控制的另一项优势是,其阶跃响应的动态过程与输入幅值的大小无关,是路径控制具有的阶跃响应不变性之一。实际的控制动力学系统都是非线性的,至少系统变量及控制有界。现实条件下,误差 PD、PID、PD 模糊控制不可能具有阶跃响应动态过程与输入幅值无关的性质。

以

$$
\left.
\begin{aligned}
&\dot{x}_1 = \bar{x}_2, \quad x_1(0) = 0 \\
&\bar{x}_2 = \begin{cases} x_2, & |x_2| < 5 \\ 5\,\mathrm{sgn}(x_2), & |x_2| \geqslant 5 \end{cases} \\
&\dot{x}_2 = \bar{u} + v, \quad x_2(0) = 0 \\
&\bar{u} = \begin{cases} u, & |u| < 250 \\ 250\,\mathrm{sgn}(u), & |u| \geqslant 250 \end{cases} \\
&v = -20\,\mathrm{sgn}(x_{10})
\end{aligned}
\right\} \tag{5.3.2a}
$$

系统为例,仍以路径控制的概念讨论问题。该系统的状态方程为

$$
\left.
\begin{aligned}
&\dot{x} = f(x, u, v, t), \quad x(t_0) \\
&y = g(x), \quad y(t_0)
\end{aligned}
\right\}
$$

系统状态、目的状态、目的距离分别为

$$
y = y_1 = x_1
$$

$$
y_O = y_{10} = 1
$$

$$
d_1 = y_{10} - x_1
$$

系统运行能力分析与 5.2 节相同。指令路径仍然为

$$
\dot{x}_{1R} = \begin{cases} 5\,\mathrm{sgn}(d_1), & |d_1| \geqslant d_{11} \\ 50 d_1, & |d_1| < d_{11} \end{cases} \tag{5.3.2b}
$$

式中

$$
d_{11} = 0.1
$$

路径配平调控控制为

$$u = 180\dot{e} + 20\int\dot{e}\mathrm{d}t \atop \dot{e} = \dot{x}_{1R} - \dot{x}_1 \Bigg\}$$ (5.3.2c)

2. 误差控制系统

假定式(5.3.2a)系统的误差 PD 控制为

$$u = 100\Delta x_1 + 10\Delta\dot{x}_1 \atop \Delta x_1 = x_{10} - x_1 \atop \Delta\dot{x}_1 = -\dot{x}_1 \Bigg\}$$ (5.3.2d)

3. 性能对比

目的:对比不同控制方法阶跃响应之间的不同,并分析原因。

仿真条件:数学模型(式(5.3.2))。

仿真结果与分析结论:路径控制仿真结果表示于图 5.3.4,三组曲线顺序对应目的状态分别为 $y_{10}=1$,$y_{10}=3$,$y_{10}=5$。可以看出,对于不同目的状态(即不同的输入),响应动态过程相同。无论目的状态如何变化,系统状态转移路径都与指令路径一致,即

$$\dot{x}_1 = \dot{x}_{1R}(d_1)$$

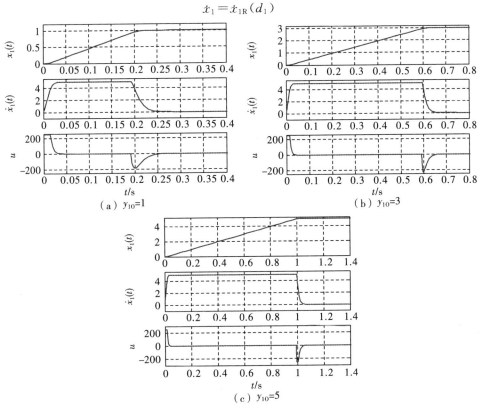

（a）$y_{10}=1$ （b）$y_{10}=3$

（c）$y_{10}=5$

图 5.3.4 路径控制（$k_P=180,k_1=20$）

路径控制的阶跃响应,不受目的状态(输入幅值)大小的影响。

它们的路径控制 $u(t)$ 表明:除了开始短时间达到最大值(不可路径调控),其余时间 $|u(t)|<250$,系统是可以路径调控的。所以,有路径约束的路径控制,可保证系统在状态转移过程中处处可控。或者说,系统进行状态大范围转移,路径控制可保持其可控性始终不变。

误差 PD 控制仿真结果表示于图 5.3.5,三组曲线顺序对应输入(目的状态)分别为 $y_{1O}=1,y_{1O}=3,y_{1O}=5$。可以看出,对于不同的输入,阶跃响应动态过程有明显的差别。即误差 PD 控制的阶跃响应受输入幅值的影响。除了输入 $y_{1O}=1$ 时,阶跃响应的形状符合预定的动态过程(即 k_P、k_D 对应的闭环特征值所决定的动态过程),其余阶跃响应都是奇形怪状。从它们的 $\dot{x}_1(t)$ 看出,只有 $y_{1O}=1$ 时,大部分时间 $|\dot{x}_1(t)|<5$。$y_{1O}=3$、$y_{1O}=5$ 时,大部分时间 $\dot{x}_1(t)$ 都接近最大值,即 $|\dot{x}_1(t)|\approx5$,使系统处于不可控(或不可主动转移)状态。所以,无路径约束的误差 PD 控制,只能在小范围状态转移的情况下,保证系统处处可控。或者说,非线性系统的可控性是随系统运行状态的变化而变化的。

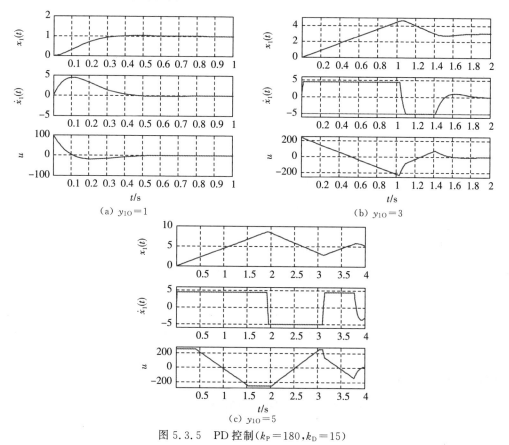

图 5.3.5　PD 控制($k_P=180,k_D=15$)

5.3.4 阶跃响应/系统参数的不变性

1. 问题介绍

一般来说,系统动力学模型是多数控制方法用于设计系统的依据。然而,事实上系统动力学模型是不确定的。设计动力学模型不确定的控制系统有两种方法:一是随机控制系统设计法;二是确定型系统设计法。确定型系统设计法,按照理想系统模型设计控制系统,把不确定性因素按统计数据处理为干扰。不确定性干扰可能造成系统性能不确定性。性能不确定性与设计方法有关。我们希望找到一种设计方法,按照这种设计方法,以理想系统模型设计的控制系统,只要系统模型的不确定性在允许范围之内,系统性能最好是不变。即使有变化,但小到可以忽略不计。

不同的控制方法,系统性能的不确定性差别很大。例如,误差 PD、PID 控制,对系统模型不确定性的敏感程度大;误差 PD 模糊控制对模型不确定性的敏感程度低;自适应控制,对模型不确定性有自适应能力(至少理论上是如此)。

以下内容将证明路径控制对系统模型变化的不敏感性。与以上方法相比,有更大的优势。

2. 举例系统模型

仍以式(5.2.1)系统为例,只是其中增加了 G、S、U 不确定性因素,它们分别代表了系统状态速率传动比、速率和控制的幅值。将该系统模型表述为

$$\left.\begin{aligned}
&\dot{x}_1 = G\bar{x}_2, \quad x_1(0)=0 \\
&\bar{x}_2 = \begin{cases} x_2, & |x_2| < 5 \\ 5\operatorname{sgn}(x_2), & |x_2| \geqslant 5 \end{cases} \\
&\dot{x}_2 = \bar{u}, \quad x_2(0)=0 \\
&\bar{u} = \begin{cases} u, & |u| < U \\ U\operatorname{sgn}(u), & |u| \geqslant U \end{cases}
\end{aligned}\right\} \qquad (5.3.3a)$$

3. 路径控制系统

用路径控制方法分析综合出的指令路径为

$$\left.\begin{aligned}
&\dot{x}_{1R} = \begin{cases} 5\operatorname{sgn}(d_1), & |d_1| \geqslant d_{11} \\ 50d_1, & |d_1| < d_{11} \end{cases} \\
&d_1 = x_{10} - x_1 \\
&x_{10} = 1 \\
&d_{11} = 0.1
\end{aligned}\right\} \qquad (5.3.3b)$$

路径配平调控控制为

$$\left.\begin{aligned}
&u = 180\dot{e} + 20\int \dot{e}\,\mathrm{d}t \\
&\dot{e} = \dot{x}_{1R} - \dot{x}_1
\end{aligned}\right\} \qquad (5.3.3c)$$

4. 误差 PD 控制系统

按照误差 PD 控制设计出的控制指令为

$$
\left.
\begin{aligned}
u &= 100\Delta x_1 + 15\Delta \dot{x}_1 \\
\Delta x_1 &= x_{10} - x_1 \\
\Delta \dot{x}_1 &= -\dot{x}_1
\end{aligned}
\right\} \tag{5.3.3d}
$$

5. 性能比较

为证实路径控制对系统模型不确定性的适应能力,以对比的方式,对以上路径控制和误差 PD 控制系统进行了阶跃响应仿真。

1) G 的影响

路径控制, G 取值不同的阶跃响应仿真结果,记录于图 5.3.6。对于不同的 G, $x_1(t)$ 只在过程启动和结束有微小变化,中间过程保持与指令路径一致。说明路径控制对状态速率传动比的变化不敏感。

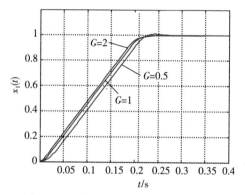

图 5.3.6 路径控制不同 G 的阶跃响应

误差 PD 控制, G 取值不同的阶跃响应,记录于图 5.3.7。对于不同的 G, $x_1(t)$ 的整个过程发生了明显的变化。说明误差 PD 控制的性能,明显受系统增益的影响。原因是 G 的变化影响了系统的闭环特征值,导致阶跃响应的整体变化。

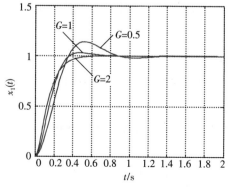

图 5.3.7 PD 控制不同 G 的阶跃响应

2) S 的影响

路径控制系统, S 不同取值的阶跃响应 $x_1(t)$, 记录于图 5.3.8。曲线表明, 对于不同的 S, 阶跃响应保持不变。条件是模型中的 S 不小于指令路径状态转移速率使用权限 ($S=5$)。

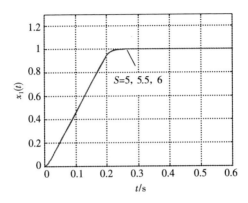

图 5.3.8 路径控制 S 不同时阶跃响应

如果系统模型的不确定性, 使 S 的取值破坏了以上限制条件 (即 $S<5$), 如 $S=4.5$。指令路径不变的条件下, 阶跃响应会在 $|d_1|<0.1$ 之后发生变化, 如图 5.3.9 (a) 中的 $x_1(t)$ 所示。原因是 $|d_1|<0.1$ 后的指令路径变成了不可调控的或系统变得不可控。

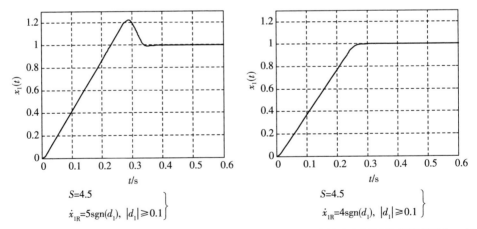

(a) S 小于指令路径状态转移速率使用权限的 $x_1(t)$ (b) 指令路径状态转移速率使用权限降低后的 $x_1(t)$

图 5.3.9 指令路径状态转移速率使用权的影响

这种现象, 只要降低指令路径状态转移速率使用权限, 就可以避免。例如, 将指令路径从

$$\dot{x}_{1R} = \begin{cases} 5\operatorname{sgn}(d_1), & |d_1| \geqslant 0.1 \\ 50d_1, & |d_1| < 0.1 \end{cases}$$

改为

$$\dot{x}_{1R} = \begin{cases} 4\mathrm{sgn}(d_1), & |d_1| \geqslant 0.1 \\ 50d_1, & |d_1| < 0.1 \end{cases}$$

之后,阶跃响应 $x_1(t)$ 不再有波动现象,如图 5.3.9(b)所示。虽然 S 有正负百分之十几的变化,但阶跃响应保持不变。指令路径状态转移速率的降低,虽然使阶跃响应过程变慢了,但比起误差 PD 控制的阶跃响应仍然快得多。

误差 PD 控制系统,一定条件下,即目标状态尚未使系统运行于非线性状态,$x_1(t)$ 的变化过程是典型的二次线性系统响应,如图 5.3.10 所示。此时系统全局可控,S 变化对阶跃响应影响不明显。

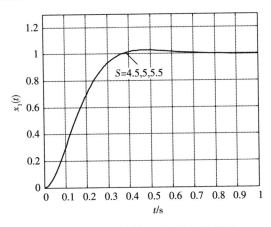

图 5.3.10　PD 控制 S 不同的阶跃响应

但是,当目标状态由 $x_{10}=1$ 增大至 $x_{10}=1.5$,使误差 PD 控制系统运行于非线性状态时,系统变成了非全局可控,S 的不同取值必然使控制系统的阶跃响应 $x_1(t)$ 发生明显变化,如图 5.3.11 所示。

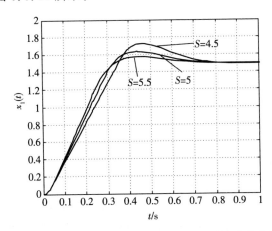

图 5.3.11　PD 控制非线性运行状态 S 不同的阶跃响应

3）U 的影响

路径控制条件下，图 5.3.12 上的曲线是不同 U 的系统阶跃响应 $x_1(t)$。U 的变化范围为 $\pm20\%$，对于路径控制，不同 U 的阶跃响应除了启动和结束阶段有微小差别，其余部分基本不变。

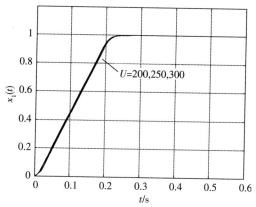

图 5.3.12　路径控制 U 对阶跃响应的影响

误差 PD 控制条件下，图 5.3.13 上的曲线，是不同 U 的阶跃响应 $x_1(t)$。U 的变化范围为 $\pm20\%$。对于误差 PD 控制，虽然 U 的取值不同，但尚未使系统运行于不可控状态（即 $|u(t)|<U,\forall t:[t_0,t_\mathrm{f}))$，误差 PD 控制同样具有阶跃响应保持不变的性质。不过，U 的变化范围进一步增大，一旦系统运行于不可控状态，将失去阶跃响应保持不变的性质。相同条件下，路径控制阶跃响应的不变性将继续保持。

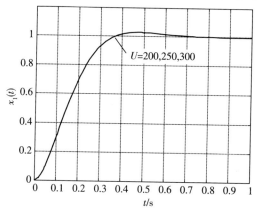

图 5.3.13　PD 控制 U 对阶跃响应的影响

以上现象说明，路径控制的阶跃响应取决于指令路径。只要指令路径分析综合合理，既充分发挥了系统的运行能力，又给各种系统模型的不确定性留有必要调控余地，使系统保持可控性不变，路径控制对系统模型的不确定性具有很强的适应能力。与自适应控制以及一些鲁棒控制方法相比，路径控制的方法简单、道理易懂、工程上容易实现。

5.4　路径控制的低速精确跟踪

5.4.1　问题介绍

跟踪问题,技术上不容易满足要求的有两点:一是高速;二是低速。高速,难在控制系统必须具有足够大的跟踪速率及改变跟踪速率的能力(加速率),还要有先进的跟踪控制方法才能达到高速、精确跟踪的目的。低速,则要求系统硬件精度高,而且采取非常规的控制方法,才能使它精确平滑地跟踪缓慢变化的输入指令。提高系统硬件精度将增加成本,寻求新的控制方法也并非是轻而易举的事。长期以来,主要是提高硬件精度,使一些精密伺服系统的最小平稳速率(产生低速跳动的最小输入指令变化率)可达到地球自转角速率的量级,即

$$\omega_e = 1.157 \times 10^{-5} (°/s)$$

虽然技术要求满足了,但成本高,研制周期长。寻求一种低成本、研究周期短的控制方法,实现低速精确跟踪,具有重要的理论意义和实用价值。

以下将说明路径控制就是实现精确低速跟踪的一种理想控制方法。

5.4.2　低速跟踪问题的数学模型

以系统

$$\left.\begin{array}{l}
\dot{x}_1 = \bar{x}_2, \quad x_1(0) = 0 \\
\bar{x}_2 = \begin{cases} x_2, & |x_2| < 5 \\ 5\mathrm{sgn}(x_2), & |x_2| \geqslant 5 \end{cases} \\
\dot{x}_2 = \bar{u} + v, \quad x_2(0) = 0 \\
\bar{u} = \begin{cases} u, & |u| < 250 \\ 250\mathrm{sgn}(u), & |u| \geqslant 250 \end{cases}
\end{array}\right\} \tag{5.4.1a}$$

为例。其中,v 为外作用——摩擦,是导致系统低速跳动,影响低速精确跟踪的外在因素。v 可近似表述为

$$v = f(\dot{x}_1) \approx \begin{cases} -\bar{u}, & \begin{cases} |\dot{x}_1| \leqslant 1 \times 10^{-4} \\ |\bar{u}| \leqslant 0.01U(静摩擦) \end{cases} \\ 0.1\dot{x}_1, & |\dot{x}_1| > 0(动摩擦) \end{cases} \tag{5.4.1b}$$

该伺服系统的输入指令为

$$x_{10}(t) = st \tag{5.4.1c}$$

式中,s 为输入指令的变化速率。

5.4.3　控制系统的类型

为了比较误差 PD、PID、路径控制的低速跟踪效果,以下给出误差 PD、PID、路径

控制三种控制方法的控制指令表达形式,其中误差 PD 控制为

$$
\left.
\begin{aligned}
u &= k_P \Delta x_1 + k_D \Delta \dot{x}_1 \\
e &= x_{10}(t) - x_1 \\
\Delta \dot{x}_1 &= -\dot{x}_1
\end{aligned}
\right\}
\tag{5.4.1d}
$$

误差 PID 控制为

$$
\left.
\begin{aligned}
u &= k_P \Delta x_1 + k_I \!\int\! \Delta x_1 \, dt + k_D \Delta \dot{x}_1 \\
\Delta x_1 &= x_{10}(t) - x_1 \\
\Delta \dot{x}_1 &= -\dot{x}_1
\end{aligned}
\right\}
\tag{5.4.1e}
$$

路径控制的指令路径及其路径配平调控控制分别为

$$
\left.
\begin{aligned}
\dot{y}_{1R} = \dot{x}_{1R} &=
\begin{cases}
5, & |d_1| \geqslant 0.1 \\
50 d_1, & |d_1| < 0.1
\end{cases} \\
d_1 &= x_{10}(t) - x_1
\end{aligned}
\right\}
\tag{5.4.1f}
$$

$$
\left.
\begin{aligned}
u &= k_P \dot{e} + k_I \!\int\! \dot{e} \, dt \\
\dot{e} &= \dot{x}_{1R} - \dot{x}_1
\end{aligned}
\right\}
\tag{5.4.1g}
$$

5.4.4 性能对比

通过仿真,分析、比较所得到的结果,研究以上各种控制方法实现无跳动低速精确跟踪的能力。

仿真数学模型:式(5.4.1)及相应的控制指令(式(5.4.1d)~式(5.4.1g))。

1. 路径控制

图 5.4.1 为输入指令,即

$$
x_{10}(t) = 0.002t
$$

的系统响应。跟踪过程平滑,$x_1(t)$、$\dot{x}_1(t)$无脉动现象,稳态跟踪误差 $\Delta x_1 < 1 \times 10^{-4}$。

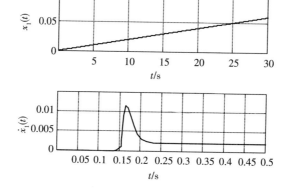

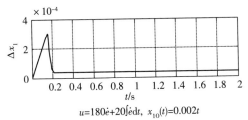

$$u=180\dot{e}+20\int\!\dot{e}dt,\ x_{10}(t)=0.002t$$

图 5.4.1 路径控制低速跟踪控制系统响应

图 5.4.2 为速率更低的输入指令

$$x_{10}(t)=0.0002t$$

的系统响应。$x_1(t)$、$\dot{x}_1(t)$虽不甚恒定,但跟踪速率无典型的脉动现象,如图 5.4.3 所示。$x_1(t)$的稳态跟踪误差 $\Delta x_1 < 3 \times 10^{-4}$。

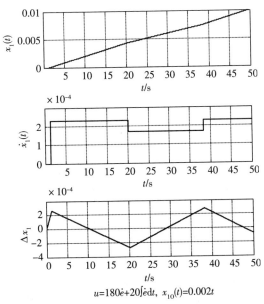

$$u=180\dot{e}+20\int\!\dot{e}dt,\ x_{10}(t)=0.002t$$

图 5.4.2 路径控制低速跟踪控制系统响应

2. 误差 PD 控制

与图 5.4.1 和图 5.4.2 相同条件下,误差 PD 控制系统,输入指令为

$$x_{10}(t)=0.002t$$

的跟踪响应,表示于图 5.4.3。$x_1(t)$、$\dot{x}_1(t)$存在典型的脉动现象,最大跟踪误差为 $\Delta x_1 = 0.025$。

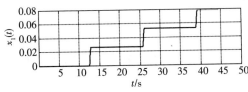

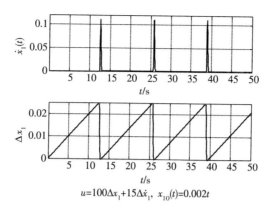

图 5.4.3　PD 控制低速跟踪系统响应

图 5.4.4 为输入指令

$$x_{10}(t) = 0.0002t$$

时,误差 PD 控制系统的跟踪响应。存在脉动现象,周期增大,其他参数无明显变化。

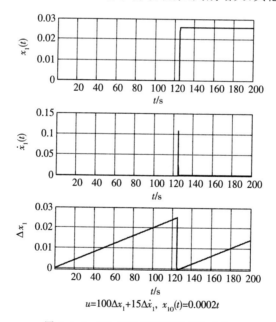

$u = 100\Delta x_1 + 15\Delta \dot{x}_1,\ x_{10}(t) = 0.0002t$

图 5.4.4　PD 控制低速跟踪系统响应

3. 误差 PID 控制

与图 5.4.1 相同的仿真条件下,即

$$x_{10}(t) = 0.002t$$

误差 PID 控制系统跟踪响应如图 5.4.5 所示。系统响应无跳动,而且稳态跟踪误差 $\Delta x_1(\infty) \approx 0$。无跳动低速跟踪问题上,PID 控制有优势。但与路径控制相比,响应启动慢是 PID 控制的弱点。

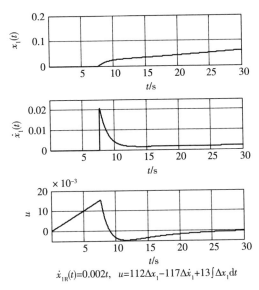

$$\dot{x}_{1R}(t)=0.002t, \quad u=112\Delta x_1-117\Delta\dot{x}_1+13\int\Delta x_1\mathrm{d}t$$

图 5.4.5 PID 控制低速跟踪系统响应

跟踪稳态精度高,而动态精度低的特点,会使误差 PID 控制跟踪变向的低速指令时,造成削顶及相位滞后。图 5.4.6 是 PID 控制跟踪低速正弦指令

$$x_{10}(t)=0.1\sin(0.2\pi t)$$

的系统响应。图中的 $x_1(t)$ 虽无脉动,然而响应滞后,削顶明显,跟踪误差大。

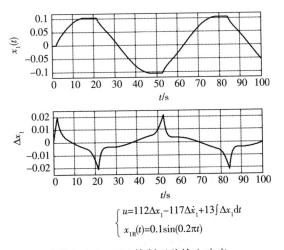

$$\begin{cases} u=112\Delta x_1-117\Delta\dot{x}_1+13\int\Delta x_1\mathrm{d}t \\ x_{1R}(t)=0.1\sin(0.2\pi t) \end{cases}$$

图 5.4.6 PID 控制正弦输入响应

路径控制跟踪低速正弦输入指令

$$x_{10}(t)=0.1\sin(0.2\pi t)$$

的系统响应表示于图 5.4.7。图中的 $x_1(t)$ 无脉动、无削顶,跟踪误差 $\Delta x_1<3\times10^{-4}$,精度提高了许多。

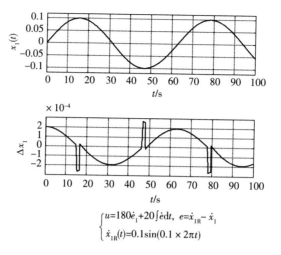

$$\begin{cases} u=180\dot{e}_1+20\int \dot{e}dt, \ e=\dot{x}_{1R}-\dot{x}_1 \\ \dot{x}_{1R}(t)=0.1\sin(0.1\times 2\pi t) \end{cases}$$

图 5.4.7　路径控制正弦指令跟踪响应

5.4.5　跟踪效果差异的原因

路径控制与误差 PD、PID 控制,低速跟踪效果不同的原因在于,它们的控制方式不同。前者是通过速度控制位置的超前控制方式,加速了输入指令的执行过程,跟踪精度高;后者是通过位置控制位置的控制方式,输入指令执行过程滞后,跟踪误差增大。

5.5　非线性系统的路径控制解耦

5.5.1　研究背景

解耦控制或控制解耦,是指多控制/多状态(传统上称为多输入/多输出)系统的每个控制,能且只能影响预期的某个状态(输出)的一种控制形式。就路径控制而言,每个控制,能且只能使预期被控制的某个状态变量,沿袭相应的合理路径,由初始状态转移到目的状态。控制解耦是多控制/多状态变量系统设计的重要指标,实现控制解耦也是控制理论发展过程的核心研究内容之一。控制解耦分为线性系统解耦与非线性系统解耦。线性系统解耦,被控对象的模型是线性的,解决问题比较容易。非线性系统解耦,被控对象模型是非线性的。对于控制有界,非连续可微的一般非线性系统,没有实用的方法。路径控制将提供完全不同的控制解耦观点和方法。

5.5.2　制动力学系统

系统模型为

$$\left.\begin{aligned}
&\dot{\alpha}_1 = \bar{\alpha}_2, \quad \alpha_1(t_0) = \alpha_{10} \\
&\bar{\alpha}_2 = \begin{cases} \alpha_2, & |\alpha_2| < 1 \\ 1 \cdot \mathrm{sgn}(\alpha_2), & |\alpha_2| \geqslant 1 \end{cases} \\
&\dot{\alpha}_2 = -0.1\bar{\alpha}_2 - (0.5\cos\alpha_1)\alpha_1 + (0.3\cos\beta_1)\beta_1 + \bar{u}_\alpha, \quad \alpha_2(t_0) = \alpha_{20} \\
&\bar{u}_\alpha = \begin{cases} u_\alpha, & |u_\alpha| < 25 \\ 25\mathrm{sgn}(u_\alpha), & |u_\alpha| \geqslant 25 \end{cases} \\
&\dot{\beta}_1 = \bar{\beta}_2, \quad \beta_1(0) = \beta_{10} \\
&\bar{\beta}_2 = \begin{cases} \beta_2, & |\beta_2| < 1 \\ 1 \cdot \mathrm{sgn}(\beta_2), & |\beta_2| \geqslant 1 \end{cases} \\
&\dot{\beta}_2 = -0.1\bar{\beta}_2 - (0.5\cos\beta_1)\beta_1 + (0.3\cos\alpha_2)\alpha_2 + \bar{u}_\beta, \quad \beta_1(0) = \beta_{10} \\
&\bar{u}_\beta = \begin{cases} u_\beta, & |u_\beta| < 25 \\ 25\mathrm{sgn}(u_\alpha), & |u_\beta| \geqslant 25 \end{cases}
\end{aligned}\right\} \quad (5.5.1)$$

假定系统状态为

$$y = [\alpha \quad \beta]^{\mathrm{T}}$$

而 α、β 分别是式(5.5.1)中的 α_2、β_2,即

$$\left.\begin{aligned} \alpha = \alpha_2 \\ \beta = \beta_2 \end{aligned}\right\}$$

系统控制为

$$u = [u_\alpha \quad u_\beta]^{\mathrm{T}}$$

5.5.3 模态耦合及控制耦合

系统模型表明 α 和 β 之间存在模态及控制耦合。当

$$\alpha_{20} \neq 0$$

时,其他系统变量的初始状态及控制 $\bar{u}$ 都为零的条件下,由 $\alpha(t)$ 的暂态过程而诱发 $\beta(t)$ 变化,称为模态耦合,如图 5.5.1 所示。控制耦合分为直接控制耦合和间接控制耦合。一个控制直接影响两个状态变量 α、β,称为直接控制耦合;另一个控制通过模

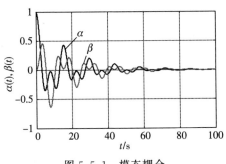

图 5.5.1 模态耦合

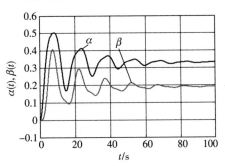

图 5.5.2 控制耦合

态耦合影响两个状态变量 α,β 称为间接控制耦合。对于系统(式(5.5.1)),在 $u_a \neq 0$,其他系统变量的初始状态及控制 u_β 都为零的条件下,u_a 不仅使 α 变化,而且会引起 $\beta(t)$ 变化,属于间接控制耦合,如图 5.5.2 所示。

5.5.4　路径控制的解耦要求

路径控制的解耦要求是:设计控制 u_a、u_β 分别使 α、β 独立地沿袭各自的指令路径 α_R、β_R,从初始状态 $\alpha(t_0)$、$\beta(t_0)$ 转移到目的状态 $\alpha_O(t_f)$、$\beta_O(t_f)$,而不存在模态耦合及控制耦合。

该系统的状态方程为

$$\left.\begin{aligned} \dot{x} &= f(x,u,v,t),\quad x(t_0) \\ y &= g(x),\qquad\qquad y(t_0) \end{aligned}\right\}$$

式中,系统变量、系统状态、目的状态、初始状态、目的距离分别为

$$x = [\alpha_1\quad \alpha_2\quad \beta_1\quad \beta_2]^T = [x_1\quad x_2\quad x_3\quad x_4]^T$$
$$y = [y_1\quad y_2]^T = [\alpha_2\quad \beta_2]^T = [\alpha\quad \beta]^T$$
$$y_O = [y_{1O}\quad y_{2O}]^T = [\alpha_O\quad \beta_O]^T$$
$$y(t_0) = [y_{10}\quad y_{20}]^T = [\alpha_0\quad \beta_0]^T$$
$$d = [d_1\quad d_2]^T = [\alpha_O - \alpha\quad \beta_O - \beta]^T$$

5.5.5　系统状态可转移性

由系统数学模型及系统状态导出

$$\dot{y}^{[1]} = [\dot{y}_1^{[1]}\quad \dot{y}_2^{[1]}]^T = [\dot{\alpha}\quad \dot{\beta}]^T$$
$$= \begin{bmatrix} -0.1\dot{\alpha} - (0.5\cos\alpha)\alpha + (0.3\cos\beta)\beta + u_a \\ -0.1\dot{\beta} - (0.5\cos\alpha)\beta + (0.3\cos\alpha)\alpha + u_\beta \end{bmatrix}^T$$

含有 u。对于

$$\dot{y}^{[1]} = 0$$

关于 u 的解为

$$u = [u_a\quad u_\beta]^T$$
$$= \begin{bmatrix} -0.1\dot{\alpha} - (0.5\cos\alpha)\alpha + (0.3\cos\beta)\beta \\ -0.1\dot{\beta} - (0.5\cos\alpha)\beta + (0.3\cos\alpha)\alpha \end{bmatrix}$$

其中,$\dot{\alpha}$、α、$\dot{\beta}$、β 的取值满足以下不等式:

$$\left.\begin{aligned} \dot{\alpha} &\leqslant 1 \\ \alpha &\leqslant 1 \\ \dot{\beta} &\leqslant 1 \\ \beta &\leqslant 1 \end{aligned}\right\},\quad 且\quad \left.\begin{aligned} U_a &: \{-25,25\} \\ U_\beta &: \{-25,25\} \end{aligned}\right\}$$

经验算,关系式:$u \subset U = [U_a\quad U_\beta]^T$ 必然得到满足。故系统状态是完全可主动转移的。

5.5.6　指令路径分析综合

系统运行能力分析:状态转移速率取值域为

$$|\dot{y}_1| = |\bar{\alpha}| \leqslant 1 \\ |\dot{y}_2| = |\bar{\beta}| \leqslant 1 \Big\}$$

如图 5.5.3 所示。状态转移加速率取值域为

$$|\dot{y}_1^{[1]}| = |\bar{u}_\alpha| \leqslant 25 \\ \dot{y}_2^{[1]} = |\bar{u}_\beta| \leqslant 25 \Big\}$$

如图 5.5.4 所示。以上两式表明,系统在由当前状态向目的状态转移的过程中,运行能力是不变的。

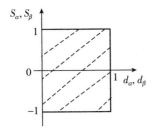

图 5.5.3　状态速率取值域

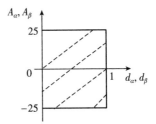

图 5.5.4　状态加速率取值域

指令路径函数初型拟订:该系统 α、β 的运行能力是相互独立的,指令路径函数初型可以分别拟订为

$$\dot{y}_R = [\,h_\alpha(d_\alpha) \quad h_\beta(d_\beta)\,]^T$$

$$= \begin{bmatrix} \begin{cases} h_\alpha \text{sgn}(d_\alpha), & |d_\alpha| \geqslant d_{\alpha 1} \\ k_\alpha d_\alpha, & |d_\alpha| < d_{\alpha 1} \end{cases} \\ \begin{cases} h_\beta \text{sgn}(d_\beta), & |d_\beta| \geqslant d_{\beta 1} \\ k_\beta d_\beta, & |d_\beta| < d_{\varphi 1} \end{cases} \end{bmatrix}$$

它们由直线和指数为 1 的指数基本路径函数连接而成。以指令路径的属性为依据,确定指令路径参数(见第 3 章内容的相应部分),得

$$h_\alpha, h_\beta = 0.7$$

$$k_\alpha, k_\beta = 7$$

$$d_{\alpha 1}, d_{\beta 1} = 0.1$$

代入指令路径表达式得指令路径:

$$[\,\dot{y}_{\alpha R} \quad \dot{y}_{\beta R}\,]^T = \begin{bmatrix} \begin{cases} 0.7\text{sgn}(d_\alpha), & |d_\alpha| \geqslant 0.1 \\ 7d_\alpha, & |d_\alpha| < 0.1, \quad d_\alpha = \alpha_O - \alpha \end{cases} \\ \begin{cases} 0.7\text{sgn}(d_\beta), & |d_\beta| \geqslant 0.1 \\ 7d_\beta, & |d_\beta| < 0.1, \quad d_\beta = \beta_O - \beta \end{cases} \end{bmatrix} \tag{5.5.2}$$

5.5.7　路径动力学方程及路径可调控性

在系统变量取值范围内,路径动力学方程为

$$\begin{aligned}\dot{Y} &= \lambda Y + \mu \\ Z &= \eta Y\end{aligned}\Big\}$$

式中

$$Y = \begin{bmatrix} \dot{\alpha} & \dot{\beta} \end{bmatrix}^{\mathrm{T}}$$

$$\lambda = 0$$

$$\mu = \begin{bmatrix} \mu_\alpha & \mu_\beta \end{bmatrix}^{\mathrm{T}} = \begin{bmatrix} -0.1\dot{\alpha} - (0.5\cos\alpha)\alpha + (0.3\cos\beta)\beta + u_\alpha \\ -0.1\dot{\beta} - (0.5\cos\beta)\beta + (0.3\cos\alpha)\alpha + u_\beta \end{bmatrix}$$

$$\eta = \begin{bmatrix} 1 & 0 \\ 0 & 1 \end{bmatrix}$$

式中,$\lambda = 0$ 说明控制动力学系统结构是正常的,满足解耦控制存在条件。

线性化路径动力学方程为

$$\begin{aligned}\Delta\dot{Y} &= \lambda_x \Delta x + \beta \Delta u + \gamma \Delta v, \quad \Delta Y(t_0) \\ \Delta Z &= \eta \Delta Y\end{aligned}\Big\}$$

式中

$$\Delta Y = Y_{\mathrm{R}} - Y = \begin{bmatrix} \Delta\dot{\alpha} & \Delta\dot{\beta} \end{bmatrix}^{\mathrm{T}}$$

$$\lambda_x = \frac{\partial\mu}{\partial x}\bigg|_{x=x_{\mathrm{R}}, u=u_{\mathrm{R}}, v=v_{\mathrm{R}}} = \begin{bmatrix} -0.1 & 0 \\ 0 & -0.1 \end{bmatrix}$$

$$\beta = \frac{\partial\mu}{\partial u}\bigg|_{x=x_{\mathrm{R}}, u=u_{\mathrm{R}}, v=v_{\mathrm{R}}} = \begin{bmatrix} 1 & 0 \\ 0 & 1 \end{bmatrix}$$

$$\gamma = \frac{\partial\mu}{\partial v}\bigg|_{x=x_{\mathrm{R}}, u=u_{\mathrm{R}}, v=v_{\mathrm{R}}} = 0$$

$$\Delta Z = \begin{bmatrix} \Delta\dot{\alpha} & \Delta\dot{\beta} \end{bmatrix}^{\mathrm{T}}$$

式中,λ_x 是由

$$\Delta x = \begin{bmatrix} \Delta\dot{\alpha} & \Delta\alpha & \Delta\dot{\beta} & \Delta\beta \end{bmatrix}^{\mathrm{T}}$$

中的

$$\begin{aligned}\Delta\alpha &= 0 \\ \Delta\beta &= 0\end{aligned}\Big\}$$

演变而来的。将 λ_x、β、γ 代入线性化路径动力学方程得

$$\begin{aligned}\Delta\dot{Y} &= \lambda_x \Delta x + \beta \Delta u, \quad \Delta Y(t_0) \\ \Delta Z &= \eta \Delta Y\end{aligned}\Big\} \tag{5.5.3}$$

或表示为

$$\frac{\mathrm{d}}{\mathrm{d}t} [\Delta\dot\alpha \quad \Delta\dot\beta]^{\mathrm{T}} = [-0.1\Delta\dot\alpha + \Delta u_\alpha \quad -0.1\Delta\dot\beta + \Delta u_\beta]^{\mathrm{T}}, \quad [\Delta\dot\alpha_0 \quad \Delta\dot\beta_0]^{\mathrm{T}} \Big\}$$
$$\Delta Z = [\Delta\dot\alpha \quad \Delta\dot\beta]^{\mathrm{T}}$$

检查可调控条件,有

$$[\Delta u_\alpha \quad \Delta u_\beta]^{\mathrm{T}} \neq 0$$

且

$$\mathrm{rank}(\eta\beta \,\vdots\, \eta\lambda_x\beta \,\vdots\, \eta\lambda_x^2\beta \,\vdots\, \cdots \,\vdots\, \eta\lambda_x^{n-1}\beta) = l = 2$$

故线性化路径动力学系统是可调控的。

5.5.8　路径调控控制设计

式(5.2.1)中的调控控制 $\bar u$ 与调控指令 u 不存在惯性,即

$$\bar u = [\bar u_\alpha \quad \bar u_\beta]^{\mathrm{T}} = u = [u_\alpha \quad u_\beta]^{\mathrm{T}}$$

系统(式(5.5.1))结构正常,满足解耦调控条件。假设采取路径比例调控:

$$\Delta u_\alpha = k_\alpha \Delta\dot\alpha$$
$$\Delta u_\beta = k_\beta \Delta\dot\beta$$

只要 $k_\alpha > 0, k_\beta > 0$ 的值足够大,系统(5.2.3)便可达到解耦调控的目的。指定

$$k_\alpha = 120$$
$$k_\beta = 100$$

得路径解耦调控控制:

$$\Delta u = [\Delta u_\alpha \quad \Delta u_\beta]^{\mathrm{T}} = \begin{bmatrix} 120\Delta\dot\alpha \\ 100\Delta\dot\beta \end{bmatrix} \tag{5.5.4}$$

5.5.9　路径控制系统的解耦性

以仿真方法验证式(5.5.1)~式(5.5.4)组成的闭环路径控制系统的解耦性。

1. 模态解耦

仿真条件为

目的状态——$\alpha_0 = 0, \beta_0 = 0$

起始状态——$\alpha_0 \neq 0, \beta_0 = 0$

$\alpha(t)$、$\beta(t)$ 的暂态过程如图 5.5.5 所示,$\beta(t)$ 的变化大大减小,即 $\alpha(t)$ 与 $\beta(t)$ 间的模态耦合减弱。

2. 控制解耦

仿真条件为

目的状态——$\alpha_0 = 1, \beta_0 = 0$

初始状态——$\alpha_0 = 0, \beta_0 = 0$

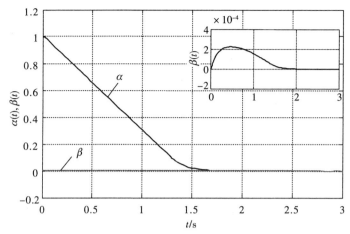

图 5.5.5　路径控制模态解耦

$\alpha(t)$、$\beta(t)$ 的暂态过程如图 5.5.6 所示，$\beta(t)$ 的响应减小，即控制 $u_a(t)$ 与 $\beta(t)$ 间的控制耦合变弱。

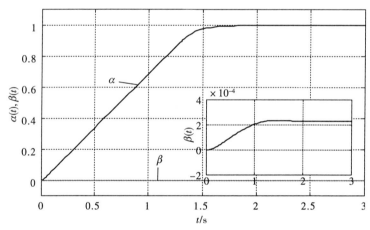

图 5.5.6　路径控制控制解耦

3. 调控增益对解耦性的影响

仿真条件：增大调控增益，令

$$k_a = 1000$$

$$k_\beta = 900$$

其他条件与控制解耦相同。$\alpha(t)$、$\beta(t)$ 的暂态过程如图 5.5.7 所示，图中 $\beta(t)$ 比控制解耦中的 $\beta(t)$ 小了一个量级，即增大调控增益会加大解耦效果。

5.5.10　分级设计法

对于一般结构系统，Δu 与 ΔZ 之间的相对阶大于 1 是常有的事。此种情况下，路径动力学方程中的 $\lambda \neq 0$。假如式(5.5.1)为一般结构系统，式(5.5.4)中的调控控

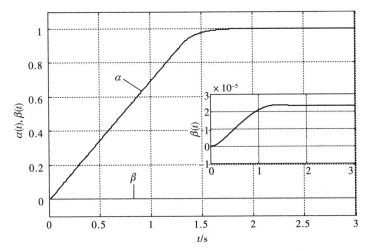

图 5.5.7 路径控制调控增益对解耦效果的影响

制 $\Delta\bar{u}$ 与调控指令 Δu 可能存在惯性,假如此惯性表示为

$$\Delta\bar{u}(s) = [\Delta\bar{u}_\alpha(s) \quad \Delta\bar{u}_\beta(s)]^{\mathrm{T}}$$

$$= \begin{bmatrix} \dfrac{\omega_\alpha}{s+\omega_\alpha} & 0 \\ 0 & \dfrac{\omega_\beta}{s+\omega_\beta} \end{bmatrix} [\Delta u_\alpha(s) \quad \Delta u_\beta(s)]^{\mathrm{T}}$$

路径控制系统的解耦能力,将因惯性的存在而减弱。

图 5.5.8 是在 $\omega_\alpha = \omega_\beta = 10$ 且与图 5.5.7 同样仿真条件下的控制结果,$\alpha(t)$、$\beta(t)$ 相对 $\alpha_R(t)$、$\beta_R(t)$ 有明显的抖振。抖振将随 ω_α、ω_β 的减小而增大。当然,ω_α、ω_β 增大,会使抖振减小。

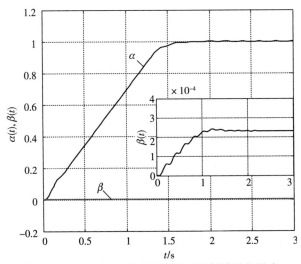

图 5.5.8 $\Delta\bar{u}$ 与 Δu 之间的惯性对解耦效果的影响

工程实践中解决上述问题的方法,是修正调控控制 $\Delta\bar{u}$ 与调控指令 Δu 之间的传递关系。将 Δu 与 $\Delta\bar{u}$ 之间视为指令传递子系统,对该传递系统的理想要求是传递不变(幅值不变,时间无延迟)。假设 υ 表示该传递子系统的控制,该传递子系统表示为

$$\left.\begin{aligned} \Delta\,\dot{\bar{u}} &= f_u\,(\Delta\bar{u},\upsilon)\,, \quad \Delta\bar{u}(0) \\ \upsilon &= \kappa_u\,(\Delta u - \Delta\bar{u}) \end{aligned}\right\}$$

设计任务是确定 κ_u,以提高 ω_a、ω_β 的数值,直至达到传递不变的要求(使系统结构达到近似正常,即 $\lambda\approx0$),使抖振现象消失。

这里的 u 和 υ 是分开设计的,这种 u 和 υ 分开设计的方法称为控制分级设计法。控制分级设计法,处理问题主次分明、快慢有别,设计结果容易实现。控制分级设计法是系统工程(包括工程和社会两种控制系统)常用的一种设计方法。

5.5.11　控制集成设计法

控制理论处理此类问题的做法,是将 $\Delta\bar{u}$ 与 Δu 之间的指令传递子系统当成路径调控系统的一部分,集中在一起设计调控控制指令 Δu。即 Δu 中既包含线性化路径动力学方程的变量 ΔZ,又包含指令传递系统变量 $\Delta\bar{u}$。为便于区别,将这种设计方法称为控制集成设计法,是控制理论传统的系统设计方法。

控制集成设计法,设计者不必对实际系统了解太多,省事、省时。但分不清变量的主次、相互关系、快慢区别,使设计及设计结果付诸实施的难度增大。现实中的工程和社会两种控制系统,采用控制集成设计法极其罕见。

5.5.12　结论

以上论述说明在一定的条件下,即系统状态完全可主动转移,且指令路径 $\dot{y}_R$ 合理;系统结构正常,存在解耦路径调控控制 Δu。路径控制系统是解耦的。

5.6　滑模控制的疑难问题与解决方法

5.6.1　滑模控制

业内人士认为:滑模控制出自非线性控制系统的综合方法——变结构控制[18-28]。用这种方法综合非线性控制系统:

$$\dot{x} = A(x) + B(x)u, \quad x(t_0)$$

第一,需要选择表达式相同,但符号正负相反的控制 $u^+(x)$ 和 $u^-(x)$;第二,确定 $u^+(x)$ 和 $u^-(x)$ 的切换函数 $\sigma(x)$,使综合后的系统有着期望它具备的特性:"……系统从任意初始条件出发的所有运动,都将走向 $\sigma(x)=0$ 所代表的运动模态,并沿该运动模态趋近零态……"。

在沿该运动模态运动过程中,系统的实际运动存在相对 $\sigma(x)=0$ 运动模态的高频抖振,使系统好像是滑动着趋近零态。故而,称这种控制模式为滑模控制。$\sigma(x)=0$ 所代表的动态过程称为滑动模态 S。

切换函数 $\sigma(x)$ 大多指定为,使 S 为渐近稳定型的,x 的线性组合函数:

$$\sigma(x)=Cx$$

$C\in\mathbf{R}^{m\times n}$ 是线性组合系数,$u^{+}(x)$ 和 $u^{-}(x)$ 是由到达条件求解出来的开/关型或连续+开/关混合型控制。按照以上过程得到的大多数滑模控制系统,稳定过程确实符合以上说法。

滑模控制的内容中,表达式相同但符号正负相反的控制 $u^{+}(x)$ 和 $u^{-}(x)$、切换函数 $\sigma(x)$、滑动模态 S 等名词、术语都是独有的,综合出来的系统特性更是让人称奇。

与滑模控制关系最为密切的主要是李雅普诺夫稳定性理论。第 1 章中关于系统稳定性理论发展现状中曾提到的一段话:"······其中以李雅普诺夫稳定性理论和相关方法为代表的研究成果,影响最为广泛、深远······"。确实,李雅普诺夫稳定性理论不仅被引用来判断一些非线性控制系统的稳定性,而且用在了非线性系统的控制求解。滑模控制就是例证之一。滑模控制系统的综合,不需要求解非线性微分方程。控制是通过到达条件推导出来的,而到达条件从李雅普诺夫稳定性理论得到了启迪。以此为基点,延拓出许多滑模控制相关内容和方法。学术界普遍认为滑模控制是一种理想的非线性控制系统综合方法。

滑模控制的内容中,新的名词、术语,拓展了我们的想象空间,同时也增加了对它的理解难度。

5.6.2　滑模控制的通俗解读

为便于简明介绍这种控制方法,引用第 1 章对它进行的如下解读:"······变结构控制可以理解为误差及其高阶导数组合而成的和式与有界开/关型控制串联而成的一种控制模式。如果有界开/关控制的幅值足够大,且此种控制模式所形成的闭环系统稳定,必有误差及其高阶导数的和式近似为零。近似为零的和式所代表的动态过程,将保持近似不变(鲁棒性)······"。如此理解,滑模控制确实类似于第 2 章提到的全息路径调控。当然这里的全息不是路径误差信息,而是现代控制理论的系统状态 x,或状态误差(相对零态)。它更像早期出现的一些工程控制系统形式。

例如,二阶系统

$$\begin{bmatrix} \dot{x}_1 \\ \dot{x}_2 \end{bmatrix}=\begin{bmatrix} 0 & 1 \\ a_{21} & -a_{22} \end{bmatrix}\begin{bmatrix} x_1 \\ x_2 \end{bmatrix}+\begin{bmatrix} 0 \\ 1 \end{bmatrix}u$$

的两种工程控制系统形式:一是开/关控制;二是比例/微分控制。它们各自具有自己的优点和不足。图 5.6.1(a)是开/关控制系统,简单、容易实现。一般来说,无论线性或非线性系统,开/关控制系统的设计任务只是选择幅值相同、符号正负相反的开/关型控制 U^+/U^-,使系统有着期望它具备的特性。这种特性是从任意初始条件出发的所有运动都可以趋近零态,而且以增加被控对象自身自然阻尼的办法(二阶系统模型中的 a_{22}),减少振荡次数。但是继电控制精度低、振荡,简单的开/关运行形式,难以克服这些缺点。

图 5.6.1(b)是比例/微分控制。与开/关控制相比,控制精度高,可以做到无振荡。但把它用在一般非线性控制系统或具有特殊性能要求的系统设计上却很难。如以上举例,我们难以把它设计成具有快速、性能不易变的系统。

如果把它们按照图 5.6.1(c)将两种控制方式结合起来,就可以形成一种类似滑模控制的快速、性能不易的系统。图中控制指令 u 可以理解为切换函数 $\sigma(x)$,U^{+-} 为表达式相同但符号正负相反的控制 u^{+-}。u 与 U^{+-} 之间的传递关系:$U^{+-}=Gu$,表示于图 5.6.2,其中 G 为增益。图 5.6.3 表示 G 随 u、U^{+-} 变化而变化的趋势。只要 U^{+-} 大到足以消除起始偏差 $x(t_0)=[\,x_1(t_0)\quad x_2(t_0)\,]^{\mathrm{T}}$,而且

$$u=k_1x_1+k_2x_2$$

可以使得系统稳定。在系统稳定条件下,必有 $u\to0$,最终使 $u=k_1x_1+k_2x_2\approx0$ 成立。

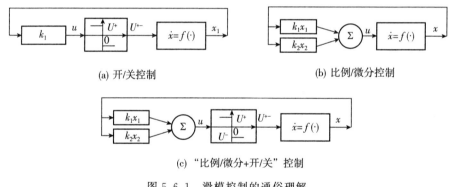

(a) 开/关控制　　　　　　　　　　　　　　　　(b) 比例/微分控制

(c) "比例/微分+开/关"控制

图 5.6.1　滑模控制的通俗理解

图 5.6.2　u 和 $\bar{u}$ 之间的传递关系　　　　图 5.6.3　G 的变化趋势

因而,这类系统的动态过程具有固定的规律。

(1) 消除起始偏差 $x(t_0)=[\,x_1(t_0)\quad x_2(t_0)\,]^{\mathrm{T}}\neq0$,使等式 $k_1x_1+k_2x_2\approx0$ 成立。

(2) 若等式 $k_1x_1+k_2x_2\approx0$ 所描述的动态过程稳定,且等式成立时刻的状态为

$$x(t_1)=[\,x_1(t_1)\quad x_2(t_1)\,]^{\mathrm{T}}$$

继而系统必经由方程:

$$\dot{x}_1 + \frac{k_1}{k_2} x_1 = \dot{x}_1 + c x_1 \approx 0, \quad \dot{x}_1 (t_1), x_1 (t_1)$$

所代表的动态过程伴随着频率由低变高的高频抖振趋向零态。此动态过程为

$$x_1(t) = x_1(t_1) e^{-c(t-t_1)}$$

如图 5.6.4 所示。

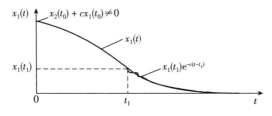

图 5.6.4　起始条件下的系统稳定过程

然而,滑模控制存在许多疑难问题,一直以来困扰着学术界。其中最为突出的有以下几点。

(1) 系统相对滑动模态 S 的高频抖振,影响了它在控制工程上的推广应用。

(2) 非单向收敛现象,不符合滑模控制动态过程预期。

(3) 如何确定指令模态的定义域和吸收区。

对以上疑难问题,学术界进行了长期、广泛地研究,论文、著作不计其数。然而,问题存在原因以及解决办法仍然有待商榷。

以下将运用路径控制的观点、方法,找出问题存在原因并提出相应的解决办法。

5.6.3　滑模控制的高频抖振

滑模控制动态过程不够理想的特性多种多样,抖振是其中最为人们关注的。与非线性控制系统的可控性相关,且由于涉及控制不连续状态下,系统前向增益奇异的动力学特性认知困难,如何分析频率由低变高的抖振动力学特性,如何避免抖振,成了难题。解决问题的思路提出了许多,但要想避免抖振几乎是不可能的。

工程控制解决此类问题的有效办法之一是在图 5.6.1(c)的开/关与 $\dot{x}=f(\cdot)$ 两个环节之间插入一个低通滤波器 $F_{iltr}(\omega)$,将角频率为 ω_{vab} 抖振信号过滤掉,如图 5.6.5 所示。例如

$$F_{iltr}(\omega) = \frac{\omega_F}{s + \omega_F}$$

便是一种最简单的形式。

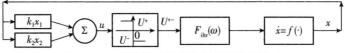

图 5.6.5　消除滑模控制高频抖振的滤波法

另外,我们知道图 5.6.1(c)中系统存在的抖振,其强度与 G 的大小有关。若 G 有界,减小 G,则抖振弱化,甚至消失。当然,动态误差会增大。只要不是拘泥于纯学术型研究,工程应用上还是允许的。

图 5.6.1(c)中系统的实际动态过程与预期特性之间的差别,还与二阶系统模型中 a_{21}、a_{22} 的大小有关。减小 a_{21},a_{22},动态过程不符合预期的现象减小。

5.6.4　直达滑模控制

1. 滑模控制的非单向收敛现象

滑模控制非单向收敛现象,如图 5.6.6 中的曲线 $x^*(t)$,它不符合对滑模控制动态过程的预期。恰好是这种非单向收敛现象,显现出了这种非线性控制系统综合方法的缺陷。

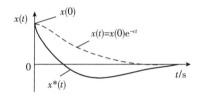

图 5.6.6　滑模控制的非单向收敛现象

滑模控制发展过程中,曾经对非单向收敛问题给予了关注。研究认为,原因之一是到达条件太简单:"……仅一个到达条件可能导致到达过程的正常运动段,历时很长,超调量很大等,不良品质……",代表了这种看法;原因之二是开/关型滑模控制不连续。相应地,提出了趋近律概念[7-10],使 $u^+(x)$ 和 $u^-(x)$ 真正成为表达式相同但符号正负相反的连续/开关混合型控制。此类研究收到了一定的效果,但没找到问题存在的真正原因。

2. 到达条件的直达与绕达

从路径控制的角度看,滑模控制实质上是一种有路径约束的,解决系统镇定问题的分析综合方法。它的滑动模态 S 实质上类似于指令路径(不完全相同),它的控制类似于有界、增益无穷大的比例路径调控控制(其中包括与指令路径控制对应的部分,该部分讨论得很少,注意力主要集中在了与路径调控控制对应的一部分上)。

如果把它视为路径控制,并假定系统为两阶,对于系统镇定问题,则有 $y_O = x_O = 0$。滑模控制的切换条件:

$$\left.\begin{array}{ll} U^+, & \sigma<0 \\ U^-, & \sigma>0 \end{array}\right\}$$

相当于系统偏离了指令路径,其对应关系分别与路径控制的路径误差:

$$\left.\begin{array}{l} \Delta\dot{x}=\dot{x}_R-\dot{x}<0 \\ \Delta\dot{x}=\dot{x}_R-\dot{x}>0 \end{array}\right\}$$

对应。指定系统初始状态 $x_0<0$,且 $\sigma>0$ 的条件下,如果路径是可以调控的(符合可调控三条件),则按照路径调控方法设计出来的控制 u,必能保证系统从 $(x_0,\dot{x}_0)$ 出发,在 $t_{RC}\ll t_f-t_0$ 期间,使系统从 $(x_0,\dot{x}_0)$ 直接到达 S(相当于指令路径),此过程如图 5.6.7 所示。假定图中 $(x(t),\dot{x}(t))$ 与 $(0,0)$ 之间连线的斜率表示为 $d=-\dot{x}/x$。

$\sigma>0$ 相当于 $\Delta d=d-c>0$。在系统状态趋近 S 期间，必有 $\dot{d}<0$。$\dot{x}+dx=0$ 所代表的运动模态收敛速度，不同于滑动模态 S 所代表的运动模态收敛速度。在系统从 $(x_0,\dot{x}_0)$ 向 S 的趋近过程中，其收敛速度逐渐减小到与 S 的收敛速度一致，即 $d\to c$。该趋近过程称为直达。

但是按照到达条件

$$\dot{\sigma}<0,\quad \sigma>0$$

解出来的控制 u，不可能与路径调控方法设计出来的控制 u 等价。或者说，不能保证总是路径可调控。若不可调控，则必出现类似于图 5.6.8 指令路径不可实现的现象。因为斜率恒等于 c 的，与 $\dot{x}+cx=0$ 平行的直线 $\dot{x}+cx\neq0$，失去了运动模态的含义。它只能保证斜率恒等于 c 的，与 $\sigma(x)=0$ 平行的，$\dot{x}+cx\neq0$ 上下平移。平移结果是 $(x(t),\dot{x}(t))$ 的变化过程有两种可能，如图 5.6.8 中的曲线 1 和曲线 2。曲线 1 表明路径可调控；曲线 2 表明路径不可调控，在趋近 S 期间，因 $\dot{d}>0$，必先发散，而后绕到 S 的另一分支。系统稳定过程便类似于图 5.6.6 中的曲线 $x^*(t)$，非单向收敛。

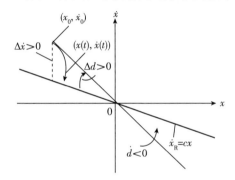
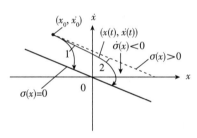

图 5.6.7　趋近滑动模态的直达过程　　　图 5.6.8　$(x(t),\dot{x}(t))$ 变化过程的两种可能

3. 到达条件对滑动模态的理解错误

为了验证以上分析的正确性，以下举例给出滑模控制系统的综合过程。

1) 滑动模态

滑模控制综合方法的任务之一是，确定代表滑动模态 S 的切换函数 $\sigma(x)$。

假定将滑模控制问题的被控对象表示为

$$\dot{x}=A(x)+B(x)u,\quad x(t_0)=x_0 \tag{5.6.1}$$

式中，x 是 n 维向量；$A(x)$ 是 $n\times n$ 维矩阵；$B(x)$ 是 $n\times m$ 维矩阵；$u\in\mathbf{R}^m$ 是非连续且无界的控制(依据需要任意界定)。其滑模控制的 S，通常指定为状态变量线性组合而成的函数等式：

$$\sigma(x)=Cx=0 \tag{5.6.2}$$

式中，$C\in\mathbf{R}^{m\times n}$ 是切换函数的线性组合系数。例如，被控对象为

$$\begin{bmatrix}\dot{x}_1\\\dot{x}_2\end{bmatrix}=\begin{bmatrix}0&1\\0&-1\end{bmatrix}\begin{bmatrix}x_1\\x_2\end{bmatrix}+\begin{bmatrix}0\\1\end{bmatrix}u \tag{5.6.3}$$

的滑模控制问题。假定期望的系统镇定动态过程是渐近稳定的,则对应的 S 为

$$\sigma(x) = [c_1 \quad 1][x_1 \quad x_2]^{\mathrm{T}} = 0 \qquad (5.6.4)$$

式(5.6.4)所限定的 x_1 和 x_2 的取值范围称为 S 的存在区域,记为 Ω(相平面的 2、4 象限)。c_1 的取值涉及许多方面(滑动模态稳定性、滑动模态动态过程的快速性、系统抖振等)。不顾及抖振的情况下,满足滑动模态渐近稳定性的要求,只需 $c_1 > 0$。系统设计者根据 x_1 可能变化的范围(如 $-2 < x_1 < 2$)以及对滑动模态快速性要求,指定 $c_1 = 0.5$,系统(式(5.6.3))的 S 定义为

$$x_2 = -0.5x_1, \quad -2 < x_1 < 2 \qquad (5.6.5)$$

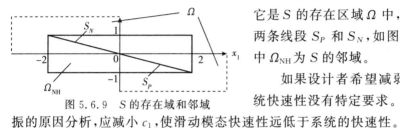

图 5.6.9　S 的存在域和邻域

它是 S 的存在区域 Ω 中,斜对称于零点的两条线段 S_P 和 S_N,如图 5.6.9 所示。图中 Ω_{NH} 为 S 的邻域。

如果设计者希望减弱抖振,而且对系统快速性没有特定要求。根据前面产生抖振的原因分析,应减小 c_1,使滑动模态快速性远低于系统的快速性。

2) 滑模控制 u

滑模控制综合方法的任务之二是通过到达条件确定滑模控制 u。

u 将系统从 x_0 拉到 S 上的途径有两条:$x_{10} > 0$ 将 x 拉到 S_P 上,或 $x_{10} < 0$ 将 x 拉到 S_N 上为直达;$x_{10} > 0$ 将 x 拉到 S_N 上,或 $x_{10} < 0$ 将 x 拉到 S_P 上为绕达。虽然它们都到达了 S,但动态过程 $x_1(t)$ 不同。直达,$x_1(t)$ 单向收敛无超调;绕达,则 $x_1(t)$ 超调。直达还是绕达,取决于 u 的确定方法。

利用到达条件,获取控制的不等式:

$$\left.\begin{array}{l} \dot{\sigma}(x) > 0, \quad \sigma(x) < 0 \\ \dot{\sigma}(x) < 0, \quad \sigma(x) > 0 \end{array}\right\} \qquad (5.6.6)$$

称为到达条件。依据到达条件求解 u,认定 C 为常数的前提条件下,有

$$\dot{\sigma}(x) = C\dot{x}$$

将式(5.6.1)中的 $\dot{x}$ 代入,得

$$\dot{\sigma}(x) = CA(x) + CB(x)u$$

假定 $(CB(x))^{-1}$ 存在,解得开关型滑模控制 u 为

$$u = -U\mathrm{sgn}(\sigma(x)) \qquad (5.6.7)$$

式中,U 满足

$$(CB(x))^{-1}CA(x) \subset U$$

的要求。由式(5.6.7)的 u 与被控对象(式(5.6.1))形成了闭环滑模控制系统。将

$$A = \begin{bmatrix} 0 & 1 \\ 0 & -1 \end{bmatrix}, \quad B = \begin{bmatrix} 0 \\ 1 \end{bmatrix}, \quad C = [0.5 \quad 1]$$

代入式(5.6.7),得举例开关型滑模控制:

$$u = -0.5\mathrm{sgn}(\sigma(x)) \tag{5.6.8}$$

式(5.6.8)的 u 与被控对象(式(5.6.1))形成闭环滑模控制系统。

3) 直达/绕达双重性

基于到达条件综合出来的滑模控制系统,从 S 邻域中的 x_0 出发的相轨线,存在直达/绕达双重性。以下介绍这种现象,并分析产生的原因。

如上所述,满足到达条件

$$\dot{\sigma}(x_0)\sigma(x_0) < 0, \quad \forall\, x_0 \in \Omega_{\mathrm{NH}} \tag{5.6.9}$$

的 x_0 所在子空间称为 S 的邻域 Ω_{NH}。对于系统式(5.6.1),到达条件的相关公式为

$$\sigma(x_0) = 0.5x_{10} + x_{20}, \quad \dot{\sigma}(x_0) = -0.5x_{20} + u, \quad u = -0.5\mathrm{sgn}(\sigma(x_0))$$

因此,符合式(5.6.9)要求的 x_0 是 $-2 < x_{10} < 2$,$-1 < x_{20} < 1$,如图 5.6.9 中的 Ω_{NH}。

表 5.6.1 是系统(式(5.6.3)),Ω_{NH} 中符合式(5.6.9)要求的四个 x_0 及对应的 $\sigma(x_0)$、$\dot{\sigma}(x_0)$。虽然它们都符合式(5.6.9)的要求,但它们的动态过程仿真结果却不同。其中①、②、③为直达,而④为绕达,如图 5.6.10 所示。

表 5.6.1　S 邻域的 x_0 及其到达条件

序号	x_{10}	x_{20}	$\sigma(x_0)$	$\dot{\sigma}(x_0)$
①	0.2	0.9	1.0	−0.95
②	1.5	0.9	1.65	−0.95
③	1.5	−0.9	−0.15	0.95
④	0.2	−0.9	−0.8	0.95

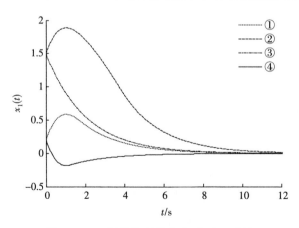

图 5.6.10　滑模控制的直达/绕达双重性

4) 绕达原因

式(5.6.8)所表示的滑模控制 u 是依据到达条件(式(5.6.6))选择出来的。式(5.6.6)中的"$\sigma(x) > 0$;$\sigma(x) < 0$",意味着 $\sigma(x)$ 偏离了 $\sigma(x) = 0$。如果偏离没有越

过 $\sigma(x)=0$(即 S)的存在域 Ω,那么偏离是有意义的。当然 x_{j+1} 与 x_j 之间的比值就不应仍然保持为常数 C_{ij},应该是一个变量,如表示为 d_{ij}。d_{ij} 是随 x_0 的变化而变化的,如举例的①、②、③、④中的 x_0,其对应 d 的值应该是表 5.6.2 中的值。它们的值不是固定的 0.5,而是各不相同。

表 5.6.2　不同 x_0 的 d

序号	①	②	③	④
d	-4.5	-0.6	0.6	4.5

到达条件(式(5.6.6))中 $\sigma(x)$ 的表达式却是 $\sigma(x)=C\dot{x}$。不言而喻,该式等于把 x 的变化限制在了与 S 平行的线上。与 S 平行的线,没有运动模态的含义。

5) 结论

到达条件将滑动模态的线性组合系数 C 视为常数,失去了运动模态原有的含义,致使控制的求解结果,不能保证非线性系统的可控性,造成了与预定动态过程不同的绕达。

4. 直达滑模控制

到达条件中,对滑动模态的理解欠妥,使滑模控制产生了原理性错误。补救方法可以直接采用路径控制,依据指令路径可实现和路径可调控条件,获取相应的控制 u_R 和 Δu,也可以沿用滑模控制一词,将路径控制的理念用于滑模控制,改为直达滑模控制[29]。类似路径控制指令路径的可实现和路径可调控,依据滑动模态可实现并且可以到达的条件,求解相应的滑动模态和趋近所需要的控制。

1) 功能组成

直达滑模控制包含两个功能组成:一是指令模态 S_C;二是开/关型直达控制 u_{DR}。它们的功能分别与滑模控制的滑动模态 S 及控制 u 类似。

指令模态 S_C 是期望系统状态转移轨线,自身没有滑动的本性。S_C 的形式多种多样,渐近稳定或稳定是它们的共同属性。采用哪种形式,根据需求而定。状态变量线性组合函数等式:

$$\sigma_C(x)=Cx=0$$

是其中的一种。与滑模控制不同,这里的 m 维矢量 $\sigma_C(x)$ 不是切换函数,因为它的功能不是用来改变 u_{DR} 的符号的,而是输入指令。C 是 $m \times n$ 维实数矩阵,x 的线性组合系数。$\{\{c_{ij}\}_{i=1}^m\}_{j=1}^n$ 仍然表示第 i 指令模态中的 $\{c_{i(j+1)}x_{j+1}\}_{j=1}^n$ 与 $\{x_j\}_{j=1}^n$ 之间的比例关系,其中 $\{c_{in}\}_{i=1}^m=1$。S_C 的动态过程完全由起始条件 x_0 及 C 决定,如指数衰减稳定过程为 $x_C(t)=x_0\mathrm{e}^{-Ct}$。

开/关型直达控制 u_{DR} 由指令模态控制 u_{DRC} 和趋近控制 Δu_{DR} 两部分组成,即

$$u_{DR}=u_{DRC}+\Delta u_{DR}$$

u_{DRC} 由指令运动模态 $x_C(t)=x_0\mathrm{e}^{-Ct}$ 导出,Δu_{DR} 通过直达条件求解。

2）趋近函数

定义

$$\sigma_d(x) = dx$$

为趋近函数，其中 $d \in \mathbf{R}^{m \times n}$ 是趋近函数的状态变量之间的线性组合系数阵，每个组合系数表示为

$$d_{ij} = -\frac{d_{i(j+1)} x_{j+1}}{x_j}, \quad i = 1, 2, \cdots, m; j = 1, 2, \cdots, n \qquad (5.6.10)$$

式中，$d_{in} = 1$。当 x 的变化使得 $d \to c$ 时，则有 $\sigma_d(x) \to \sigma(x) = 0$。如果 $d \to c$ 的过程中 d 是单调变化的，则 $\sigma_d(x)$ 对于 S_C 是直达的。

3）直达条件

直达滑模控制直达条件是选择开关型滑模控制的准则，按照该准则选择出来的控制，可使从 S_C 邻域 Ω_{CNH} 内的 x_0 出发的相轨线直接到达其邻近的 S_C，相应的状态转移过程快速而无超调。

容易证明，从 x_0 出发的相轨线到达 S_C 的过程中，若

$$\left. \begin{array}{l} \Delta \dot{d}_{ij} < 0, \Delta d_{ij} > 0 \\ \Delta \dot{d}_{ij} > 0, \Delta d_{ij} < 0 \end{array} \right\} \quad i = 1, 2, \cdots, m; j = 1, 2, \cdots, n \qquad (5.6.11)$$

总是成立（存在中途改变的可能性），则该相轨线对于 S_C 是直达的。式中

$$\Delta d_{ij} = -\frac{d_{i(j+1)} \Delta x_{j+1}}{x_j}, \quad i = 1, 2, \cdots, m; j = 1, 2, \cdots, n$$

Δx_{j+1} 是 x_{j+1} 相对指令模态上的 $x_{(j+1)C} = c_{i(j+1)} x_j$ 偏差：

$$\Delta x_{j+1} = x_{j+1} - c_{ij} x_j$$

对于系统(式(5.6.3))，有 $m = 1, n = 2, d_{12} = 1$，因而得

$$\Delta d = -\frac{\Delta x_2}{x_1}$$

$$\Delta \dot{d} = -\frac{x_1 \Delta \dot{x}_2 - \Delta x_2 \dot{x}_1}{x_1^2} = \frac{x_2 \Delta x_2}{x_1^2} - \frac{\Delta \dot{x}_2}{x_1}$$

以指令模态 S_C 为基准，对举例系统：

$$\begin{bmatrix} \dot{x}_1 \\ \dot{x}_2 \end{bmatrix} = \begin{bmatrix} 0 & 1 \\ 0 & -1 \end{bmatrix} \begin{bmatrix} x_1 \\ x_2 \end{bmatrix} + \begin{bmatrix} 0 \\ 1 \end{bmatrix} u$$

线性化，得系统相对指令运动 $x_C(t)$ 的偏差运动方程：

$$\begin{bmatrix} \Delta \dot{x}_1 \\ \Delta \dot{x}_2 \end{bmatrix} = \begin{bmatrix} 0 & 1 \\ 0 & -1 \end{bmatrix} \begin{bmatrix} \Delta x_1 \\ \Delta x_2 \end{bmatrix} + \begin{bmatrix} 0 \\ 1 \end{bmatrix} \Delta u$$

式中，Δu 是用来消除偏差运动 $\Delta x(t)$ 的趋近控制。将

$$\Delta \dot{x}_2 = -\Delta x_2 + \Delta u$$

代入 $\Delta \dot{d}$ 的表达式，得

$$\Delta\dot{d}=\frac{x_2\Delta x_2+x_1\Delta x_2}{x_1^2}-\frac{\Delta u}{x_1}$$

对于系统(式(5.6.3)),导出直达条件为

$$\left.\begin{array}{l}\dfrac{x_2\Delta x_2+x_1\Delta x_2}{x_1^2}-\dfrac{\Delta u}{x_1}<0,\quad \Delta d>0\\[3mm]\dfrac{x_2\Delta x_2+x_1\Delta x_2}{x_1^2}-\dfrac{\Delta u}{x_1}>0,\quad \Delta d<0\end{array}\right\}\qquad(5.6.12)$$

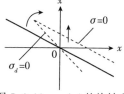

图 5.6.11　$\sigma_d(x)$ 的旋转和
　　　　　$\sigma(x)$ 的平移

式中,$\Delta d>0$ 和 $\Delta d<0$ 称为切换条件。与滑模控制的切换函数 $\sigma(x)>0$ 和 $\sigma(x)<0$ 不等价。前者是 $\sigma_d(x)$ 绕相空间原点的正反方向旋转,后者是 $\sigma(x)$ 相对 $\sigma(x)=0$ 的平移,如图 5.6.11 所示。

满足式(5.6.12)的开关型控制是趋近控制 Δu_{DR}。

4)趋近控制

对于系统式(5.6.3),满足直达条件(式(5.6.12))的趋近控制为

$$\left.\begin{array}{l}\Delta u_{DR}>\left(\dfrac{x_2}{x_1}+1\right)\Delta x_2,\quad \Delta d>0\\[3mm]\Delta u_{DR}<\left(\dfrac{x_2}{x_1}+1\right)\Delta x_2,\quad \Delta d<0\end{array}\right\}\qquad(5.6.13)$$

将①、②、③、④号 x_0 的相关参数代入上式,计算 $\Delta d=d-C$ 及满足直达条件的控制 Δu_{DR},列于表 5.6.3。表中数据表明不同的 x_0,Δu_{DR} 不同。

表 5.6.3　满足直达条件的控制 Δu_{DR}

序号	①	②	③	④
Δd	-5	-1.1	0.1	4
Δu_{DR}	<5.5	<2.64	>-0.06	>2.8

5)直达滑模控制

开/关型直达滑模控制的另一个组成 u_{DRC} 由指令运动模态 $x_C(t)=x_0\mathrm{e}^{-Ct}$ 导出,即 $u_{DRC}=c^2x_1$。对于系统式(5.6.3),不同 x_1,u_{DRC} 和 $u_{DR}=u_{DRC}+\Delta u_{DR}$ 的值列于表 5.6.4。

表 5.6.4　u_{DRC} 及 u_{DR}

序号	①	②	③	④
Δd	-5	-1.1	0.1	4
Δu_{DR}	<5.5	<2.64	>-0.06	>2.8
u_{DRC}	0.05	0.375	0.375	0.05
u_{DR}	<5.55	<3.015	>0.315	>2.85

如果选择开关型直达滑模控制:

$$u_{DR}=U_{DR}\mathrm{sgn}(\Delta d)\qquad(5.6.14)$$

式中,U_{DR} 幅值满足条件

$$|u_{DR}| \subset U_{DR} \tag{5.6.15}$$

则 u_{DR} 可以使以上所有 x_0 的相轨线直达 S_C。例如,对于系统式(5.6.3),取 $U_{DR} =$ 2.9,则从①、②、③、④的 x_0 出发的相轨线都可以直达 S_C。

用式(5.6.12)检查到达条件开关型滑模控制的直达性。由于到达条件开关型滑模控制(式(5.6.8))的 $U = 0.5$,④号 x_0 的 $u_{DR} > 2.85$,④号相轨线不应该是直达的。而①、②、③号 x_0 的 u_{DR} 都满足不等式 $-0.5 < u_{DR} < 0.5$,当然它们的相轨线都是直达的。与相轨线的仿真结果一致。

把式(5.6.3)和式(5.6.14)合并在一起,对应①、②、③、④号 x_0,$x_1(t)$ 的仿真结果如图 5.6.12 所示。结果是 $x_1(t)$ 无超调。

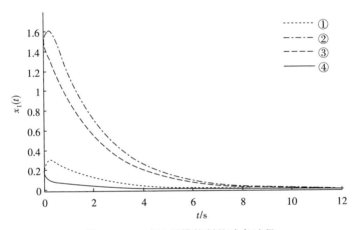

图 5.6.12 直达滑模控制的动态过程

5.6.5 直达滑模控制指令模态的定义域和吸收区

以上直达滑模控制的 u_{DR} 无界。若 u_{DR} 有界且已知,则直达滑模控制需要完成的工作是确定指令模态 S_C 和它的定义域 Ω_C,并界定满足直达条件的初始状态子空间 S_C 的邻域(或指令模态 S_C 的吸收区)Ω_{CNH}。

1. 控制的有界性

控制有指令和物理量之分。将控制指令付诸实施,必须把控制指令转变成相应的物理量。物理量有界,表达形式多种多样,开/关型是其中最为简单的一种。

以式(5.6.13)为例,当 $\Delta d > 0$ 时,有 $\Delta u_{DR} > \left(\dfrac{x_2}{x_1} + 1\right)\Delta x_2$。当 $x_2 \neq 0$ 时,随 $x_1 \to$ 0,将有 $u_{DR} \to \infty$,u_{DR} 不可转变成相应的物理量。假定采用开/关型滑模控制 u_{DR}。u_{DR} 物理量的界为 U_{DR},且 U_{DR} 已知。直达滑模控制的任务,变为确定指令模态的定义域 Ω_C 及可以直达 S_C 的邻域 Ω_{CNH}。

2. 指令模态的定义域

允许定义指令模态的相空间,称为指令模态的定义域 Ω_C。Ω_C 中定义的指令模态,物理上是可以实现的。

就举例而言,Ω_C 的内边界 Ω_{Cin} 为

$$C_{Cin} = -\frac{x_2}{x_1} > 0^+$$

外边界 Ω_{Cou} 由指令模态所需要的控制 u_C(类似于指令路径控制 u_R)决定。对于举例,指令模态

$$x_1(t) = x_1(0)e^{-Ct}$$

的加速度为

$$\ddot{x}_1(t) = C^2 x_1(0)e^{-Ct}$$

所需控制 u_C 的最大值由

$$C^2 x_1(0) = bU_{DR}$$

求出,b 是比例系数,对于举例,$b=1$,进而解得 C 以及 Ω_C 的外边界 Ω_{Cou} 的表达式:

$$\left. \begin{array}{l} C = (U_{DR}/x_1)^{0.5} \\ x_2 = -Cx_1 \end{array} \right\}$$

对于举例,$U_{DR} = 2.9$,以 x_1 为自变量,C 和 x_2 的值列于表 5.6.5。Ω_C 的外边界 $\Omega_{Cou}(x_2 = f_{Cou}(x_1))$ 如图 5.6.13 中黑点的连线所示。

表 5.6.5　指令模态定义域的外边界 Ω_{Ctop}

x_1	0.1	0.5	1	2	4	6	8	10
C	5.385	2.408	1.702	1.204	0.8514	0.6952	0.6020	0.5385
x_2	-0.538	-1.204	-1.702	-2.408	-3.4056	-4.1712	-4.816	-5.385

Ω_C 界定之后,根据实用并且可以实现的要求,确定指令模态 S_C 的 C 和 x_2 的起点 x_{2in}。例如,选定 $C = 1.204$,S_C 与 $x_2 = f_{Cou}(x_1)$ 的交点便是 $x_{2in} = -2.408$,如图 5.6.13 所示。

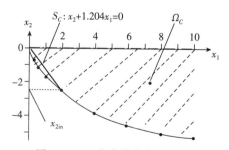

图 5.6.13　指令模态定义域 Ω_C

3. 指令模态邻域

趋近指令模态 S_C 的过程,可以保持直达性的 x_0 的允许存在相空间,称为指令模态的邻域(或称为指令模态的吸收区)Ω_{CNH}。

Ω_{CNH} 由 $\Delta d_{ij}>0$ 和 $\Delta d_{ij}<0$ 相空间的各一部分 Ω_{po} 和 Ω_{ne} 共同组成。对于举例,Ω_{po} 的边界是满足直达 S_C 的条件:

$$\Delta u_{DR}>\left(\frac{x_2}{x_1}+1\right)\Delta x_2,\quad \Delta d>0$$

关于 Δx_2 的解:

$$\Delta x_2<\frac{\Delta u_{DR}x_1}{x_1+x_2}$$

给定 x_1,可以由上式计算出 Ω_{po} 的边界 $x_2=\Delta x_2-cx_1$。将式中

$$\Delta u_{DR}=(U_{DR}-c^2x_1)$$

$$x_2=\Delta x_2-cx_1$$

化入上式,得

$$\Delta x_2^2+(x_1-cx_1)\Delta x_2-(U_{RD}-c^2x_1)x_1<0$$

求解上式,取其中合理的解 Δx_2,并由下式:

$$x_2=\Delta x_2-cx_1$$

计算出 Ω_{po} 的边界 $x_2=f_{po}(x_1)$。Δx_2 和 x_2 列于表 5.6.6 中,$x_2=f_{po}(x_1)$ 表示于图 5.6.14 中。

表 5.6.6　指令模态的邻域

x_1	0.1	0.5	1.0	1.5	1.9	2.0
x_1-cx_1	−0.0204	−0.102	−0.204	−0.306	−0.387	−0.408
$-(U_{DR}-c^2x_1)x_1$	0.2755	1.0875	1.45	−1.095	0.276	0
Δx_2	−0.515	−0.993	−1.108	−1.8	−0.367	0
x_2	−0.635	−1.595	−2.312	−306	−2.655	−2.408

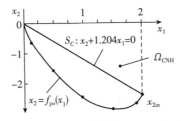

图 5.6.14　Ω_{CNH} 的边界 $x_2=f_{po}(x_1)$

满足直达充分条件的 Ω_{ne} 边界可依据终了条件:指令模态的起点 x_{2in} 和初始条件 $x_{10}=0,x_{20}$,结合开/关型控制系统动力学方程,计算系统的动态过程 $x_2(t)=f_{ne}(x_1(t))$,如果 $x_2(t)=f_{ne}(x_1(t))$ 过指令模态的起点 x_{2in},则 $x_2(t)=f_{ne}(x_1(t))$ 为 Ω_{ne} 的边界。

否则,改变 x_{20},重复以上过程,直至达到目的。

　　如举例系统:

$$\begin{bmatrix} \dot{x}_1 \\ \dot{x}_2 \end{bmatrix} = \begin{bmatrix} 0 & -1 \\ 0 & 1 \end{bmatrix} \begin{bmatrix} x_1 \\ x_2 \end{bmatrix} + \begin{bmatrix} 0 \\ 1 \end{bmatrix} (U_{\mathrm{DR}}^-), \quad \begin{bmatrix} x_1(0) \\ x_2(0) \end{bmatrix} = \begin{bmatrix} 0 \\ x_{20} \end{bmatrix}$$

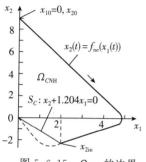

图 5.6.15　Ω_{CNH} 的边界
$x_2(t) = f_{\mathrm{ne}}(x_1(t))$

式中,$U_{\mathrm{DR}}^- = -2.9$。按照以上过程,找出来的举例系统的 $x_2(t) = f_{\mathrm{ne}}(x_1(t))$,如图 5.6.15 所示。

　　以上 Ω_{po} 和 Ω_{ne} 都是满足直达充分条件的 Ω_{CNH} 的边界,理由是在 Ω_{po} 和 Ω_{ne} 上,系统可调控性使模态偏差 Δd 减小,因而模态偏差可调控性增大。模态偏差可调控性的渐增,必定使 Ω_{po} 和 Ω_{ne} 之内出发的相轨线能够直达指令模态。但不一定是必要的。原因是运行过程中系统状态 x_1 的变化,导致指令模态所需要的控制 $u_C = C^2 x_1$ 变化,因而代表模态偏差可调控性的

$$\Delta u_{\mathrm{DR}} = U_{\mathrm{DR}} - u_C = U_{\mathrm{DR}} - c^2 x_1$$

随之变化。某时刻模态偏差不可调控,不等于下一时刻仍不可调控。系统运行过程模态偏差可调控性不恒定,获取 Ω_{CNH} 的精确解很难。

5.6.6　结论

　　5.6.3 节找出了滑模控制抖振的存在原因,并提出了消除抖振的出路。

　　5.6.4 节找出了绕达的根源。将切换函数当成李雅普诺夫函数,没顾及滑动模态的物理含义,使滑动模态失去了它本来的动力学特征。滑模控制过程的非单向收敛,原因不是到达条件太简单,也不是开关型滑模控制不连续。

　　借助路径控制的理念、方法,提出了直达滑模控制。直达滑模控制是路径控制处理系统镇定问题,控制有界、路径比例调控系数无穷大情况下的特例。直达滑模控制的核心组成是指令模态 S_C,直达条件为

$$\left. \begin{array}{ll} \dot{d}_{ij} < 0, & \Delta d > 0 \\ \dot{d}_{ij} > 0, & \Delta d < 0 \end{array} \right\}$$

以及开关型直达滑模控制:

$$u_{\mathrm{DR}} = U_{\mathrm{DR}} \mathrm{sgn}(\Delta d)$$

　　5.6.5 节讨论滑模控制尚无定论的指令模态邻域(指令模态吸收区)。指令模态的邻域涉及非连续区间的系统动力学求解,难度大,不容易弄清楚。借用路径调控概念,将系统趋近滑动模态过程,视为路径误差调控。用路径可调控条件,演变成指令模态邻域的确定方法。

　　依照直达滑模控制求解出来的控制 u_{DR},可以使控制系统具有理想的特性:系统从指令模态的邻域 Ω_{CNH} 中,任意初始条件 x_0 出发的所有运动,都将走向该运动模

态,并沿该运动模态趋近零态。

5.7 小 结

本章首先叙述了路径控制方法在解决快速响应、性能不易变、低速精确跟踪、控制解耦等问题中的验证。这些问题多与控制理论的基本概念、控制方法的工程应用密切相关,而且恰好又是流行于控制理论有所作为的研究领域。叙述方式是:解释议题,给出模型,选择不同的控制方法,以对比的方式进行仿真验证,分析比较仿真结果。结论是控制机理、控制表述简繁程度、控制效果等,路径控制几乎在各个层面都优于流行控制方法。

而后,以路径控制理念对滑模控制进行了分析、理解及其正确性判断。找出了有关理论、方法中存在的缺陷。提出了改正意见,并沿用滑模控制习惯用语,提出了直达滑模控制。直达滑模控制以实践知识作为理解、解决问题的立足点,使滑模控制的一些疑难问题,如求解控制的方法、非线性滑模控制系统的可控性、滑动模态定义域、滑动模态领域等问题得到了解决。对频率由低变高的抖振原因做出解释,并指出了弱化抖振的出路。

参 考 文 献

[1] Tanaka K. Stability and stabilization of fuzzy-neural-linear control systems. IEEE Transactions on Fuzzy Systems,1995,3(4):438-447.

[2] Lee C C. Fuzzy logic in control systems:Fuzzy logic controller. IEEE Transactions on SMC,1990,20(2):404-435.

[3] 周尹强,徐炼新,姜玉宪. 航天器精确节能脉冲调宽控制器的设计. 北京航空航天大学学报,2008,34(5):555-559.

[4] Gutman S. Uncertain dynamical systems:A Lyapunov min-max approach. IEEE Transactions on Automatic Control,1979,24(3): 437-443.

[5] Gutman S. Palmor Z. Properties of min-max controller in uncertain dynamical systems. SIAM Journal of Control Optimization,1982,20(6): 850-861.

[6] Kraravis C. Palanki S. A Lyapunov approach for robust nonlinear state feedback synthesis. IEEE Transactions on Automatic Control,1988,33(12): 1188-1191.

[7] Kanellakopoulos I, Kokotovic P V. Observer-based adaptive control of nonlinear systems under matching conditions. Proceedings of American Contr. Conf. Desi. Contr. ,San Diego,1990:549-555.

[8] Sastory S S, Isidori A. Adaptive control of linearizable systems. IEEE Transactions on Automatic Control,1989,34(11): 1123-1131.

[9] Ha I J, Gilbert E G. Robust tracking in nonlinear systems. IEEE Transactions on Automatic Control, 1987, 32 (9): 763-771.

[10] Isidori A, Astolfi A. Disturbance atteneuation and H_∞-control via measurement feedback in nonlinear systems. IEEE Transactions on Automatic Control, 1992, 37(9): 1283-1293.

[11] 姜玉宪. 伺服系统的低速跳动问题. 自动化学报, 1982, 8(2):136-144.

[12] Isidori A, Krener A J. Nonlinear decoupling via feedback: a differential geometric approach. IEEE Transactions on Automatic Control, 1981, 26(2): 331-345.

[13] Nijmeijer H, Respondek W. Dynamic input-output decoupling of nonlinear control systems. IEEE Transactions on Automatic Control, 1988, 33(11): 1605-1070.

[14] Singh S N. Asymptotically decoupled discontinuous control of systems and nonlinear aircraft maneuver. IEEE Trans. Aero. Elec. Syst., 1989, 25(5): 380-391.

[15] Singh S N. Nonlinear decoupling sliding mode control and attitude control of spacecraft. IEEE Trans. Aero. Elec. Syst., 1989, 25(5): 621-633.

[16] 姜玉宪. 一类导弹控制系统的模态解耦. 宇航学报, 1987, 3:8-15.

[17] 姜玉宪. 最优二次型渐近设计法及其应用. 自动化学报, 1985, 2(2):159-165.

[18] Emelyanov S V. Variable Structure Systems. Moscow: Nauka, 1967.

[19] Itkis U. Control Systems of Variable Structure. New York: Wiley, 1976.

[20] Bartoliai G, Zolezzi T. Variable structure systems nonlinear in the control law. IEEE Transactions on Automatic Control, 1985, AC-30(7): 681-685.

[21] 高为炳. 非线性控制系统导论. 北京:科学出版社, 1991: 544.

[22] Gao W B, Hung J C. Variable structure control of nonlinear system: A new approach. IEEE Transactions on Industrial electronics, 1993, 40(1): 45-55.

[23] 高为炳. 变结构控制理论及设计方法. 北京:科学出版社, 1996.

[24] Choi H H, Chung M J. Estamation of the asymptotic stability region of uncertain systems with bounded sliding mode controllers. IEEE Transactions on Automatic Control, 1994, 39(11): 2275-2278.

[25] Kuo K, Chen S. Estimation of asymptotic stability region and sliding domain of uncertain variable structure systems with bounded controllers. Automatic, 1996, 32(5): 797-800.

[26] Utkin V, Guldner J, Shi J X. Sliding Mode Control in Electromechanical Systems. New York: Taylor&Francis, 1999: 36-39.

[27] Gao Z, Guo W A, Zheng Y. Improved nonsingular terminal sliding mode controller design for high-order systems. Chinese Control and Decision Conference, 2009:4838-4843.

[28] 姜玉宪,周尹强,赵霞. 直达滑模控制. 北京航空航天大学学报, 2011, 37(2):132-135.

[29] Korn G A, Korn T M. Electronic Analog and Hybrid Computer. New York: Mcgraw-Hill Book Company, 1972.

第6章 单一指令路径控制系统(二)
——飞机自动起飞/着陆高度路径控制

6.1 引 言

飞机自动起飞/着陆高度路径控制属于单一指令路径控制系统。通过飞机自动起飞/着陆高度路径控制,进一步叙述单一指令路径控制系统的指令路径分析综合及路径调控控制设计。

飞机自动起飞和着陆互为逆过程。两者的初始状态和目的状态相反。但后者的指令路径并非是前者指令路径的逆过程。当然,路径调控控制也不相同。飞机自动起飞控制系统分析综合,替代不了自动着陆控制系统分析综合。将两部分内容合为一章,便于说明非线性系统控制问题,必须明确它们各自的初始状态和目的状态。另一目的试图强调,对于非线性控制系统,目的状态总为零,控制目标总是稳定性的无路径约束控制模式不可行。

6.1.1 飞行状态大范围转移控制问题

飞机大范围改变其飞行高度是常有的事,如起飞、着陆以及改变巡航高度以适应飞行任务或气候条件的需要等。飞机的姿态运动及质心运动的动力学特性与其飞行高度和飞行速度密切相关。飞机的升降速率和机动能力,也受飞行高度的制约。飞机飞行高度的大范围转移,必将导致飞机性能的大幅度变化。飞机大范围改变其飞行高度不可视为镇定问题,而是状态大范围转移的系统控制问题。其中飞机的自动起飞/着陆尤为典型。

设计飞机自动起飞/着陆的高度控制系统,用无路径约束的控制模式不可行。按照系统镇定的概念设计飞机自动起飞/着陆高度控制系统,只能将目的飞行高度(即巡航飞行高度)当成输入,把当前高度当成输出,二者之间的差别视为误差,继而将误差转变为控制,驱使飞机改变其飞行高度。此种控制方法不可能达到安全起飞/着陆的目的。

非线性控制理论提供的控制方法,也不可能依据非线性起飞/着陆控制系统模型,求解出符合技术要求的控制。

工程上的习惯做法是将飞机起飞/着陆控制系统的设计分为两部分:一是飞行航路设计;二是飞行航路稳定。飞行航路设计属力学业内的业务,控制工程人员的职责只是飞行航路稳定。如果采用路径约束式控制模式,则控制工程人员将两项工作内容融合在一起来做,既解决起飞/着陆的飞行航路设计,又完成飞行航路的稳定,即所谓的航路/稳定一体化设计。

6.1.2 抽象化飞行动力学模型

真实的起飞/着陆控制动力学系统的数学模型非常复杂。把它作为控制对象,研究控制理论的应用,必分散精力,加大问题的难度。为了把注意力集中在如何应用路径控制解决传统控制理论和方法难以解决的飞机自动起飞/着陆问题,而又不失去问题的本质,起飞/着陆控制动力学系统的数学模型的抽象化是必要的。抽象化措施为:一是只考虑上下力的平衡,不计前后力的平衡对飞行速度的影响;二是将飞机的升降速率和改变升降速率的能力随飞行高度的变化抽象为衰减指数函数。事实上,这与实际的变化趋势是相符的。另一项抽象化措施是飞行高度的标称化。所谓标称化是将飞机的升限大致标定为1,而不管具体量纲是什么。升降速率和改变升降速率的能力,依照起飞时间的长短,也进行相应的标称化。飞机的重量变化是一项不确定性干扰因素,给控制飞机的起飞/着陆增加了难度。抽象化起飞/着陆数学模型,提供了研究飞机重量影响控制的条件。

飞机的自动起飞过程包含滑跑、拉起、上升、巡航等几个阶段。在此项研究中省略了飞机的滑跑过程,使问题得到进一步简化。

6.1.3 技术要求

飞机自动起飞/着陆控制的技术要求不是唯一的,不同的飞行环境其技术要求也有所不同。山沟里的机场和平原区的机场,对起飞/着陆控制的要求不同;高原区和低洼地带的机场对自动起飞/着陆控制要求也不同。但它们之间存在一些共同点。

(1) 起飞/着陆自动控制过程,应使飞机平滑进入目的飞行高度,无超越或不及目的飞行高度的现象。

(2) 对起飞/着陆自动控制应有自动配平能力,不因飞机重量的变化使定高高度改变。

(3) 起飞/着陆时间可方便调长或缩短(在飞行能力的限制范围内)。

6.2 系统运行能力分析

6.2.1 系统动力学方程

飞机自动起飞/着陆控制动力学系统方程抽象化为式(6.2.1)。式中的符号含义如下。

x_1 为相对机场跑道高度,标称值,取值域为$[1.5,0]$,代表系统状态 y。

x_2 为升降速率,取值域为$[-1,1]$,即$|x_2| \leqslant 1$。

C_v 为升降能力,随高度的增大呈衰减指数函数变化,取值域为$[0,0.2]$,即 $C_v \leqslant$ 0.2(相当于飞机以最大爬升速率从 0 上升到 1 所需标称化时间为 5 个单位)。

C_a 为飞机改变升降速率的能力,随高度增大呈衰减指数函数变化,取值域为 $[0,1]$,即 $C_a \leqslant 1$(相当于使飞机升降速率变化 0.2,需要标称化时间 0.2 个单位)。

u 为指令升降加速率,取值域为$[-1,1]$,即$|u| \leqslant 1$。

v 为飞机标称化重力,取值域为$[0.6,0.4]$。

$$\left.\begin{array}{l} \dot{x}_1 = C_v \bar{x}_2, \quad x_1(0) = 0 \\[2mm] C_v = \begin{cases} 0, & x_1 < 0 \\ 0.2\mathrm{e}^{-x_1}, & x_1 \geqslant 0 \end{cases} \\[4mm] \bar{x}_2 = \begin{cases} x_2, & |x_2| < 1 \\ 1 \cdot \mathrm{sgn}(x_2), & |x_2| \geqslant 1 \end{cases} \\[4mm] \dot{x}_2 = \begin{cases} 0, & x_1 < 0, x_2(0) = 0 \\ C_a \bar{u} - v, & x_1 \geqslant 0 \end{cases} \\[4mm] C_a = \begin{cases} 0, & x_1 < 0 \\ \mathrm{e}^{-0.6x_1}, & x_1 \geqslant 0 \end{cases} \\[4mm] \bar{u} = \begin{cases} u, & |u| < 1 \\ 1 \cdot \mathrm{sgn}(u), & |u| \geqslant 1 \end{cases} \\[4mm] v = 0.6 - 0.0001t \end{array}\right\} \quad (6.2.1)$$

状态可主动转移性及飞机升限如下。

由 $y = y_1 = x_1$ 导出 $\dot{y} = \dot{y}_1 = \dot{x}_1 = C_v x_2$,且

$$\dot{y}^{[1]} = \dot{y}_1^{[1]} = \dot{x}_1^{[1]} = C_v \dot{x}_2 = C_v(C_a u - v)$$

含 u。再由 $\dot{y}^{[1]} = 0$ 解得

$$u = v/C_a = v/\mathrm{e}^{-0.6x_1}$$

只要飞机自动起飞的升限高度 x_{10},使得不等式:

$$v/\mathrm{e}^{-0.6x_1} < U$$

成立,则飞机的飞行状态是完全可主动转移的。或者说,飞行状态要想完全可主动转移,必须使不等式:

$$x_{10} < x_{1\max}$$

成立。$x_{1\max}$ 是飞机升限高度(最大飞行高度,即 x_1 的取值边界),x_{10} 为飞行目的状态。飞机的最大飞行高度发生在飞机重量最小,$u = \bar{u} = 1$,且系统增大上升速率的能力为零,即

$$\dot{x}_2 = \mathrm{e}^{-0.6x_{1\max}} - v_{\min} = 0$$

由上式导出

$$x_{1\max} = \ln(1/v_{\min})/0.6$$

将 $v_{\min}=0.5$ 代入上式，得飞机升限为

$$x_{1\max}=1.155$$

6.2.2 升降能力分析

飞机升降速率的表达式：

$$C_v=\begin{cases}0, & x_1<0\\ 0.2\mathrm{e}^{-x_1}, & x_1\geqslant0\end{cases}$$

随高度的变化如图 6.2.1 所示。S 为 $\dot{x}_1$ 最大取值边界，S_R 是 S 的一部分，即 $S_R=\xi S$，ξ 为指令路径升降速率使用权限。

飞机升降加速率的表达式：

$$C_a=\begin{cases}0, & x_1<0\\ \mathrm{e}^{-0.6x_1}, & x_1\geqslant0\end{cases}$$

随高度的变化如图 6.2.2 所示。A 为 $\dot{x}_1^{[1]}$ 最大取值边界，$A_R=\zeta A$ 为指令路径取值域，ζ 为指令路径升降加速率使用权限。

式(6.2.1)中 u 为控制指令，$\bar{u}$ 为有界控制物理量，用来改变飞机的升降速率，控制飞机的上升或下降。

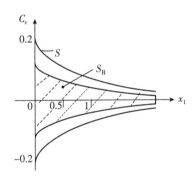
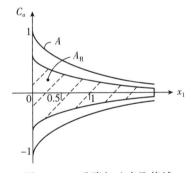

图 6.2.1　升降速率取值域　　　　　图 6.2.2　升降加速率取值域

6.3　飞机自动起飞指令路径

6.3.1　系统状态方程

将起飞问题的系统动力学模型式(6.2.1)缩写为

$$\dot{x}=f(x,u,v,t),\quad x(t_0)=x_0 \tag{6.3.1}$$

式中

$$x=[x_1\quad x_2]^\mathrm{T},\quad f(\cdot)=[f_1(\cdot)\quad f_2(\cdot)]^\mathrm{T},\quad f_1(\cdot)=\begin{cases}C_v x_2, & |x_2|<1\\ C_v, & |x_2|\geqslant1\end{cases}$$

$$f_2(\cdot)=\begin{cases}C_a u-v, & |x_1|\geqslant0,|u|<1\\ C_a-v, & |x_1|\geqslant0,|u|\geqslant1\end{cases}$$

将相对机场跑道高度 x_1 取为系统状态 y,得系统状态方程:

$$\left.\begin{array}{l}\dot{x}=f(x,u,v,t), \quad x(t_0)\\ y=g(x)=x_1\end{array}\right\}$$

目的状态、目的距离分别为

$$y_O=x_{1O}, \quad d=x_{1O}-x_1(t)$$

式中,目的状态必须选定在飞行升限之内,即满足不等式: $x_{1O}<x_{1\max}$ 的要求。否则,目的状态不可能及驻。

6.3.2 指令路径

飞机自动起飞指令路径为单一指令路径,它是目的距离 d_1 的函数。指令路径分析综合的第一步是根据起飞指令路径的实用要求,拟定指令路径函数。起飞指令路径的实用要求是尽可能快地由初始状态上升到目的状态。为此,指令路径函数拟定为

$$h(d)=\begin{cases}\xi C_v, & |d|\geqslant d_1\\ kd, & |d|<d_1\end{cases} \tag{6.3.2a}$$

或

$$h(d)=\begin{cases}\xi C_v, & |d|\geqslant d_1\\ kd^2\mathrm{sgn}(d), & |d|<d_1\end{cases} \tag{6.3.2b}$$

如图 6.3.1 所示。式中

$$0<\xi\leqslant1, \quad d=x_{1O}-x_1, \quad k>0$$

第二步,检验指令路径函数初型的可及驻性。容易看出由式(6.3.2)所确定的指令路径是可及驻的,理由是它满足可及驻条件:

$$dh(d)>0, \quad \forall d\neq0, \quad dh(d)=0, \quad d=0$$

所以,只要路径调控控制能保证系统沿指令路径转移,系统便可以由当前状态转移到并驻留在目的状态。

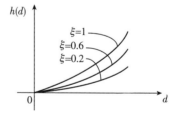

图 6.3.1 起飞指令路径函数

6.3.3 指令路径参数确定

指令路径式(6.3.2)由两段连续的基本路径函数组成,即

$$h_1(d)=\xi C_v, \quad |d|\geqslant d_1, \quad h_2(d)=kd, \quad |d|<d_1$$

只要 $d=d_1$,则 $h_1(d_1)=h_2(d_1)$,即

$$0.2\xi e^{d_1-1}=kd_1$$

指令路径式(6.3.2)是连续的。进而由上式得

$$k=0.2\xi e^{d_1-1}/d_1 \tag{6.3.3a}$$

上式表明,当 $d_1=1$ 时,k 取值为 $k=0.2\xi$,当 $d_1=0$ 时,k 取值为 $k=\infty$。故 k 的取值域为 $(0.2\xi,\infty)$。

　　通过分析指令路径转移速率的可实现性,进一步界定指令路径参数的取值范围。由图6.2.1可知,系统状态转移速率的取值域 S_R 为图中的阴影部分,从指令路径函数式(6.3.2)看出,如果

$$kd\leqslant\xi C_v=S_R$$

则

$$h(d)\subseteq S_R$$

因而得指令路径状态转移速率限制条件:

$$k\leqslant 0.2\xi e^{d-1}/d, \quad |d|<d_1 \tag{6.3.3b}$$

　　通过分析指令路径加速率的可实现性,进一步明确指令路径参数的取值范围。从指令路径函数式(6.3.2)导出系统状态转移指令加速度:

$$\frac{\mathrm{d}}{\mathrm{d}t}h(d)=\frac{\partial}{\partial d}h(d)\dot{d}$$

$$=\begin{cases}\xi\times 0.2(d)e^{d-1}\dot{d}, & |d|\geqslant d_1 \\ k\dot{d}, & |d|<d_1\end{cases}$$

$$=\begin{cases}\xi\times 0.2(1-x_1)e^{-x_1}(-\dot{x}_1), & |d|\geqslant d_1 \\ k(-\dot{x}_1), & |d|<d_1\end{cases}$$

$$=\begin{cases}0.04\xi(1-x_1)e^{-2x_1}, & |d|\geqslant d_1 \\ -0.2ke^{-x_1}, & |d|<d_1\end{cases}$$

由图6.2.2看出,系统状态转移加速率取值域 A_R 为图中的阴影区。当 $|d|\geqslant d_1$ 时,因为

$$0.04\xi(1-x_1)<1, \quad 且\ e^{-2x_1}<e^{-0.6x_1}$$

必有

$$\left|\frac{\mathrm{d}}{\mathrm{d}t}h(d)\right|=0.04\xi(1-x_1)e^{-2x_1}\leqslant|C_a|=e^{-0.6x_1}$$

当 $|d|<d_1$ 时,为使

$$\left|\frac{\mathrm{d}}{\mathrm{d}t}h(d)\right|=0.2ke^{-x_1}\leqslant|C_a|=e^{-0.6x_1}$$

指定 $x_{10}=1$ 的条件下,需要以下不等式成立,即

$$k\leqslant(e^{-0.6x_1})/(0.2e^{-x_1})=5e^{0.4(1-d)} \tag{6.3.3c}$$

适合等式(6.3.3a)同时又使不等式(6.3.3b)和不等式(6.3.3c)成立的解,确定为指令路径参数 k、ξ、d_1 的取值。

或许依据指令路径函数式(6.3.2a)导出的设计指令路径参数的上述公式,计算出的参数 d_1 过大。若想减小 d_1,则可改变指令路径函数为式(6.3.2b),即

$$\dot{y}_R = \begin{cases} \xi C_v, & |x_1| \geqslant d_1 \\ kd^2 \operatorname{sgn}(d), & |x_1| < d_1 \end{cases}$$

可以使按上式解出的 d_1,小于按式(6.3.2a)解出的 d_1。

6.4　飞机自动起飞路径调控

6.4.1　线性化路径动力学方程

起飞问题的路径动力学方程为

$$\left.\begin{aligned} \dot{Y} &= \lambda Y + \mu \\ Z &= \eta Y \end{aligned}\right\} \tag{6.4.1}$$

式中

$$\left.\begin{aligned} Y &= \dot{y}_1 = C_v x_2 \\ \lambda &= 0 \\ \mu &= C_v(C_a u - v) = 0.2 e^{-1.6x_1} u - 0.2 e^{-x_1} v \\ \eta &= I \end{aligned}\right\}$$

由式(6.4.1)可得,以指令路径为平衡状态线性化路径动力学方程:

$$\left.\begin{aligned} \Delta \dot{Y} &= \lambda_x \Delta x + \beta \Delta u + \gamma \Delta v \\ \Delta Z &= \eta \Delta Y \end{aligned}\right\} \tag{6.4.2}$$

式中

$$\Delta Y = \Delta \dot{y}_1$$

$$\lambda_x = \frac{\partial \mu}{\partial x}\bigg|_{\substack{x=x_R \\ u=u_R \\ v=v_R}} = [-0.32 u_R e^{-1.6x_{1R}} + 0.2 e^{-x_{1R}} v_R \quad 0] = [\lambda_{11} \quad \lambda_{12}]$$

$$\beta = \frac{\partial \mu}{\partial u}\bigg|_{\substack{x=x_R \\ u=u_R \\ v=v_R}} = C_v C_a = 0.2 e^{-x_{1R}} e^{-0.6x_{1R}} = 0.2 e^{-1.6x_{1R}}$$

$$\gamma = \frac{\partial \mu}{\partial v}\bigg|_{\substack{x=x_R \\ u=u_R \\ v=v_R}} = 0.2 e^{-x_{1R}}$$

将 ΔY、λ_x、β、γ 代入式(6.4.2)得

$$\left.\begin{aligned} \Delta \dot{y}_1^{[1]} &= \lambda_{11} \Delta y_1 + \beta \Delta u - \gamma \Delta v \\ \Delta z &= \Delta \dot{y} \end{aligned}\right\}$$

配平摄动路径动力学方程为

$$\left.\begin{aligned} \Delta \dot{y}_1^{[1]} &= \lambda_{11} \Delta y_1 + \beta u + w \\ \Delta Z &= \Delta \dot{y}_1 \end{aligned}\right\} \tag{6.4.3}$$

式中

$$w = \beta u_R + \gamma v$$

经分析可知,式(6.4.3)是路径可调控的。

6.4.2 线性化控制动力学方程

飞机自动起飞路径调控控制,也可以通过线性化控制动力学方程来设计。系统(式(6.3.1))以指令路径为平衡状态的线性化动力学方程为

$$\left.\begin{array}{l} \Delta \dot{x} = A \Delta x + B \Delta u + C \Delta v, \quad \Delta x(t_0) \\ \Delta \dot{y} = D \Delta \dot{x} \end{array}\right\} \tag{6.4.4}$$

式中

$$A = \frac{\partial}{\partial x} f(\,\cdot\,) = \left[\begin{array}{cc} \dfrac{\partial f_1(\,\cdot\,)}{\partial x_1} & \dfrac{\partial f_1(\,\cdot\,)}{\partial x_2} \\[2mm] \dfrac{\partial f_2(\,\cdot\,)}{\partial x_1} & \dfrac{\partial f_2(\,\cdot\,)}{\partial x_2} \end{array}\right]\Bigg|_{\substack{x=x_R\\u=u_R\\v=v_R}} = \left[\begin{array}{cc} -0.2 x_{1R} x_{2R} e^{-x_{1R}} & 0.2 e^{-x_{1R}} \\ -0.6 x_{1R} e^{-0.6 x_{1R}} & 0 \end{array}\right]$$

$$= \left[\begin{array}{cc} a_{11} & a_{12} \\ a_{21} & 0 \end{array}\right]$$

$$B = \frac{\partial}{\partial u} f(\,\cdot\,) = \left[\begin{array}{c} \dfrac{\partial f_1(\,\cdot\,)}{\partial u} \\[2mm] \dfrac{\partial f_2(\,\cdot\,)}{\partial u} \end{array}\right]\Bigg|_{\substack{x=x_R\\u=u_R\\v=v_R}} = \left[\begin{array}{c} 0 \\ e^{-0.6 x_{1R}} \end{array}\right] = \left[\begin{array}{c} 0 \\ b_{21} \end{array}\right]$$

$$C = \frac{\partial}{\partial v} f(\,\cdot\,) = \left[\begin{array}{c} \dfrac{\partial f_1(\,\cdot\,)}{\partial v} \\[2mm] \dfrac{\partial f_2(\,\cdot\,)}{\partial v} \end{array}\right]\Bigg|_{\substack{x=x_R\\u=u_R\\v=v_R}} = \left[\begin{array}{c} 0 \\ -1 \end{array}\right] = \left[\begin{array}{c} 0 \\ c_{21} \end{array}\right]$$

$$D = \frac{\partial g(x)}{\partial x} = \left[\begin{array}{cc} \dfrac{\partial g(x)}{\partial x_1} & \dfrac{\partial g(x)}{\partial x_2} \end{array}\right]\Bigg|_{\substack{x=x_R\\u=u_R\\v=v_R}} = \left[\begin{array}{cc} 1 & 0 \end{array}\right] = \left[\begin{array}{cc} D_{11} & 0 \end{array}\right]$$

由式(6.4.4)得

$$\Delta \dot{x}_1 = a_{11} \Delta x_1 + a_{12} \Delta x_2 \tag{6.4.5}$$

分析 $a_{11} \Delta x_1$ 和 $a_{12} \Delta x_2$ 的表达式,在路径调控期间(t_{RC}),有 $\Delta x_1 \ll \Delta x_2$,且 $a_{11} \ll a_{12}$。故式(6.4.5)可简化为

$$\Delta \dot{x}_1 \approx a_{11} \Delta x_1$$

对上式微分得

$$\Delta \dot{x}_1^{[1]} \approx a_{12} \Delta \dot{x}_2 \tag{6.4.6}$$

由式(6.4.4)得另一个等式:

$$\Delta \dot{x}_2 = a_{21} \Delta x_1 + b_{21} \Delta u + c_{21} \Delta v$$

代入式(6.4.4),得线性化动力学方程:

$$\Delta \dot{x}_1^{[1]} = a_{12}a_{21}\Delta x_1 + a_{12}b_{21}\Delta u + a_{12}c_{21}\Delta v$$

将 u_R、v_R 合并,加入外扰动,上式可改写为

$$\Delta \dot{x}_1^{[1]} = a_{12}a_{21}\Delta x_1 + a_{12}b_{21}u + a_{12}w \tag{6.4.7}$$

6.4.3　自动起飞路径调控控制

采取路径配平调控,具有配平能力的调控控制为

$$u = k_P \Delta \dot{e} + k_I \int \Delta \dot{e}\, dt \tag{6.4.8}$$

式中,$\Delta \dot{e} = \Delta \dot{y}_R - \Delta \dot{y}$。当 $d \geqslant d_1$ 时,有

$$\begin{aligned}
\Delta \dot{y}_R &= \left[\frac{\partial}{\partial d} h(d) \right] \Delta d = 0.2\xi d e^{d-1} \Delta d \\
&= 0.2\xi(1-x_{1R})e^{-x_{1R}}(-\Delta x_1) \\
&= -0.2\xi(1-x_{1R})e^{-x_{1R}}\Delta x_1 \\
&= a_u \Delta x_1, \quad \Delta \dot{y} = \Delta \dot{x}_1
\end{aligned}$$

一并代入式(6.4.8)得

$$u = k_P a_u \Delta x_1 - k_P \Delta \dot{x}_1 + k_I \int a_u \Delta x_1\, dt - k_I \int \Delta \dot{x}_1\, dt$$

将 u 代入式(6.4.7)并微分两次,当 w 为常值或缓慢变化的量时,得闭环调控系统:

$$\begin{aligned}
\Delta \dot{x}_1^{[3]} &= a_{12}a_{21}\Delta \dot{x}_1^{[1]} + a_{12}b_{21}k_P a_u \Delta \dot{x}_1^{[1]} - a_{12}b_{21}k_P \Delta \dot{x}_1^{[2]} \\
&\quad + a_{12}b_{21}k_I a_u \Delta x_1 - a_{12}b_{21}k_I \Delta \dot{x}_1^{[1]}
\end{aligned}$$

整理后得闭环调控系统方程:

$$\Delta \dot{x}_1^{[3]} + a_{12}b_{21}k_P \Delta \dot{x}_1^{[2]} + (a_{12}b_{21}k_I - a_{12}a_{21} - a_{12}b_{21}k_P a_u)\Delta \dot{x}_1^{[1]} - a_{12}b_{21}k_I a_u \Delta \dot{x}_1 = 0$$

或表示为

$$\Delta \dot{x}_1^{[3]} + a_{c1}\Delta \dot{x}_1^{[2]} + a_{c2}\Delta \dot{x}_1^{[1]} + a_{c3}\Delta \dot{x}_1 = 0 \tag{6.4.9}$$

式中

$$\left.\begin{aligned}
a_{c1} &= a_{12}b_{21}k_P = 0.2e^{-1.6x_{1R}}k_P \\
a_{c2} &= a_{12}b_{21}k_I - a_{12}a_{21} - a_{12}b_{21}k_P a_u \\
&= 0.2e^{-1.6x_{1R}}[k_I - 1 + 0.2\xi(1-x_{1R})e^{-x_{1R}}k_P] \\
a_{c3} &= -a_{12}b_{21}k_I a_u = 0.04\xi(1-x_{1R})e^{-2.6x_{1R}}k_I
\end{aligned}\right\}$$

对于不同的 x_{1R} 值,闭环调控系统方程系数的表达式如表 6.4.1 所示。从表 6.4.1 中 a_{c1}、a_{c2}、a_{c3} 的表达式看出,路径调控闭环系统的动态特性与 x_{1R}、ξ、k_P、k_I 有关。如果想要路径调控系统保持动态特性不变,调控器参数 k_P、k_I 必须依据 x_{1R} 的变化而变化。

表 6.4.1 路径调控系统方程系数与 x_{1R} 的关系

x_{1R}	0	0.5	0.8
a_{c1}	$0.2k_P$	$0.08987k_P$	$0.0556k_P$
a_{c2}	$0.2(k_1+0.2\xi k_P-1)$	$0.08987(k_1+0.06065\xi k_P-1)$	$0.0556(k_1+0.01797\xi k_P)$
a_{c3}	$0.04\xi k_1$	$0.005451\xi k_1$	$0.000999\xi k_1$

若调控参数 k_P、k_1 保持常值,则系统动态特性随 x_{1R} 的变化而改变。表 6.4.2 是当

$$\left.\begin{array}{l} k_P=15 \\ k_1=100 \\ \xi=0.75 \end{array}\right\}$$

时的闭环系统特征值随 x_{1R} 的变化情况。三个特征值中含有一对复根和一个实根,可推测它们分别代表了飞机升降速度和高度的摄动运动。可以看出,随 x_{1R} 增大,飞机升降速度摄动运动的动态过程变化不大,高度摄动运动的动态过程将变得缓慢。

表 6.4.2 闭环调控系统特征值与 x_{1R} 的关系

x_{1R}	0	0.5	0.8
a_{c1}	3	1.348	0.834
a_{c2}	20.25	8.958	5.516
a_{c3}	3	0.4088	0.07493
$\lambda_{1,2}$	$-0.4798\pm\text{j}2.8914$	$-0.6510\pm\text{j}2.9111$	$-0.4102\pm\text{j}2.3099$
λ_3	-0.3484	-0.0459	-0.0136

如果减小指令路径对状态转移速率的使用权限,使参数变为

$$\left.\begin{array}{l} k_P=15 \\ k_1=100 \\ \xi=0.4 \end{array}\right\}$$

闭环系统特征值随 x_{1R} 的变化如表 6.4.3 所示。可以看出,当指令路径的速率使用权限 ξ 下降后,用在路径调控的速度份额大了,飞机升降速率摄动运动的调控过程变快,而用在指令路径上的速度份额小了,高度摄动运动的动态过程变得缓慢。

表 6.4.3 指令路径转移速率使用权限对特征值的影响

x_{1R}	0	0.5	0.8
a_{c1}	3	1.344	0.834
a_{c2}	19.92	8.929	3.998
a_{c3}	1.6	0.2180	0.0594
$\lambda_{1,2}$	$-1.459\pm\text{j}4.189$	$-0.6957\pm\text{j}2.909$	$-0.4095\pm\text{j}1.954$
λ_3	-0.0817	-0.0245	-0.0149

改变调控指令参数 k_P、k_I 的比例关系,会影响调控系统的速率调控过程的阻尼比。当

$$\left.\begin{array}{l} k_P = 20 \\ k_I = 100 \\ \xi = 0.75 \end{array}\right\}$$

时,闭环系统特征值随 x_{1R} 的变化如表 6.4.4 所示。可以看出,增大比值 k_P/k_I,可使调控系统的低、中空速率调控过程的阻尼比增大。当 $d < d_1$ 后,有

$$\Delta \dot{y}_R = \left[\frac{\partial}{\partial d} h(d)\right] \Delta d = -k \Delta x_1 = a_u \Delta x_1$$

表 6.4.4　比值 k_P/k_I 对特征值的影响

x_{1R}	0	0.5	0.8
a_{c1}	4	1.7974	0.8076
a_{c2}	20.4	8.978	3.998
a_{c3}	3	0.4088	0.1114
$\lambda_{1,2}$	$-1.9243 \pm j4.0143$	$-0.8757 \pm j2.8514$	$-0.3898 \pm j1.955$
λ_3	-0.1514	-0.0459	-0.0280

将 $a_u = -k$ 代入式(6.4.6)的各系数表达式得

$$\left.\begin{array}{l} a_{c1} = 0.2 e^{-1.6 x_{1R}} k_P \\ a_{c2} = 0.2 e^{-1.6 x_{1R}} (k_I - 1 + k k_P) \\ a_{c3} = 0.2 e^{-1.6 x_{1R}} k k_I \end{array}\right\}$$

给定以下参数值:

$$\left.\begin{array}{l} x_{1R} = 1 \\ k_P = 15 \\ k_I = 100 \\ k = 0.352 \end{array}\right\}$$

a_{c1}、a_{c2}、a_{c3} 的值分别变为

$$\left.\begin{array}{l} a_{c1} = 0.6057 \\ a_{c2} = 8.540 \\ a_{c3} = 1.421 \end{array}\right\}$$

相应的闭环特征值变为

$$\left.\begin{array}{l} \lambda_{1,2} = -0.2189 \pm j2.901 \\ \lambda_3 = -0.1678 \end{array}\right\}$$

从特征值看出,系统接近目的状态时,调控系统仍是稳定的,但比低空调控过程慢了许多。

6.5　飞机自动起飞路径控制系统性能验证

目的:验证飞机自动起飞路径控制系统,能否达到预期的控制效果。

数学模型:如式(6.5.1)所示,其中包括飞机、指令路径、路径调控控制模型等。

$$
\left.
\begin{aligned}
&\dot{x}_1 = C_v \bar{x}_2, \quad x_1(0) = 0 \\
&\bar{x}_2 = \begin{cases} x_2, & |x_2| < 1 \\ 1 \cdot \mathrm{sgn}(x_2), & |x_2| \geqslant 1 \end{cases} \\
&\dot{x}_2 = \begin{cases} 0, & x_1 < 0, x_2(0) = 0 \\ C_a \bar{u} - v, & x_1 \geqslant 0 \end{cases} \\
&C_a = \begin{cases} 0, & x_1 < 0 \\ \mathrm{e}^{-0.6x_1}, & x_1 \geqslant 0 \end{cases} \\
&C_v = \begin{cases} 0, & x_1 < 0 \\ 0.2\mathrm{e}^{-x_1}, & x_1 \geqslant 0 \end{cases}
\end{aligned}
\right\}
\tag{6.5.1a}
$$

$$
\left.
\begin{aligned}
&\bar{u} = \begin{cases} u, & |u| < 1 \\ 1 \cdot \mathrm{sgn}(u), & |u| \geqslant 1 \end{cases} \\
&v = \begin{cases} 0.4 - 0.0001t, & x_1 \geqslant 0 \\ 0, & x_1 < 0 \end{cases} \\
&u = k_P \dot{e} + k_1 \int \dot{e}\,\mathrm{d}t \\
&\dot{e} = \dot{y}_R - \dot{y} \\
&\dot{y}_R = \begin{cases} \xi C_v = 0.2\xi \mathrm{e}^{-x_1}, & |x_{10} - x_1| \geqslant d_1 \\ kd = k(x_{10} - x_1), & |x_{10} - x_1| < d_1 \end{cases} \\
&\dot{y} = x_1 \\
&x_{10} = 1
\end{aligned}
\right\}
\tag{6.5.1b}
$$

仿真结果:当指令路径和调控控制为

$$
\left.
\begin{aligned}
&h(d) = \begin{cases} 0.2\mathrm{e}^{-x_1}, & |d| \geqslant 0.2 \\ d, & |d| < 0.2 \end{cases} \\
&u = 20\Delta \dot{e} + 100 \int \Delta \dot{e}\,\mathrm{d}t
\end{aligned}
\right\}
\tag{6.5.2}
$$

时,飞机自动起飞路径控制系统仿真结果记录于图 6.5.1。曲线 $x_1(t)$ 为飞机升空过程,$\dot{x}_1(t)$ 代表飞机上升速率,u 反映飞机上升过程中路径控制指令的大小。在开始及 $d = 0.2$ 的指令路径连接处,$\dot{x}_1(t)$ 有较大误差,u 达到最大值,系统处于路径不可调控,其余阶段符合期望的变化过程。

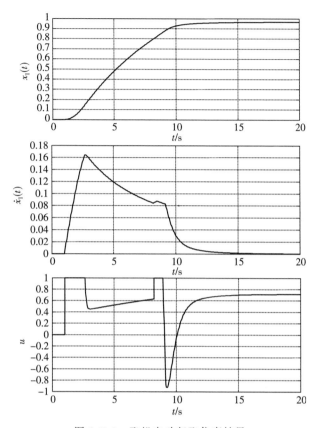

图 6.5.1　飞机自动起飞仿真结果

欲想减小 $\dot{x}_1(t)$ 的误差,缩短路径不可调控的时间,简单的办法是减小指令路径的状态转移速率使用权限,放慢飞机上升过程。为此给出两组指令路径和路径调控器参数,其中一组为式(6.5.3),对应的仿真结果表示于图 6.5.2。图中 $\dot{x}_1(t)$ 的误差明显减小,u 达到最大值的时间缩短,系统路径不可调控的时间比例下降。

$$h(d) = \begin{cases} 0.5 \times 0.2\mathrm{e}^{-x_1}, & |d| \geqslant 0.3 \\ 0.2d, & |d| < 0.3 \end{cases}$$
$$u = k_\mathrm{P}\Delta\dot{e} + k_\mathrm{I}\int\Delta\dot{e}\mathrm{d}t$$

(6.5.3)

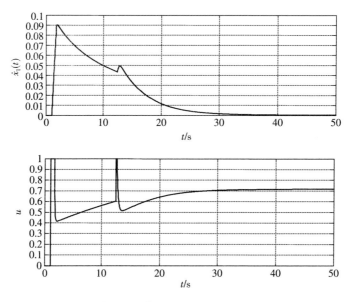

图 6.5.2　减小升速使用权限对路径不可调控的影响

升速使用权限进一步减小,指令路径变为式(6.5.4),仿真结果表示于图 6.5.3。图中 $\dot{x}_1(t)$、$u(t)$ 连续平缓,路径全程近似可调控。

$$h(d) = \begin{cases} 0.2 \times 0.2\mathrm{e}^{-x_1}, & |d| \geqslant 0.4 \\ 0.05d, & |d| < 0.4 \end{cases}$$

$$u = k_\mathrm{P}\Delta\dot{e} + k_\mathrm{I}\int\Delta\dot{e}\,\mathrm{d}t$$

(6.5.4)

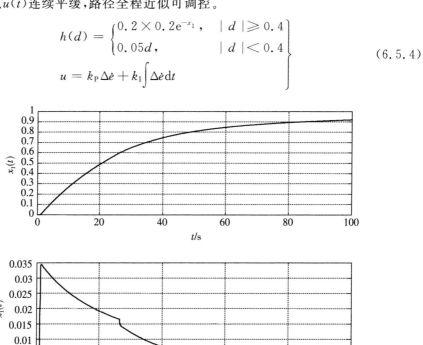

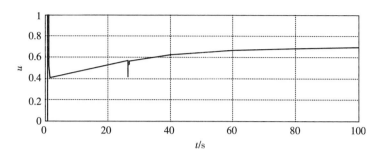

图 6.5.3　减小指令路径升速使用权限对系统路径不可调控的影响

结论：飞机自动起飞控制问题，对于无路径约束的控制模式，很难以系统稳定性为控制目标，通过求解非线性微分方程(式(6.6.1))的方法获取控制 u。然而，用路径约束式控制模式，可以容易地使飞机自动起飞控制问题得到解决。

6.6　飞机自动着陆路径控制问题的提法

飞机自动着陆和飞机自动起飞的初始状态和目的状态相反，似乎两者互为逆过程。然而，实用性要求使着陆路径复杂了许多，导致两者的指令路径不同，路径调控控制也不同。

6.6.1　飞机着陆动力学模型

飞机自动着陆与飞机自动起飞具有相同的动力学方程：

$$\left.\begin{array}{l}\dot{x}_1 = 0.2\mathrm{e}^{-x_1}\bar{x}_2, \quad x_{10} = 1 \\[2mm] \bar{x}_2 = \begin{cases} x_2, & |x_2| < 1 \\ 1 \cdot \mathrm{sgn}(x_2), & |x_2| \geqslant 1 \end{cases} \\[4mm] \dot{x}_2 = \mathrm{e}^{-0.6x_1}\bar{u} - v, x_{20} = 0 \\[2mm] \bar{u} = \begin{cases} u, & |u| < 1 \\ 1 \cdot \mathrm{sgn}(u), & |u| \geqslant 1 \end{cases} \\[4mm] v = 0.4 - 0.001t \\[2mm] y = x_1 \end{array}\right\} \qquad (6.6.1)$$

式中

$$0 \leqslant x_1 < x_{1\max}, \quad x_{1\max} = 1.155, \quad |x_2| \leqslant 1, \quad |u| \leqslant 1$$

$\bar{u}$、v、y 分别表示抽象化的海拔高度、升限、高度变化速率、控制指令、控制物理量、时变的重量、系统状态。系统变量、系统初始状态(高度初值)、系统目的状态(机场跑道海拔高度)分别为

$$x = \begin{bmatrix} x_1 & x_2 \end{bmatrix}^{\mathrm{T}}, \quad y(t_0) = x_{10} = 1, \quad y_{\mathrm{O}} = x_{10} = 0.1$$

　　模型表明：飞机的升降速度 $\dot{x}_1$ 及改变升降速度的能力 $\bar{u}$ 是随高度的增大呈指数型函数下降的。

6.6.2　自动着陆路径控制的提法

　　飞机自动着陆路径控制问题是寻求在 $t\in[0,t_{\mathrm{f}})$ 期间可以将飞机从 $y(t_0)=1$ 引导到并驻留在 $x_{1\mathrm{O}}=0.1$ 的，符合及驻性、适用性、可实现性要求的指令路径 $\dot{x}_{1\mathrm{R}}=h(d_1)$，以及能将系统维持在指令路径上运行的路径调控控制 $\Delta u=q(\dot{x}_{1\mathrm{R}}-\dot{x}_1)$ 的非线性控制系统的综合问题。其中，$d_1=0.1-x_1$。

6.7　飞机自动着陆指令路径的分析综合

　　指令路径及实现指令路径所需要的控制是根据指令路径的实用要求，结合系统运行能力分析综合而成的。分析综合结果必须符合可及驻性、实用性、可实现性的要求。

6.7.1　飞机自动着陆指令路径的及驻性

　　回顾第 3 章内容。如果系统（式（6.6.1））在指令路径 $\dot{y}_{\mathrm{R}}=h(d)$ 的引导下，在 $t:[t_0,t_{\mathrm{f}})$ 期间，使得

$$\lim_{t\to t_{\mathrm{f}}}\|d(t)\|\leqslant\varepsilon_{\mathrm{R}} \tag{6.7.1}$$

成立，称 $\dot{y}_{\mathrm{R}}$ 是目的状态可及的；若 $t\geqslant t_{\mathrm{f}}$，仍有

$$\|d(t)\|\leqslant\varepsilon_{\mathrm{R}} \tag{6.7.2}$$

成立，称 $\dot{y}_{\mathrm{R}}$ 是目的状态可驻留的。同时满足式（6.7.1）和式（6.7.2）条件的 $\dot{y}_{\mathrm{R}}$ 称为可及驻。式中

$$\lim_{t\to t_{\mathrm{f}}}\|d(t)\|=\|d(t_{\mathrm{f}})\|$$
$$=[(d_{1\mathrm{f}})^2+(d_{2\mathrm{f}})^2+\cdots+(d_{l\mathrm{f}})^2]^{0.5}$$

为 $d(t_{\mathrm{f}})$ 的欧几里得范数，ε_{R} 为任意正小数。

6.7.2　飞机自动着陆指令路径的实用性

　　符合状态转移路径实用要求的指令路径称为实用。例如，图 6.7.1 表示抽象化飞机着陆高度预期变化过程。图中 x_1 的线段①、②、③、④分别表示降高、跑道对准、直线下滑、拉起着陆四个阶段。其中③、④是有意夸大了的两段关键过程。图 6.7.1 中的 $x_1(t)$ 是依据飞机着陆航路惯例拟定的，符合实用要求。满足实用性要求的指令路径由基本路径函数拟合而成。

　　可以看出，根据实用性要求所确定的图 6.7.1 所表示的飞机自动着陆指令路径，

比起飞机自动起飞指令路径要复杂得多。

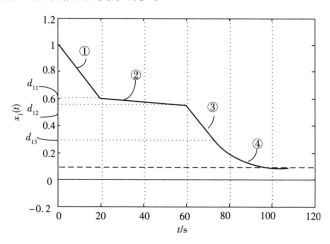

图 6.7.1　飞机着陆高度预期变化过程

6.7.3　飞机自动着陆指令路径函数的拟定

用基本路径函数拟合具有可及驻性、实用性的指令路径函数 $h(d)$。图 6.7.1 中，$x_1(t)$ 对应的指令路径函数 $h(d_1)$，可以用 h_1、h_2、h_3、cd_1 四段连接而成，即

$$h(d_1) = \begin{cases} h_1, & d_{11} \leqslant |d_1| \\ h_2, & d_{12} \leqslant |d_1| < d_{11} \\ h_3, & d_{13} \leqslant |d_1| < d_{12} \\ cd_1, & |d_1| < d_{13} \end{cases} \tag{6.7.3}$$

式中，h_1、h_2、h_3、c 的取值，必须满足指令路径的可及驻、可实现性条件。可实现性条件包含状态变化速率和指令路径控制两个方面。

6.7.4　指令路径状态转移速率的可实现性

回顾第 3 章内容。若指令路径界定的状态转移速率 $h(d)$ 满足条件：

$$h(d) \subseteq \Sigma_R = [S_{1R} \quad S_{2R} \quad \cdots \quad S_{lR}]^T$$

称指令路径状态转移速率是可实现的。式中，Σ_R 为指令路径状态转移速率 $h(d)$ 的取值域，是系统状态转移速率取值域：

$$\Sigma = [S_1 \quad S_2 \quad \cdots \quad S_l]^T$$

的子空间。状态转移速率的取值域由系统模型直接给出，或以控制总能耗的形式表示。两者有某种共性。

对于着陆系统(式(6.6.1))，有

$$0.2e^{-x_{1max}} \leqslant |S_1| \leqslant 0.2e^{-x_{1min}}, \quad \forall x_1 \in \{x_{1min}, x_{1max}\}$$

h_1、h_2、h_3、c_1 的选择满足可及驻性的同时,还必须满足以上指令路径状态转移速率的可实现性条件。

6.7.5 指令路径状态转移速率使用权限

回顾第 3 章内容。Σ 分成两部分:Σ_R 是其中一部分,用于指令路径;另一部分用于路径调控。Σ_R 所占比例大,系统状态由 $y(t_0)$ 转移至 y_O 的过程快速,但路径调控能力弱,指令路径不容易实现;Σ_R 所占比例小,系统状态由 $y(t_0)$ 转移至 y_O 的过程缓慢,但路径调控能力强,指令路径容易实现。假定

$$\Sigma_R = \xi \Sigma$$

式中

$$\xi = \mathrm{diag}(\xi_i), \quad i = 1, 2, \cdots, l$$

称为指令路径对系统状态转移速率的使用权限。其取值域为

$$0 < \xi_i < 1, \quad i = 1, 2, \cdots, l$$

当

$$\{\xi_i\}_{i=1}^l = 1$$

时,系统以最大状态转移速率转移,但完全失去了路径调控能力。当

$$\{\xi_i\}_{i=1}^l = 0$$

时,系统的路径调控能力最大,但系统状态不可能由 $y(t_0)$ 转移至 y_O。

根据系统模型的不确定性,规定指令路径对状态转移速率合理的使用权限是必要的。对于自动着陆控制系统,假定 $\xi_1 = 0.8$,则指令路径状态速率 $h(d_1)$ 的取值域为

$$0.05 \leqslant |S_{1C}| \leqslant 0.16, \quad \forall x_1 \in \{0, 1.155\} \tag{6.7.4}$$

$\dot{x}_{1R}$ 的取值域随高度的变化而变化,只要 $\dot{x}_{1R}$ 取值满足式(6.7.4)条件,则 $\dot{x}_{1R}$ 是可实现的。

6.7.6 指令路径控制的可实现性

回顾第 3 章内容。如果实现指令路径所需要的控制(指令路径控制)u_R 满足条件

$$u_R = \Phi(x_R, v_R) \subset U_R, \quad \forall d \in (0, d(t_0)) \tag{6.7.5}$$

则称指令路径的控制是可实现的。

否则,即

$$u_R = \Phi(x_R, v_R) \not\subset U_R, \quad \forall d \in (0, d(t_0)) \tag{6.7.6}$$

或 $\{F_i^{[D_i]}(\cdot)\}_{i=1,2,\cdots,l}$ 中有的或全部不含 u ,则指令路径的控制不可实现。

对于飞机自动着陆,有

$$F_i^{[1]}(\cdot)\big|_{i=1} = \dot{y}_1^{[1]} = \dot{x}_1^{[1]} = \mathrm{e}^{-0.6x_1} u - v$$

含 u。在指令路径上,有

$$\dot{y}_{1R}^{[1]} = \dot{h}(-x_{1R}) = e^{-0.6x_{1R}} u_R - v$$

要使指令路径的控制可实现,h_1、h_2、h_3、c 的选择,满足指令路径可及驻性、状态转移速率可实现的同时,指令路径的控制还必须可实现,即

$$|u_R| = |(\dot{h}(-x_{1R}) + v)/e^{-0.6x_{1R}}| < U_R \tag{6.7.7}$$

式中,U_R 是指令路径控制的允许取值域。

6.7.7　指令路径控制使用权限

回顾第 3 章内容,U_R 是 U 中的一部分,用于指令路径;另一部分用于路径调控。U_R 的比例大,可设计变化激烈的指令路径,但路径调控能力弱;U_R 的比例小,指令路径变化不可过于激烈,但调控过程快速,路径误差小。根据系统模型的不确定性,规定指令路径对控制的使用权限。假定

$$U_R = \zeta U$$

式中,$\zeta = \mathrm{diag}(\zeta_i)$,$i = 1, 2, \cdots, l$ 为指令路径对控制的使用权限。其取值域为

$$0 < \zeta_i < 1, \quad i = 1, 2, \cdots, l$$

对于飞机着陆控制系统,取 $\zeta_1 = 0.8$,则 $|U_R| = 0.8$。

6.7.8　指令路径的确定

依据可及驻性、实用性的要求拟定出指令路径函数,再依据可实现性及 t_f 的要求确定指令路径函数的各个参数,最终确定指令路径表达式 $h(d)$。

对于飞机着陆控制系统,指令路径确定为

$$\dot{x}_{1R} = h(d_1) = \begin{cases} -0.012, & 0.6 \leqslant |d_1| < 1 \\ -0.0012, & 0.55 \leqslant |d_1| < 0.6 \\ -0.03, & 0.2 \leqslant |d_1| < 0.55 \\ cd_1, & |d_1| < 0.2 \end{cases} \tag{6.7.8}$$

$\dot{x}_{1R}$ 前三段之间不连续可微,连接点处路径不可调控,造成较大路径误差 $\Delta \dot{x}_1(t)$。但高度较大,飞机不会出现危险。后两段连接点至少 $h(d_1)$ 连续,且 c 的取值需要合理,以满足小高度飞行条件下 $x_1(t)$ 的准确性要求。为了使 $h(d_1)$ 连续,确定 $c = 0.15$。

至此,容易说明以上 $\dot{x}_{1R}$ 是可及驻、实用的。是否可实现,需检查是否满足式(6.7.4)和式(6.7.7)的要求。对照 $\dot{x}_{1R}$ 与式(6.7.4),容易证实 $\dot{x}_{1R}$ 满足式(6.7.4)。是否满足式(6.7.7),需计算式(6.7.7)中的 $\dot{h}(d_1)$。除了连接点之外

$$\dot{h}(d_1) = \begin{cases} 0, & 0.2 \leqslant |d_1| < 1 \\ -c\dot{x}_{1R}(\Delta t), & |d_1| < 0.2 \end{cases}$$

式中

$$\dot{x}_{1R}(\Delta t) = \frac{\mathrm{d}}{\mathrm{d}t} d_{13} \mathrm{e}^{-c\Delta t} = -d_{13} c \mathrm{e}^{-c\Delta t}$$

式中，$\Delta t = 0$ 是第四段开始时间。将 $h(-x_1)$ 代入式（6.7.7），得

$$u_C = \begin{cases} v/\mathrm{e}^{-0.6x_{1C}}, & 0.2 \leqslant |d_1| < 1 \\ (d_{13} c^2 \mathrm{e}^{-c\Delta t} + v)/\mathrm{e}^{-0.6x_{1C}}, & |d_1| < 0.2 \end{cases} \tag{6.7.9}$$

前三段肯定有

$$|u_C| = v/\mathrm{e}^{-0.6x_{1C}} < U_C$$

其中第四段满足不等式：

$$\max\{u_C\} = \{(d_{13} c^2 \mathrm{e}^{-c\Delta t} + v)/\mathrm{e}^{-0.6x_{1C}}\} \Big|_{\substack{\Delta t=0 \\ x_{1C}=0.2}}$$

$$= 0.456 < 0.8$$

故 u_C 可以实现。

6.8　飞机自动着陆路径调控

路径调控控制的功能是使系统限制在指令路径上运行。它的调控对象是相对指令路径的线性化路径动力学方程。设计线性化路径动力学调控系统，可用成熟的误差控制方法。

6.8.1　飞机自动着陆路径调控问题的表述

回顾第 4 章内容，指令路径 $\dot{y}_R$ 与实时状态速率 $\dot{y}$ 的差值：

$$\Delta \dot{y}(t) = \dot{y}_R(t) - \dot{y}(t)$$

称为路径误差。以 $\Delta \dot{y}(t)$ 形成调控控制：

$$\Delta u = q(\Delta \dot{y}(t))$$

用来改变 $\dot{y}$，使 $\dot{y}$ 趋于 $\dot{y}_R$，称为路径调控。Δu 称为路径调控控制，是控制 u 的一部分，总的控制为

$$u = u_R + \Delta u$$

如果使系统经由指令路径从 y_0 转移到 y_0，必须保证 $u_C \subset U_C$ 的同时，还必须保证：

$$\Delta u \subset (\dot{I} - \zeta)U$$

6.8.2　飞机自动着陆线性化路径动力学方程

将

$$Y = \dot{x}_1, \quad \lambda = 0, \quad \mu = \mathrm{e}^{-0.6x_1} u - v, \quad Z = \dot{x}_1, \quad \eta = 1$$

代入一般形式的路径动力学方程:

$$\left. \begin{aligned} \dot{Y} &= \lambda Y + \mu, \quad Y(t_0) = Y_0 \\ Z &= \eta Y \end{aligned} \right\}$$

式中

$$Y = [\, Y_1 \quad Y_2 \quad \cdots \quad Y_l \,]^{\mathrm{T}}$$

以及

$$\{Y_i\}_{i=1}^{l} = \{ \, [\, \dot{y}_i \quad \dot{y}_i^{[1]} \quad \cdots \quad \dot{y}_i^{[D_i - 1]} \,] \, \}_{i=1}^{l}$$

与 $\{F_i^{[D_i]}(\cdot)\}$ 之间的关系,得飞机自动着陆路径动力学方程:

$$\left. \begin{aligned} \frac{\mathrm{d}}{\mathrm{d}t} \dot{x}_1 &= \mathrm{e}^{-0.6x_1} u - v, \quad \dot{x}_{10} \\ \dot{y} &= \dot{x}_1 \end{aligned} \right\} \tag{6.8.1}$$

假定

$$y(t) = y_{\mathrm{R}}(t)$$

以 $y(t)$ 作为动平衡状态,对式(6.8.1)进行线性化,得一般形式的线性化路径动力学
方程为

$$\left. \begin{aligned} \Delta \dot{Y} &= \lambda \Delta Y + \lambda_x \Delta x + \beta \Delta u + \gamma \Delta v, \quad \Delta Y_0 \\ \Delta \dot{y} &= \eta \Delta Y \end{aligned} \right\}$$

将

$$\lambda_x = \left[\frac{\partial \mu}{\partial x} \right] \bigg|_{x = x_{\mathrm{R}}} = [\, -0.6\mathrm{e}^{-0.6x_{1R}} \quad 0 \,], \quad \Delta x = [\, 0 \quad \Delta x_2 \,]^{\mathrm{T}} \ (即 \, \lambda_x \Delta x = 0)$$

$$\beta = \left[\frac{\partial \mu}{\partial u} \right] \bigg|_{x = x_{\mathrm{R}}} = \mathrm{e}^{-0.6x_{1R}}, \quad \gamma = \left[\frac{\partial \mu}{\partial v} \right] \bigg|_{x = x_{\mathrm{R}}} = 1, \quad \Delta Y = \Delta \dot{x}_1, \quad \Delta Z = \Delta \dot{x}_1$$

代入上式,得飞机自动着陆线性化路径动力学方程:

$$\left. \begin{aligned} \frac{\mathrm{d}}{\mathrm{d}t} \Delta \dot{x}_1 &= \mathrm{e}^{-0.6x_{1C}} \Delta u - \Delta v, \quad \Delta \dot{x}_{10} \\ \Delta \dot{y} &= \Delta \dot{x}_1 \end{aligned} \right\} \tag{6.8.2}$$

6.8.3 飞机自动着陆路径调控控制设计

假定采取路径比例调控,即

$$\Delta u = -k \Delta \dot{x}_1$$

代入式(6.8.2),得飞机自动着陆路径调控控制闭环系统方程:

$$\frac{\mathrm{d}}{\mathrm{d}t} \Delta \dot{x}_1 = \mathrm{e}^{-0.6x_{1C}} (-k \Delta \dot{x}_1) - \Delta v, \quad \Delta \dot{x}_{10}$$

容易看出:只要误差增益 $k > 0$、Δv 不超出预期不确定范围,在 x_{10} 的取值域 $0 \sim 1$,调
控系统总是稳定的。为减小误差 $\Delta \dot{x}_1$ 及缩短路径调控时间 t_{RC},对于不允许存在抖振
的系统(如举例控制系统),只要不发生抖振,则应尽可能地增大 k,如

$$\Delta u = -1000\Delta \dot{x}_1 \tag{6.8.3}$$

允许抖振存在的系统(假如举例是其他类型的控制系统),可使 $k = \infty$。

6.9　飞机自动着陆路径控制系统性能验证

以仿真的方法验证飞机自动着陆路径控制系统性能。内容包括基本原理验证、调控参数对系统性能的影响和指令路径的可实现性等。

6.9.1　基本原理验证

将举例系统的路径控制综合结果 u_R、Δu、$\dot{x}_{1R}$ 结合在一起,便得飞机自动着陆路径控制系统的综合结果:

$$u = u_R + \Delta u$$

为简化控制 u 的表达形式,省去 u_R,利用闭环系统的自我调节能力,以 Δu 加以补偿,有

$$u \approx 1000(\dot{x}_{1R} - \dot{x}_1)$$

$$\dot{x}_{1R} = \begin{cases} -0.012, & 0.6 \leqslant |d_1| < 1 \\ -0.0024, & 0.55 \leqslant |d_1| < 0.6 \\ -0.03, & 0.2 \leqslant |d_1| < 0.55 \\ 0.15d_1, & |d_1| < 0.2 \end{cases} \tag{6.9.1}$$

结合系统模型(式(6.6.1)),对飞机着陆高度路径控制系统进行仿真,得表示于图 6.9.1 的仿真结果 $x_1(t)$。$x_1(t)$ 曲线表明:路径控制可使飞机离开初始高度,经由指令路径,转移到并稳定在跑道高度,变化过程符合要求。$\dot{x}_1(t)$ 的仿真结果表示于图 6.9.2 中,除了指令路径不连续处的误差 $\Delta \dot{x}_1(t)$ 较大,其余时间

$$\Delta \dot{x}_1(t) \approx 0$$

且

$$t_{RC} \ll t_f - t_0$$

$\bar{u}(t)$(即 $u(t)$)的仿真结果表示于图 6.9.3 中,其平均值代表了 $u_R(t)$,跃变量为 $\Delta u(t)$。

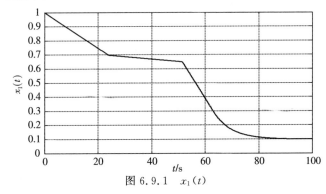

图 6.9.1　$x_1(t)$

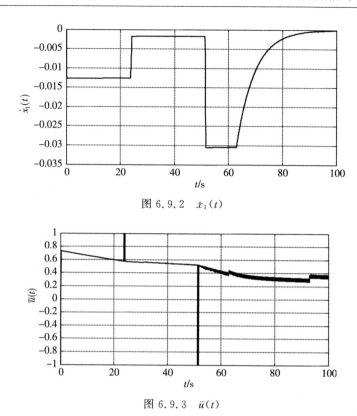

图 6.9.2　$\dot{x}_1(t)$

图 6.9.3　$\bar{u}(t)$

6.9.2　误差增益的影响

误差 P 控制的误差增益取值范围很大,因而系统的性能($\Delta\dot{x}_1$、t_{RC}、抖振)随误差增益变化而变化的程度也大。图 6.9.4 和图 6.9.5 分别是 $\dot{x}_{1R}$、u 的表达式与式(6.9.1)相同的条件下,k 取值不同的 $\Delta\dot{x}_1(t)$、$\Delta u(t)$ 仿真结果。可以看出,随 k 的增大,$\Delta\dot{x}_1$、t_{RC} 减小,抖振现象加剧,但不影响状态 $x_1(t)$ 的稳定性。减小 k 则效果相反。

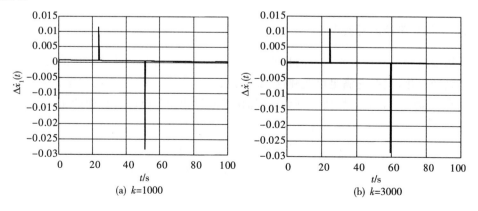

(a) $k=1000$　　　　　　　　　　　　(b) $k=3000$

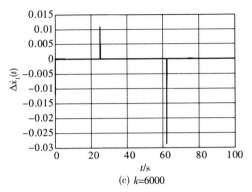

(c) $k=6000$

图 6.9.4　误差增益对 $\Delta \dot{x}_1$ 的影响

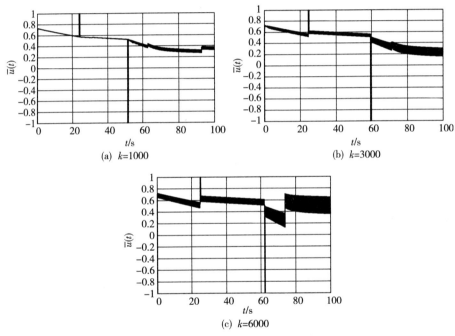

(a) $k=1000$　　　　　　　　　　　　　　(b) $k=3000$

(c) $k=6000$

图 6.9.5　误差增益对 $\bar{u}(t)$ 的影响

6.9.3　指令路径的可实现性

　　指令路径是路径控制系统的核心组成，它代表了系统状态转移路径的主要性质。指令路径变化，只要它满足可及驻性、实用性、可实现性的要求，新的状态转移路径将会具有希望赋予它的新性质。例如，为加快着陆过程，将式(6.9.1)中的 $\dot{x}_{1R}$ 改为

$$\dot{x}_{1R}=\begin{cases}-0.036, & 0.6 \leqslant |d_1| < 1 \\ -0.0036, & 0.55 \leqslant |d_1| < 0.6 \\ -0.09, & 0.2 \leqslant |d_1| < 0.55 \\ 0.45d_1, & |d_1| < 0.2\end{cases}$$

且 $k=1000$ 不变。分别表示于图 6.9.6 的 $x_1(t)$、$\dot{x}_1(t)$、$\bar{u}(t)$ 仿真结果表明:着陆过程快了,确实具有希望赋予它的新性质。

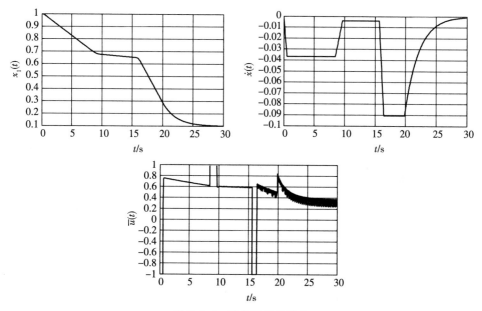

图 6.9.6 指令路径的影响

但是,将以上 $\dot{x}_{1R}$ 改为

$$\dot{x}_{1R}=\begin{cases}-0.036, & 0.6\leqslant|d_1|<1\\-0.0036, & 0.55\leqslant|d_1|<0.6\\-0.09, & 0.2\leqslant|d_1|<0.55\\3d_1, & |d_1|<0.03\end{cases}$$

即拉起高度 d_{13} 变小。虽然保持了指令路径的第四段的连续性,且调控控制:

$$u=1000(\dot{x}_{1R}-\dot{x}_1)$$

不变。由表示于图 6.9.7 的仿真结果 $x_1(t)$、$\dot{x}_1(t)$、$\Delta\dot{x}_1(t)$ 看出,着陆过程不具有希望赋予它的新性质,实际飞行路径的第四段出现撞地(超调)现象,指令路径不可实现。

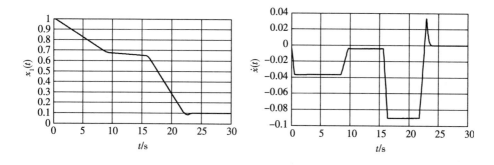

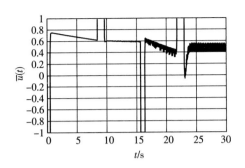

图 6.9.7　不可实现的指令路径

6.10　小　　结

　　按照路径控制的分析综合步骤,在分析系统运行能力的基础之上,确定了飞机自动起飞/着陆指令路径,路径调控控制,并进行了自动起飞/着陆过程的性能验证。结果说明路径控制具有以下特点。

　　(1) 用路径约束式控制模式可以分析综合出,诸如飞机自动起飞/着陆,状态大范围转移的非线性控制系统,使系统在预期的时间之内,由当前状态转移到目的状态。

　　(2) 指令路径由基本路径函数连接而成,路径函数拟订及参数确定灵活。

　　(3) 速度控制位置的预期控制方式,系统稳定裕度大,路径调控容易设计。

　　(4) 进行大范围状态转移,非线性系统所需要的控制,与初始和目的状态有关,目的状态不可全部指定为零态。

　　(5) 无路径约束的控制模式,难以用来求解同类型的控制问题。

第7章 复合指令路径控制系统
——飞机自动着陆空间运动路径控制

7.1 引 言

飞机空间自动着陆不仅是高度运动,而且包括相对跑道的侧向运动。这种精确、复杂的空间位置大范围转移,不可能采取系统镇定方法,以当前飞机空间位置与跑道间的高度及侧向偏移为误差,用误差控制,驱使飞机改变飞行高度及侧向偏移,达到安全着陆在跑道上的目的,也不可能用无路径约束控制模式,以系统稳定为准则的控制方法,求解飞机空间自动着陆控制问题。本章将证明路径控制是求解非线性、复杂的飞机空间自动着陆控制问题不可替代的办法。

飞机自动着陆空间运动路径控制是典型的复合指令路径控制系统。求解复合指令路径控制,需要分析综合空间着陆复合指令路径,设计路径调控控制,形成使飞机沿复合指令路径下滑、侧向跑道对准,而后拉起着陆的控制系统。

7.1.1 自动着陆空间运动复合指令路径

飞行动力学模型与飞机自动起飞动力学模型类似,也是抽象化的飞行动力学方程。不同之处在于,自动着陆模型中多了相对跑道的侧向偏移和相应的控制量。飞机起飞,巡航高度上的侧向偏移不像着陆问题那么严格,可以把起飞问题简化为二维空间运动。着陆为了安全,飞机下降一定高度后,必须对准跑道,侧向偏移控制和高度控制同样重要。这就使得着陆问题需要对高度和侧向偏移两个耦合的状态变量同时进行控制。由高度和侧向偏移两个耦合的状态变量形成的指令路径,称为飞机自动着陆复合指令路径。

7.1.2 自动着陆空间运动控制目标

解决空间自动着陆控制问题的目标如下。

(1)飞机着陆在跑道上,而且平滑无撞击(即高度、升降速率同时为零)。

(2)着陆控制应有自动配平能力,飞机的重量变化不会发生着陆悬空或撞地现象。

(3)着陆过程可方便地延长或缩短。

7.2　自动着陆空间运动数学模型

7.2.1　抽象化飞机着陆空间运动动力学方程

飞机空间自动着陆抽象化动力学方程为式(7.2.1)。抽象化的理由与起飞问题类似,不过方程复杂了许多。模型中的符号除了 x_1、x_2、C_v、C_a、v、w 与起飞问题中的符号相同,还有 x_3、x_4、u_1、u_2,它们的含义如下。

x_3 为相对机场跑道水平方向的侧向偏移,标称化值,取值域为$[-1,1]$。

x_4 为侧向偏移速率系数,取值域为$[-1,1]$。

u_1 为升降控制,与自动起飞控制中的 u 对应。

u_2 为侧向控制(即侧向加速率指令),取值域为$[-1,1]$。

μ、η 为飞机机动飞行能力的纵、侧方向分配比,$\mu+\eta \leqslant 1$ 的含义是飞行总机动能力小于或等于 1。

$$
\left.
\begin{aligned}
&\dot{x}_1 = C_v \bar{x}_2, \quad x_1(0)=1 \\
&C_v = \begin{cases} 0, & x_1 < 0 \\ 0.2\mathrm{e}^{-x_1}, & x_1 \geqslant 0 \end{cases} \\
&\bar{x}_2 = \begin{cases} x_2, & |x_2| < 1 \\ 1 \cdot \mathrm{sgn}(x_2), & |x_2| \geqslant 1 \end{cases} \\
&\dot{x}_2 = \begin{cases} 0, & x_1 < 0, x_2(0)=0 \\ C_a \bar{u}_1 - v, & x_1 \geqslant 0 \end{cases} \\
&C_a = \begin{cases} 0, & x_1 < 0 \\ \mathrm{e}^{-0.6x_1}, & x_1 \geqslant 0 \end{cases} \\
&\bar{u}_1 = \begin{cases} u_1, & |u_1| < 1 \\ 1 \cdot \mathrm{sgn}(u_1), & |u_1| \geqslant 1 \end{cases} \\
&v = \begin{cases} 0, & x_1 < 0 \\ 0.4 - 0.00001t, & |x_1| \geqslant 0 \end{cases} \\
&\dot{x}_3 = C_v, \quad x_3(0)=0.5 \\
&\bar{x}_4 = \begin{cases} x_4, & |x_4| < 1 \\ 1 \cdot \mathrm{sgn}(x_4), & |x_4| \geqslant 1 \end{cases} \\
&\dot{x}_4 = C_a \bar{u}_2, \quad x_4(0)=0 \\
&\bar{u}_2 = \begin{cases} u_2, & |u_2| < 1 \\ 1 \cdot \mathrm{sgn}(u_2), & |u_2| \geqslant 1 \end{cases}
\end{aligned}
\right\} \tag{7.2.1a}
$$

$$
\left.
\begin{aligned}
&|\bar{x}_2| + |\bar{x}_4| \leqslant 1 \\
&|\bar{u}_1| + |\bar{u}_2| \leqslant 1
\end{aligned}
\right\} \tag{7.2.1b}
$$

$$\left.\begin{array}{l} \eta+\mu\leqslant 1 \\ 0<\mu\leqslant 1 \end{array}\right\} \qquad\qquad (7.2.1c)$$

7.2.2　系统运行能力分析

分析式(7.2.1a),除了获取类似分析式(6.2.1)得到的飞机纵向运动特性与飞行高度的关系信息,还可以得到有关飞机侧向偏移的运行能力(即侧向偏移速率和侧向偏移加速率)与飞行高度的关系信息。式(7.2.1b)表示了 $|\bar{x}_2|$ 和 $|\bar{x}_4|$、$|\bar{u}_1|$ 和 $|\bar{u}_2|$ 之间的取值限制条件(即升降和侧向速率,升降和侧向加速率之间的取值限制条件),式(7.2.1c)中的 μ、η 分别代表了升降和侧向,对升降及侧向运动速率和加速率的使用分配比例,两者之和不得大于 1。其中侧向偏移速率为 $\dot{x}_3 = C_v\bar{x}_4$,而且 $\dot{x}_3$ 与升降速率 $\dot{x}_1 = C_v\bar{x}_2$ 的总和应该等于或小于总升降能力,即

$$|\bar{x}_2| + |\bar{x}_4| \leqslant C_v \quad \text{或} \quad |\bar{x}_2| + |\bar{x}_4| \leqslant 1$$

指令路径分析综合需使 $\bar{x}_2$、$\bar{x}_4$、$\bar{u}_1$、$\bar{u}_2$ 满足式(7.2.1b)规定的制约条件。式(7.2.1b)是指令路径分析综合必须遵守的约束条件。如果希望飞机着陆过程中以最大升降速率改变其飞行高度,则其侧向移动的速率应当为零;反之,若飞机不改变其飞行高度,即当 $|x_2|=0$ 时,则飞机有可能以最大侧向偏移速率纠正其侧向偏移。

飞机侧向偏移加速率和升降加速率之间,具有侧向偏移速率和升降速率之间的类似制约关系。其机动能力为常值,升降机动增大,则侧向偏移机动能力减弱。关系式

$$|\dot{x}_2| + |\dot{x}_4| \leqslant C_a \quad \text{或} \quad |\bar{u}_1| + |\bar{u}_2| \leqslant 1$$

是这种制约关系的数学表达。

飞行在升限上的飞机,不可能保持飞行高度的同时又进行侧向偏移机动。理由是用 $|\bar{u}_1|=1$ 来保持高度飞行,必有 $|\bar{u}_2|=0$。因而有 $\dot{x}_4=0$。即侧向偏移速率 $\dot{x}_3$ 不可改变。

7.3　飞机自动着陆空间运动复合指令路径

7.3.1　控制动力学系统

将飞机空间自动着陆抽象化动力学方程(式(7.2.1))缩写为

$$\dot{x} = f(x,u,v,t), \quad x(t_0) = x_0 \qquad\qquad (7.3.1a)$$

式中

$$x = [x_1 \quad x_2 \quad x_3 \quad x_4]^{\mathrm{T}}, \quad u = [u_1 \quad u_2]^{\mathrm{T}}$$

$$f(\cdot) = [f_1(\cdot) \quad f_2(\cdot) \quad f_3(\cdot) \quad f_4(\cdot)]^{\mathrm{T}}$$

$$f_1(\cdot)=\begin{cases}C_v x_2, & |x_2|<1 \\ C_v, & |x_2|\geqslant 1\end{cases}, \quad f_2(\cdot)=\begin{cases}0, & |x_1|<0 \\ C_a u_1-v, & |x_1|\geqslant 0, |u_1|<1 \\ C_a-v, & |x_1|\geqslant 0, |u_1|\geqslant 1\end{cases}$$

$$f_3(\cdot)=\begin{cases}C_v x_4, & |x_4|<1 \\ C_v, & |x_4|\geqslant 1\end{cases}, \quad f_4(\cdot)=\begin{cases}C_a u_2, & |u_2|<1 \\ C_a, & |u_2|\geqslant 1\end{cases}$$

系统运行状态为高度 x_1 和相对机场跑道的侧向偏移 x_3, 即

$$y=g(x)=\begin{bmatrix}1 & 0 & 0 & 0 \\ 0 & 0 & 1 & 0\end{bmatrix}x=\begin{bmatrix}x_1 & x_3\end{bmatrix}^{\mathrm{T}} \tag{7.3.1b}$$

系统目的状态为

$$y_O=\begin{bmatrix}x_1 & x_3\end{bmatrix}^{\mathrm{T}}=\begin{bmatrix}0 & 0\end{bmatrix}^{\mathrm{T}}$$

系统初始运行状态为

$$y(t_0)=\begin{bmatrix}x_1(t_0) & x_3(t_0)\end{bmatrix}^{\mathrm{T}}=\begin{bmatrix}1 & 0.5\end{bmatrix}^{\mathrm{T}}$$

7.3.2　复合指令路径的分析综合

复合指令路径的分析综合需要进行指令路径的全局规划。飞机着陆过程大多是：先降低高度，接着消除侧向偏移对准跑道，而后下滑着陆。依据飞机一般着陆过程，拟订复合指令路径：

$$\dot{y}_R=h(d)=\begin{bmatrix}h_1(d_1) & h_2(d_1,d_2)\end{bmatrix}^{\mathrm{T}}$$

式中, $h_1(d_1)$、$h_2(d_1,d_2)$ 分别为消除状态距离 d_1、d_2 的指令路径, 其中 $h_2(d_1,d_2)$ 与 d_1、d_2 相关。为表达简单, 它们与第 6 章着陆指令路径类似, 除了 d_{13} 及 d_{21} 处连续而不可微, 其余为简单的阶梯式函数。指令路径容易实现, 但会造成一定路径误差。它们分别表示为

$$h_1(d_1)=\begin{cases}-\xi_{11}\mu C_v, & d_{11}\leqslant|d_1| \\ -\xi_{12}\mu C_v, & d_{12}\leqslant|d_1|<d_{11} \\ -\xi_{13}\mu C_v, & d_{13}\leqslant|d_1|<d_{12} \\ k_1 d_1, & |d_1|<d_{13}\end{cases} \tag{7.3.2a}$$

$$h_2(d_1,d_2)=\begin{cases}-\xi_{21}\eta C_v, & d_{11}\leqslant|d_1| \\ -\xi_{22}\eta C_v, & d_{12}\leqslant|d_1|<d_{11}, d_{21}\leqslant|d_2| \\ -\xi_{23}\eta C_v, & d_{13}\leqslant|d_1|<d_{12}, d_{21}\leqslant|d_2| \\ k_2 d_2, & |d_1|<d_{13}, |d_2|<d_{21}\end{cases} \tag{7.3.2b}$$

式中, $\{\xi_{ij}\}_{i=1,2;j=1,2,3}$ 为指令路径状态转移速率使用权限; μ、η 分别为高度, 侧偏的系统运行能力分配比; $d_{11}\leqslant|d_1|$ 为降低高度段, $d_{12}\leqslant|d_1|<d_{11}$ 为机场跑道对准段, $d_{13}\leqslant|d_1|<d_{12}$ 为下滑段, $|d_1|<d_{13}$ 为拉平着陆段。

7.3.3　指令路径的可及驻性

有了指令路径的式(7.3.2)，而后检查它的可及驻性。分析式(7.3.2a)及式(7.3.2b)，当

$$\left.\begin{array}{l} 0 < x_1(t) < 1 \\ 0 < x_3(t) < 0.5 \end{array}\right\}$$

时，有

$$\left.\begin{array}{l} d_1 = x_{10} - x_1(t) = 0 - x_1(t) < 0 \\ d_2 = x_{30} - x_3(t) = 0 - x_3(t) < 0 \end{array}\right\}$$

且有

$$\left.\begin{array}{l} \xi_{1j}\mu > 0, \quad j = 1,2,3 \\ \xi_{2j}\eta > 0, \quad j = 1,2,3 \\ C_v = 0.2\mathrm{e}^{-x_1} > 0 \end{array}\right\}$$

因而有

$$h_i = \begin{cases} -\xi_{1j}\mu C_v < 0, & j = 1,2,3 \\ -\xi_{2j}\eta C_v < 0, & j = 1,2,3 \\ k_i d_i < 0, & i = 1,2 \end{cases}$$

当

$$\left.\begin{array}{l} d_1 = -x_1(t) = 0 \\ d_2 = -x_3(t) = 0 \end{array}\right\}$$

时，有

$$k_i = k_i d_i = 0, \quad i = 1,2$$

故指令路径式(7.3.2)满足可及驻条件：

$$\left.\begin{array}{l} d_i h_i(d_i) > 0, \quad \forall\, d_i \neq 0, i = 1,2 \\ d_i h_i(d_i) = 0, \quad \forall\, d_i = 0, i = 1,2 \end{array}\right\}$$

所以指令路径式(7.3.2)是可及驻的。

7.3.4　指令路径的可实现性

回顾第 3 章相关内容，系统状态 y_1 转移速率的表达式为

$$\dot{y}_1 = \sum_{j=1}^{4} \frac{\partial}{\partial x_j} g_1(x)\dot{x}_j = \dot{x}_1 = \mu C_v \bar{x}_2$$

系统状态 y_2 的转移速率表达式为

$$\dot{y}_2 = \sum_{j=1}^{4} \frac{\partial}{\partial x_j} g_2(x)\dot{x}_j = \eta C_v \bar{x}_4$$

该系统使用控制改变状态转移速率的表达式，即 $\dot{y}_1^{[1]}$、$\dot{y}_2^{[1]}$ 与 $\bar{u}_1$、$\bar{u}_2$ 的关系分别为

$$\dot{y}_1^{[1]} = \sum_{j=1}^{n} \frac{\partial}{\partial x_j}(\dot{y}_1)\dot{x}_j$$

$$= \begin{cases} 0, & |x_2| \geqslant 1, x_1 < 0 \\ \mu^2 C_v C_a \bar{u}_1 - \mu C_v v, & |x_2| < 1, x_1 \geqslant 0 \end{cases}$$

$$\dot{y}_2^{[1]} = \sum_{j=1}^{n} \frac{\partial}{\partial x_j}(\dot{y}_2)\dot{x}_j$$

$$= \begin{cases} \eta^2 C_v C_a \bar{u}_2, & |x_4| < 1 \\ 0, & |x_4| \geqslant 0 \end{cases}$$

若指令路径(式(7.3.2))的参数取值符合式(7.2.1b)和式(7.2.1c)的要求,则 x_2、x_4 处于连续变化范围之内,因而以上 $\dot{y}_1^{[1]}$ 和 $\dot{y}_2^{[1]}$ 的表达式可简化为

$$\dot{y}^{[1]} = \begin{bmatrix} \dot{y}_1^{[1]} \\ \dot{y}_2^{[1]} \end{bmatrix} = \begin{bmatrix} \dot{x}_1^{[1]} \\ \dot{x}_3^{[1]} \end{bmatrix} = \begin{bmatrix} C_v C_a u_1 - C_v v \\ C_v C_a u_2 \end{bmatrix}$$

$\dot{y}_1^{[1]}$、$\dot{y}_2^{[1]}$ 分别含有 u_1、u_2。当它们的解满足不等式:

$$\left. \begin{aligned} |u_1| = |(\dot{y}_{1R}^{[1]} + C_v v)/C_v C_a| < \mu \\ |u_2| = |(\dot{y}_{2R}^{[1]})/C_v C_a| < \eta \end{aligned} \right\}$$

时,系统状态完全可主动转移,且指令路径是可实现的。

7.3.5　路径可调控性

飞机空间自动着陆路径动力学方程表达式为

$$\left. \begin{aligned} \dot{Y} = \lambda Y + \mu \\ Z = \eta Y \end{aligned} \right\} \tag{7.3.3a}$$

式中

$$Y = \begin{bmatrix} Y_1 \\ Y_2 \end{bmatrix} = \dot{y} = \begin{bmatrix} C_v x_2 \\ C_v x_4 \end{bmatrix}, \quad \mu = \begin{bmatrix} \mu_1 \\ \mu_2 \end{bmatrix} = \begin{bmatrix} C_v(C_a u_1 - v) \\ C_v C_a u_2 \end{bmatrix}, \quad \lambda = 0, \quad \eta = \begin{bmatrix} 1 & 0 \\ 0 & 1 \end{bmatrix}$$

由式(7.3.3a)导出,以指令路径为参考状态的线性化路径动力学方程为

$$\left. \begin{aligned} \Delta \dot{Y} = \lambda \Delta Y + \lambda_x \Delta x + \beta \Delta u + \gamma \Delta v \\ \Delta Z = \eta \Delta Y \end{aligned} \right\} \tag{7.3.3b}$$

式中

$$\Delta Y = [\Delta \dot{y}_1 \quad \Delta \dot{y}_2]^T, \quad \Delta x = [\Delta x_1 \quad \Delta x_2 \quad \Delta x_3 \quad \Delta x_4]^T = [0 \quad \Delta x_2 \quad 0 \quad \Delta x_4]^T$$

$$\lambda_x = \frac{\partial \mu}{\partial x}\bigg|_{\substack{x=x_R \\ u=u_R \\ v=v_R}} = \begin{bmatrix} \alpha_{11} & \alpha_{12} & \alpha_{13} & \alpha_{14} \\ \alpha_{21} & \alpha_{22} & \alpha_{23} & \alpha_{24} \end{bmatrix} = \begin{bmatrix} \dfrac{\partial \mu_1}{\partial x_1} & \dfrac{\partial \mu_1}{\partial x_2} & \dfrac{\partial \mu_1}{\partial x_3} & \dfrac{\partial \mu_1}{\partial x_4} \\ \dfrac{\partial \mu_2}{\partial x_1} & \dfrac{\partial \mu_2}{\partial x_2} & \dfrac{\partial \mu_2}{\partial x_3} & \dfrac{\partial \mu_2}{\partial x_4} \end{bmatrix}\Bigg|_{\substack{x=x_R \\ u=u_R \\ v=v_R}}$$

$$= \begin{bmatrix} -0.32 u_R e^{-1.6x_{1R}} + 0.2 e^{-1.6x_{1R}} v_R & 0 & 0 & 0 \\ -0.32 u_R e^{-1.6x_{1R}} & 0 & 0 & 0 \end{bmatrix}$$

$$\beta=\frac{\partial \mu}{\partial u}\bigg|_{\substack{x=x_R\\u=u_R\\v=v_R}}=\begin{bmatrix}\dfrac{\partial \mu_1}{\partial u_1} & \dfrac{\partial \mu_1}{\partial u_2}\\[2mm]\dfrac{\partial \mu_2}{\partial u_1} & \dfrac{\partial \mu_2}{\partial u_2}\end{bmatrix}\Bigg|_{\substack{x=x_R\\u=u_R\\v=v_R}}$$

$$=\begin{bmatrix}C_vC_a & 0\\0 & C_vC_a\end{bmatrix}\bigg|_{\substack{y_E=y\\Y_E=Y_R}}=\begin{bmatrix}0.2e^{-1.6x_{1R}} & 0\\0 & 0.2e^{-1.6x_{1R}}\end{bmatrix}$$

$$\gamma=\frac{\partial \mu}{\partial v}=\begin{bmatrix}\dfrac{\partial \mu_1}{\partial v}\\[2mm]\dfrac{\partial \mu_2}{\partial v}\end{bmatrix}\Bigg|_{\substack{x=x_R\\u=u_R\\v=v_R}}=\begin{bmatrix}0.2e^{-x_{1R}}\\0\end{bmatrix}$$

配平线性化路径动力学方程为

$$\left.\begin{array}{l}\Delta \dot{Y}=\alpha \Delta Y+\beta u+w,\quad \Delta Y(t_0)=\Delta Y_0\\[2mm]\Delta Z=\eta \Delta Y\end{array}\right\} \tag{7.3.3c}$$

式中

$$\alpha=\lambda+\lambda_x,\quad u=\Delta u,\quad W=\beta u_R+\gamma v$$

由于

$$\mathrm{rank}(\eta\beta \vdots \eta\alpha\beta)=2$$

所以以指令路径为参考状态的线性化路径动力学系统式（7.3.3b）是路径可调控的。

7.3.6　指令路径参数的确定

确定指令路径参数必须满足式（7.2.1b）和式（7.2.1c）的要求。为此,确定指令路径参数的方法与单一指令路径相同的有以下几点。

（1）每条指令路径连续可微（至少末段连续）。

（2）每条指令路径状态转移速率可实现。

（3）每条指令路径状态转移加速率可实现。

与确定单一指令路径参数不同的需要满足不等式：

$$\left.\begin{array}{l}|\bar{x}_2|+|\bar{x}_4|\leqslant 1\\[2mm]|\bar{u}_1|+|\bar{u}_2|\leqslant 1\end{array}\right\}$$

为此,试探 $\{d_{1j}\}_{j=1}^3$、d_{21}、$\{\xi_{1j}\}_{j=1}^3$、$\{k_i\}_{i=1}^2$、$\{k_i\}_{i=1}^2$ 的取值,直到满足以上制约条件。

最终指令路径参数分别定义为

指令子路径 1：

$$\left.\begin{array}{l}d_{11}=0.7\\d_{12}=0.6\\d_{13}=0.1\end{array}\right\},\quad \left.\begin{array}{l}\xi_{11}\mu=0.4\\\xi_{12}\mu=0.01\\\xi_{13}\mu=0.2\end{array}\right\},\quad k_1=0.15$$

指令子路径 2：

$$d_{21}=0.1，\quad \left.\begin{array}{l}\xi_{21}\eta=0.01\\\xi_{22}\eta=0.8\\\xi_{23}\eta=0.5\end{array}\right\}，\quad k_2=0.15$$

7.4　飞机自动着陆空间运动路径调控

7.4.1　线性化路径动力学方程

控制动力学方程（式(7.3.1)）的线性化动力学方程为

$$\left.\begin{array}{l}\Delta\dot{x}=A\Delta x+B\Delta u+C\Delta v，\quad \Delta x(t_0)\\\Delta\dot{y}=D\Delta\dot{x}\end{array}\right\}\qquad(7.4.1)$$

式中

$$A=\frac{\partial}{\partial x}f(\cdot)=\begin{bmatrix}\dfrac{\partial f_1(\cdot)}{\partial x_1} & \dfrac{\partial f_1(\cdot)}{\partial x_2} & \dfrac{\partial f_1(\cdot)}{\partial x_3} & \dfrac{\partial f_1(\cdot)}{\partial x_4}\\[2mm]\dfrac{\partial f_2(\cdot)}{\partial x_1} & \dfrac{\partial f_2(\cdot)}{\partial x_2} & \dfrac{\partial f_2(\cdot)}{\partial x_3} & \dfrac{\partial f_2(\cdot)}{\partial x_4}\\[2mm]\dfrac{\partial f_3(\cdot)}{\partial x_1} & \dfrac{\partial f_3(\cdot)}{\partial x_2} & \dfrac{\partial f_3(\cdot)}{\partial x_3} & \dfrac{\partial f_3(\cdot)}{\partial x_4}\\[2mm]\dfrac{\partial f_4(\cdot)}{\partial x_1} & \dfrac{\partial f_4(\cdot)}{\partial x_2} & \dfrac{\partial f_4(\cdot)}{\partial x_3} & \dfrac{\partial f_4(\cdot)}{\partial x_4}\end{bmatrix}_{\substack{x=x_R\\u=u_R\\v=v_R}}$$

$$=\begin{bmatrix}a_{11} & a_{12} & a_{13} & a_{14}\\a_{21} & a_{22} & a_{23} & a_{24}\\a_{31} & a_{32} & a_{33} & a_{34}\\a_{41} & a_{42} & a_{43} & a_{44}\end{bmatrix}_{\substack{x=x_R\\u=u_R\\v=v_R}}\approx\begin{bmatrix}0 & C_v & 0 & 0\\0 & 0 & 0 & 0\\0 & 0 & 0 & C_v\\0 & 0 & 0 & 0\end{bmatrix}$$

$$B=\frac{\partial}{\partial u}f(\cdot)=\begin{bmatrix}\dfrac{\partial f_1(\cdot)}{\partial u_1} & \dfrac{\partial f_1(\cdot)}{\partial u_2}\\[2mm]\dfrac{\partial f_2(\cdot)}{\partial u_1} & \dfrac{\partial f_2(\cdot)}{\partial u_2}\\[2mm]\dfrac{\partial f_3(\cdot)}{\partial u_1} & \dfrac{\partial f_3(\cdot)}{\partial u_2}\\[2mm]\dfrac{\partial f_4(v)}{\partial u_1} & \dfrac{\partial f_4(\cdot)}{\partial u_2}\end{bmatrix}_{\substack{x=x_R\\u=u_R\\v=v_R}}$$

$$=\begin{bmatrix}b_{11} & b_{12}\\b_{21} & b_{22}\\b_{31} & b_{32}\\b_{41} & b_{42}\end{bmatrix}_{\substack{x=x_R\\u=u_R\\v=v_R}}=\begin{bmatrix}0 & 0\\C_a & 0\\0 & 0\\0 & C_a\end{bmatrix}$$

$$C = \frac{\partial}{\partial v} f(\cdot) = \begin{bmatrix} \dfrac{\partial f_1(\cdot)}{\partial v} \\ \dfrac{\partial f_2(\cdot)}{\partial v} \\ \dfrac{\partial f_3(\cdot)}{\partial v} \\ \dfrac{\partial f_4(\cdot)}{\partial v} \end{bmatrix} \Bigg|_{\substack{x=x_R \\ u=u_R \\ v=v_R}} = \begin{bmatrix} c_{11} \\ c_{21} \\ c_{31} \\ c_{41} \end{bmatrix} \Bigg|_{\substack{x=x_R \\ u=u_R \\ v=v_R}} = \begin{bmatrix} 0 \\ -1 \\ 0 \\ 0 \end{bmatrix}$$

$$D = \frac{\partial}{\partial x} f(\cdot) = \begin{bmatrix} \dfrac{\partial g_1(x)}{\partial x_1} & \dfrac{\partial g_1(x)}{\partial x_2} & \dfrac{\partial g_1(x)}{\partial x_3} & \dfrac{\partial g_1(x)}{\partial x_4} \\ \dfrac{\partial g_2(x)}{\partial x_1} & \dfrac{\partial g_2(x)}{\partial x_2} & \dfrac{\partial g_2(x)}{\partial x_3} & \dfrac{\partial g_2(x)}{\partial x_4} \end{bmatrix} \Bigg|_{\substack{x=x_R \\ u=u_R \\ v=v_R}}$$

$$= \begin{bmatrix} D_{11} & D_{12} & D_{13} & D_{14} \\ D_{21} & D_{22} & D_{23} & D_{24} \end{bmatrix} \Bigg|_{\substack{x=x_R \\ u=u_R \\ v=v_R}} = \begin{bmatrix} 1 & 0 & 0 & 0 \\ 0 & 0 & 1 & 0 \end{bmatrix}$$

式中

$$a_{11} \approx 0, \quad a_{21} \approx 0, \quad a_{31} \approx 0, \quad a_{41} \approx 0$$

的理由与式(6.4.2)简化为式(6.4.3)的理由相同。

7.4.2　自动配平路径调控控制

具有自动配平能力的路径配平调控控制为

$$u = k_P \Delta \dot{e} + k_I \int \Delta \dot{e} \, dt \tag{7.4.2}$$

式中

$$\Delta \dot{e} = \Delta \dot{y}_R - \Delta \dot{y}, \quad \Delta \dot{y}_R = \left[\frac{\partial}{\partial d} h(d) \right] \Delta d = -ED\Delta x$$

$$E = \begin{bmatrix} \dfrac{\partial h_1(\cdot)}{\partial d_1} & \dfrac{\partial h_1(\cdot)}{\partial d_2} \\ \dfrac{\partial h_2(\cdot)}{\partial d_1} & \dfrac{\partial h_2(\cdot)}{\partial d_2} \end{bmatrix} \Bigg|_{\substack{x=x_R \\ u=u_R \\ v=v_R}}$$

$$= \begin{cases} \begin{bmatrix} -\xi_{1j}(0.2 d_1 e^{d_1}) & 0 \\ -\xi_{2j}(0.2 d_1 e^{d_1}) & 0 \end{bmatrix}, & |d_1| \geqslant d_{11}, |d_2| \geqslant d_{21} \\ \begin{bmatrix} k_1 & 0 \\ 0 & k_2 \end{bmatrix}, & |d_1| < d_{14}, |x_2| < d_{21} \end{cases}$$

$$= \begin{cases} \begin{bmatrix} \xi_{1j}(0.2 x_1 e^{-x_1}) & 0 \\ \xi_{2j}(0.2 x_1 e^{-x_1}) & 0 \end{bmatrix}, & |x_1| \geqslant 0.1, |d_2| \geqslant 0.1 \\ \begin{bmatrix} k_1 & 0 \\ 0 & k_2 \end{bmatrix}, & |x_1| < 0.1, |x_2| < 0.1 \end{cases}$$

$$\Delta \dot{y} = D \Delta \dot{x} = D \begin{bmatrix} \Delta \dot{x}_1 & \Delta \dot{x}_2 & \Delta \dot{x}_3 & \Delta \dot{x}_4 \end{bmatrix}^{\mathrm{T}} = \begin{bmatrix} \Delta \dot{x}_1 & \Delta \dot{x}_3 \end{bmatrix}^{\mathrm{T}}$$

将 A、B、C、D、E 及 K_{P}、K_{I} 代入式(7.4.1),并对等式两边微分两次,而后整理得闭环路径调控系统:

$$\frac{\mathrm{d}^2}{\mathrm{d}t^2} \Delta \dot{x} = (I + BK_{\mathrm{P}}D)^{-1}(A - BK_{\mathrm{P}}ED - BK_{\mathrm{I}}D)\frac{\mathrm{d}}{\mathrm{d}t}\Delta \dot{x}$$

$$- (I + BK_{\mathrm{P}}D)^{-1}BK_{\mathrm{I}}ED\Delta \dot{x}$$

$$= a\frac{\mathrm{d}}{\mathrm{d}t}\Delta \dot{x} + b\Delta \dot{x}$$

或写为

$$\dot{X} = A_{\mathrm{C}}X, \quad X(t_0) = X_0$$

式中

$$X = \begin{bmatrix} \Delta \dot{x} & \Delta \ddot{x} \end{bmatrix}^{\mathrm{T}}, \quad A_{\mathrm{C}} = \begin{bmatrix} 0 & I \\ b & a \end{bmatrix}$$

特别当

$$K_{\mathrm{P}} = \mathrm{diag}(k_{i\mathrm{P}}), \quad i = 1,2 \\ K_{\mathrm{I}} = \mathrm{diag}(k_{i\mathrm{I}}), \quad i = 1,2 \Bigg\}$$

时,闭环路径调控系统简化为弱耦合的两个子系统式(7.4.3a)和式(7.4.3b):

$$\left. \begin{aligned} & \Delta \dot{x}_1 = C_v \Delta x_2 \\ & \Delta \dot{x}_2 = C_a u_1 - \Delta v \\ & u_1 = k_{1\mathrm{P}}\Delta e_1 + k_{1\mathrm{I}}\int \Delta e_1 \mathrm{d}t \\ & \Delta \dot{e}_1 = \Delta \dot{y}_{\mathrm{R1}} - \Delta \dot{y}_1 \\ & \Delta \dot{y}_{\mathrm{R1}} = \begin{cases} -0.2\xi_{1j}x_{1\mathrm{R}}\mathrm{e}^{-x_{1\mathrm{R}}}\Delta x_1, & |x_1| \geqslant 0.1 \\ -k_1\Delta x_1, & |x_1| < 0.1 \end{cases} \\ & \Delta \dot{y}_1 = \Delta \dot{x}_1 \end{aligned} \right\} \quad (7.4.3\mathrm{a})$$

$$\left. \begin{aligned} & \Delta \dot{x}_3 = C_v \Delta x_4 \\ & \Delta \dot{x}_4 = C_a u_2 \\ & u_2 = k_{2\mathrm{P}}\Delta e_2 + k_{2\mathrm{I}}\int \Delta e_2 \mathrm{d}t \\ & \Delta \dot{e}_2 = \Delta \dot{y}_{\mathrm{R2}} - \Delta \dot{y}_2 \\ & \Delta \dot{y}_{\mathrm{R2}} = \begin{cases} -0.2\xi_{2j}x_{1\mathrm{R}}\mathrm{e}^{-x_{1\mathrm{R}}}\Delta x_1, & |x_2| \geqslant 0.1 \\ -k_2\Delta x_2, & |x_2| < 0.1 \end{cases} \\ & \Delta \dot{y}_2 = \Delta \dot{x}_3 \end{aligned} \right\} \quad (7.4.3\mathrm{b})$$

将式(7.4.3a)和式(7.4.3b)中的 $\Delta \dot{y}_{\mathrm{R1}}$、$\Delta \dot{y}_1$、$\Delta \dot{y}_{\mathrm{R2}}$、$\Delta \dot{y}_2$ 分别代入 Δe_1、Δe_2,而后分别代入 u_1、u_2 的表达式得

$$u_1 = \begin{cases} k_{1P}(-0.2\xi_{1j}x_{1R}e^{-x_{1R}}\Delta x_1 - \Delta\dot{x}_1) + k_{1I}\int(-0.2\xi_{1j}x_{1R}e^{-x_{1R}}\Delta x_1 - \Delta\dot{x}_1)\mathrm{d}t, & |x_2| \geqslant 0.1 \\ k_{1P}(-k_1\Delta x_1 - \Delta\dot{x}_1) + k_{1I}\int(-k_1\Delta x_1 - \Delta\dot{x}_1)\mathrm{d}t, & |x_2| < 0.1 \end{cases}$$

$$\tag{7.4.3c}$$

$$u_2 = \begin{cases} k_{2P}(-0.2\xi_{2j}x_{1R}e^{-x_{1R}}\Delta x_1 - \Delta\dot{x}_3) + k_{2I}\int(-0.2\xi_{2j}x_{1R}e^{-x_{1R}}\Delta x_1 - \Delta\dot{x}_3)\mathrm{d}t, & |x_3| \geqslant 0.1 \\ k_{2P}(-k_2\Delta x_3 - \Delta\dot{x}_3) + k_{2I}\int(-k_2\Delta x_3 - \Delta\dot{x}_3)\mathrm{d}t, & |x_3| < 0.1 \end{cases}$$

$$\tag{7.4.3d}$$

将 u_1 代入式(7.4.3a)的 $\Delta\dot{x}_2$，$\Delta\dot{x}_2$ 二次微分后，代入 $\Delta\dot{x}_1$ 的三次微分，最终得升降闭环路径调控系统方程：

$$\Delta\dot{x}_1^{[3]} + a_{c1}\Delta\dot{x}_1^{[2]} + a_{c2}\Delta\dot{x}_1^{[1]} + a_{c3}\Delta\dot{x}_1 = 0 \tag{7.4.4a}$$

当 $|x_1| \geqslant 0.1$ 时，式中的系数为

$$\left.\begin{aligned} a_{c1} &= C_v C_a k_{1P} = 0.2e^{-1.6x_{1R}}k_{1P} \\ a_{c2} &= C_v C_a k_{1P}(0.2\xi_{1j}x_{1R}e^{-x_{1R}}) + C_v C_a k_{1I} = 0.2e^{-1.6x_{1R}}(0.2x_{1R}\xi_{1j}e^{-x_{1R}}k_{1P} + k_{1I}) \\ a_{c3} &= C_v C_a k_{1I}(0.2\xi_{1j}x_{1R}e^{-x_{1R}}) = 0.2e^{-1.6x_{1R}}(0.2\xi_{1j}x_{1R}e^{-x_{1R}}k_{1I}) \end{aligned}\right\}$$

$$\tag{7.4.4b}$$

当 $|x_1| < 0.1$ 时，有

$$\left.\begin{aligned} a_{c1} &= C_v C_a k_{1P} = 0.2e^{-1.6x_{1R}}k_{1P} \\ a_{c2} &= C_v C_a k_{1P}k_1 + C_v C_a k_{1I} = 0.2e^{-1.6x_{1R}}(0.2k_{1P}k_1 + k_{1I}) \\ a_{c3} &= C_v C_a k_{1I}k_1 = 0.2e^{-1.6x_{1R}}k_{1I}k_1 \end{aligned}\right\} \tag{7.4.4c}$$

为去除耦合以简化设计，而且考虑到

$$0.2\xi_{2j}x_{1R}e^{-x_{1R}}\Delta x_1 \ll \Delta\dot{x}_3$$

当 $|x_3| \geqslant 0.1$ 时，u_2 简化为

$$u_2 \approx -k_{2P}\Delta\dot{x}_3 - k_{2I}\int\Delta\dot{x}_3\mathrm{d}t$$

将 u_2 代入式(7.4.3b)的 $\Delta\dot{x}_4$，对 $\Delta\dot{x}_4$ 再次微分后代入 $\Delta\dot{x}_3$ 的二次微分，得侧向偏移闭环路径调控系统方程：

$$\Delta\dot{x}_3^{[2]} + b_{c1}\Delta\dot{x}_3^{[1]} + b_{c2}\Delta\dot{x}_3 = 0 \tag{7.4.5a}$$

式中

$$\left.\begin{aligned} b_{c1} &= C_v C_a k_{2P} = 0.2e^{-1.6x_{1R}}k_{2P} \\ b_{c2} &= C_v C_a k_{2I} = 0.2e^{-1.6x_{1R}}k_{2I} \end{aligned}\right\} \tag{7.4.5b}$$

当 $|x_3| < 0.1$ 时，u_2 不包含 Δx_1 的耦合项。直接将 u_2 代入式(7.4.3b)的 $\Delta\dot{x}_4$，$\Delta\dot{x}_4$ 二次微分后，再代入 $\Delta\dot{x}_3$ 的三次微分，得侧向偏移闭环路径调控系统方程：

$$\Delta\dot{x}_3^{[3]} + b_{c1}\Delta\dot{x}_3^{[2]} + b_{c2}\Delta\dot{x}_3^{[1]} + b_{c3}\Delta\dot{x}_3 = 0 \tag{7.4.6a}$$

式中

$$
\left.
\begin{aligned}
b_{c1} &= C_v C_a k_{2P} = 0.2\mathrm{e}^{-1.6x_{1R}} k_{2P} \\
b_{c2} &= C_v C_a k_{2P} k_2 + C_v C_a k_{2I} = 0.2\mathrm{e}^{-1.6x_{1R}}(k_{2P}k_2 + k_{2I}) \\
b_{c3} &= C_v C_a k_{2I} k_2 = 0.2\mathrm{e}^{-1.6x_{1R}} k_{2I}k_2
\end{aligned}
\right\}
\tag{7.4.6b}
$$

7.4.3　自动配平路径调控控制参数分析

以下分析自动配平调控控制参数与调控系统性能的关系。路径闭环调控系统方程(式(7.4.4a)、式(7.4.5a)和式(7.4.6a))的系数 a_{c1}、a_{c2}、a_{c3}、b_{c1}、b_{c2}、b_{c3} 是 x_{1R} 的函数,表 7.4.1 是 x_{1R} 为不同值时的表达。该表达式表明,路径调控系统的动态特性与 x_{1R} 有关。

表 7.4.1　调控闭环系统方程系数与 x_{1R} 的关系

x_{1R}	1	0.5	0.05
a_{c1}	$0.04038k_{1P}$	$0.08987k_{1P}$	$0.1846k_{1P}$
a_{c2}	$0.002674k_{1P}+0.04038k_{1I}$	$0.0001090k_{1P}+0.08987k_{1I}$	$0.02769k_{1P}+0.1846k_{1I}$
a_{c3}	$0.002674k_{1I}$	$0.0001090k_{1I}$	$0.1846k_{1I}$
b_{c1}	$0.04038k_{2P}$	$0.08987k_{2P}$	$0.1846k_{2P}$
b_{c2}	$0.04038k_{2I}$	$0.08987k_{2I}$	$0.02769k_{2P}+0.1846k_{2I}$
b_{c3}	—	—	—

若保持系统动态特性不变,需随 x_{1R} 的变化改变调控器参数 $\{k_{iP}\}_{i=1}^2$、$\{k_{iI}\}_{i=1}^2$。假设系统调控参数为常值,则系统动态特性必随 x_{1R} 的变化而变化。表 7.4.2 和表 7.4.3 是当

$$
\left.
\begin{aligned}
k_{1P} &= k_{2P} = 50 \\
k_{1I} &= k_{2I} = 1
\end{aligned}
\right\}
$$

时,闭环系统特征值随 x_{1R} 的变化情况。可以看出,在 x_{1R} 的取值域为 $(0,1)$,调控系统是稳定的,并且随 x_{1R} 的减小,调控过程稍有变快的趋势。

表 7.4.2　升降调控闭环系统方程特征值与 x_{1R} 的关系

x_{1R}	1	0.5	0.05
b_{c1}	2.019	4.494	9.23
b_{c2}	0.1741	0.09532	0.136
b_{c2}	0.002674	0.000109	0.1846
λ_1	-1.9295	-4.4727	-9.2174
λ_2	-0.0199	-0.0012	$-0.0063+\mathrm{i}0.1414$
λ_3	-0.0696	-0.0201	$-0.0003-\mathrm{i}0.1414$

表 7.4.3 侧向调控闭环系统方程特征值与 x_{1R} 的关系

x_{1R}	1	0.5	0.05
a_{c1}	2.109	4.944	9.23
a_{c2}	0.04038	0.08987	1.569
a_{c2}	—	—	0.02769
λ_4	-2.0705	-4.9759	-3.8213
λ_5	-0.0195	-0.0181	-0.0186
λ_6	—	—	-0.3901

7.4.4 路径比例调控控制

回顾第 6 章路径调控内容,路径比例调控是一种虽无自动配平能力,但设计及实现都比路径配平调控控制简便的一种调控控制方法。这种调控控制方法在飞机空间自动着陆路径控制中的用法及调控效果,与第 6 章类似,这里不再介绍。

7.5 飞机自动着陆空间运动路径控制系统性能验证

目的:验证按照路径控制方法分析综合出来的飞机空间自动着陆控制系统,能否实现预期着陆过程。

系统模型:控制动力学方程

$$\dot{x}_1 = C_v \bar{x}_2, \quad x_1(0) = 1$$

$$C_v = \begin{cases} 0, & x_1 < 0 \\ 0.2\mathrm{e}^{-x_1}, & x_1 \geqslant 0 \end{cases}$$

$$\bar{x}_2 = \begin{cases} x_2, & |x_2| < 1 \\ 1 \cdot \mathrm{sgn}(x_2), & |x_2| \geqslant 1 \end{cases}$$

$$\dot{x}_2 = \begin{cases} 0, & x_1 < 0 \\ C_a \bar{u}_1 - v, & x_1 \geqslant 0 \end{cases}$$

$$C_a = \begin{cases} 0, & x_1 < 0 \\ \mathrm{e}^{-0.6x_1}, & x_1 \geqslant 0 \end{cases}$$

$$\bar{u}_1 = \begin{cases} u_1, & |u_1| < 1 \\ 1 \cdot \mathrm{sgn}(u_1), & |u_1| \geqslant 1 \end{cases}$$

$$v = \begin{cases} 0.4 - 0.0001t, & x_1 \geqslant 0 \\ 0, & x_1 < 0 \end{cases}$$

$$\dot{x}_3 = C_v \bar{x}_4, \quad x_3(0) = 0.5$$

$$\bar{x}_4 = \begin{cases} x_4, & |x_4| < 1 \\ 1 \cdot \mathrm{sgn}(x_4), & |x_4| \geqslant 1 \end{cases}$$

$$\dot{x}_4 = C_a \bar{u}_2, \quad x_4(0) = 0$$

$$\bar{u}_2 = \begin{cases} u_2, & |u_2| < 1 \\ 1 \cdot \mathrm{sgn}(u_2), & |u_2| \geqslant 1 \end{cases}$$

指令路径为

$$\dot{y}_R = h(d) = [h_1(d_1) \quad h_2(d_1, d_2)]^T$$

$$\dot{y}_{1R} = h_1(d_1) = \begin{cases} -\xi_{11} C_v, & d_{11} \leqslant |d_1| \\ -\xi_{12} C_v, & d_{13} \leqslant |d_1| < d_{12} \\ -\xi_{13} C_v, & d_{14} \leqslant |d_1| < d_{13} \\ k_1 d_1, & |d_1| < d_{14} \end{cases}$$

$$\dot{y}_{2R}=h_2(d_1,d_2)=\begin{cases}-\xi_{21}C_v, & d_{21}\leqslant|d_2|\\ -\xi_{22}C_v, & d_{22}\leqslant|d_2|<d_{21},0.1\leqslant|d_2|\\ k_2d_2, & |d_2|<d_{22}\end{cases}$$

$$\left.\begin{array}{l}d_{11}=0.7\\ d_{12}=0.6\\ d_{13}=0.1\end{array}\right\},\quad \left.\begin{array}{l}\xi_{11}=0.4\\ \xi_{12}=0.01\\ \xi_{13}=0.2\end{array}\right\},\quad k_1=0.15$$

$$\left.\begin{array}{l}d_{21}=0.1\\ d_{22}=0.95\end{array}\right\},\quad \left.\begin{array}{l}\xi_{21}=0.01\\ \xi_{22}=0.8\\ \xi_{23}=0.5\end{array}\right\},\quad k_2=0.15$$

调控控制为

$$u_1=k_{1P}\dot{e}_1+k_{1I}\int\dot{e}_1\mathrm{d}t,\quad u_1(0)=0,\quad \dot{e}_1=\dot{y}_{1R}-\dot{y}_1=\dot{y}_{1R}-\dot{x}_1$$

$$u_2=k_{2P}\dot{e}_2+k_{2I}\int\dot{e}_2\mathrm{d}t,\quad u_2(0)=0,\quad \dot{e}_2=\dot{y}_{2R}-\dot{y}_2=\dot{y}_{2R}-\dot{x}_3$$

$$k_{1P}=k_{2P}=50,\quad k_{1I}=k_{2I}=1$$

仿真结果记录于图 7.5.1。前 3 帧图为飞机着陆过程与高度变化相关的变量：$x_1(t),\dot{e}_1(t),\bar{u}_1(t)$；4～6 帧图为侧向偏移相关变量：$x_3(t),\dot{e}_2(t),\bar{u}_2(t)$；第 7 帧为飞机自动着陆空间飞行航路。

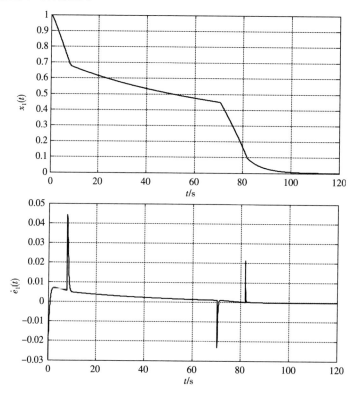

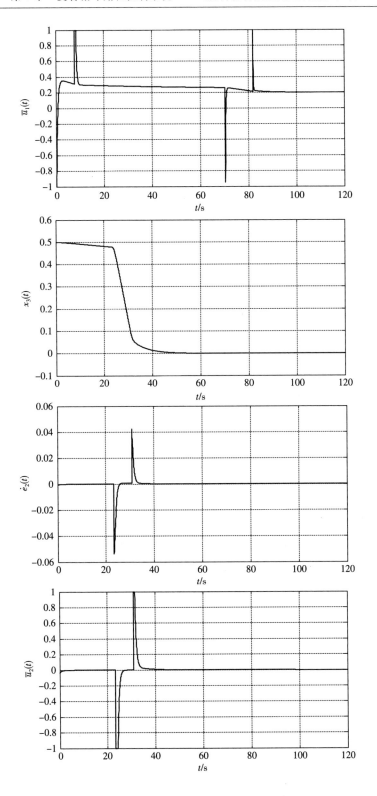

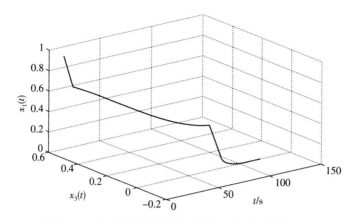

图 7.5.1　自动着陆系统变量、控制、空间航路变化过程

分析仿真结果，得出以下结论。

（1）飞机可按指令路径由巡航状态转入着陆状态。

（2）指令路径符合可及驻、实用、可实现的要求。

7.6　小　　结

这一章的核心内容是如何分析综合复合指令路径。以飞机自动着陆空间运动复合指令路径控制为例，着重研究了复合指令路径分析综合要求、分析综合方法。结合要求，通过指令路径解耦分析综合，将相互耦合的复合指令路径分解成为单一指令路径，使其变成并行的单一指令路径控制系统的组合体。以此组合体为基础，而后完成路径调控控制的设计。

通过自动着陆空间运动路径控制系统的性能验证，证明了以上复合指令路径控制系统综合方法是可行的：飞机可以按照复合指令路径由巡航状态转移到着陆状态；$x_3(t)$ 的形状符合实用要求；状态转移速率和加速率没超出它们的取值域，指令路径可实现。

第8章 单级可穿越指令路径控制系统
——末制导问题的路径控制解读

8.1 引 言

8.1.1 制导与控制

制导是追踪体（如导弹）与目标之间，或追踪体与不动目标（不动是相对而言，如固定目标）之间相对运动的控制问题。但不是控制，而称为制导。制导又分为初制导、中制导及末制导。相对运动信息获取、控制指令生成、控制作用产生等，都由追踪体自行完成的制导，称为自寻的，或称为末制导。描述末制导状态的变量有两类：一是球面坐标系的视线；二是直角坐标系的直角坐标。其中，以视线参数为状态变量的末制导具有专业上的代表性，研究得多。此类研究已经延续了将近一个世纪，其间提出了许多制导方法（或控制方法），但真正有效的仍然是比例导引[1-6]。以直角坐标系参数为状态变量的末制导，常用在以视觉导航获取相对运动变量的末制导中，如航天器的交汇对接、无动力弹头对掩体目标的攻击等。此类末制导与一般运动体的控制没有明显不同，通常不被作为末制导问题予以研究。然而也不尽然如此。

虽然末制导是控制问题，但不为控制界所热衷，反而研讨末制导较多的是力学界。究其原因，一是问题的非线性、时变性、特殊的可控性，把它作为控制理论的应用背景，探讨一些解决问题的新思路，难以取得成效；二是末制导属军用技术，接触的人少。加之末制导确实与力学有着密切的关联，故形成当前状况。

另外，末制导的控制目的与实现控制的方式，不像其他工程控制问题那样直接。例如，温度控制，目的是保持或按人的意愿改变被控对象的温度，控制方式必是加热或冷却被控对象。末制导的目的是使追踪体与目标体间的视线距由初值变为零。但控制的却不是视线距，而是视线角或视线角的变化率等。如何理解这种控制目的与控制方式之间的关系，如何解读末制导问题的可控性，是这一章首先要回答的问题。

某些参考文献将末制导问题进行了简化处理，揭示了一些工程性的运行规律，提出了分析（而不是综合或设计）末制导问题的简化方法[7]。为了提高制导精度，一些文献提出了新的制导概念[8,9]；或者为了躲避导弹攻击，增大脱靶量，提出了各种规避（逆制导）方法[10]。但它们都没有把末制导问题作为非线性控制系统的综合问题加以处理。寻求一种从实际出发,综合非线性末制导系统的方法是这一章的另一个目的。

8.1.2　单级可穿越指令路径

末制导控制系统的当前和目的状态都是非平衡状态,末制导是典型的非平衡状态之间的状态转移控制。此类路径控制系统的指令路径,为可穿越及随遇平衡目的状态指令路径。与可及驻指令路径控制系统的分析综合方法不同,如何分析综合此类系统的指令路径及设计路径调控控制是这一章的核心内容,进而以路径控制所揭示出来的制导问题相对运动的控制规律,探讨异型(非常规)制导弹道的制导方法,以提高攻击效果,或满足定向制导要求。

8.2　末制导问题及其数学模型

8.2.1　视线动力学方程

视线动力学方程是表述在球面参考系上的一种相对运动表达形式,是描述相对运动的动力学特性的方法之一。视线动力学方程可以提供视线距、视线角的相关信息。相对运动的动力学方程也可以表述在直角坐标系上,采用哪种表述形式,视追踪体获取相对运动信息的手段而定。

末制导问题的参考文献[11]给出了表述在惯性坐标系的两个运动物体相对运动的视线动力学方程,其三维空间球面参考系上的表达形式为

$$\left.\begin{array}{ll}\ddot{r}=r(\dot{p}^2+\dot{q}^2)+a_{Pr}-a_{Er}, & r(0),\dot{r}(0)\\\ddot{p}=(-2\dot{r}\dot{p}+a_{Pp}-a_{Ep})/r, & p(0),\dot{p}(0)\\\ddot{q}=(-2\dot{r}\dot{q}+a_{Pq}-a_{Eq})/r, & q(0),\dot{q}(0)\end{array}\right\}$$

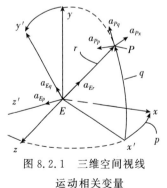

图 8.2.1　三维空间视线
运动相关变量

式中,下标 P、E 分别为追击物体(pursuit)、逃逸物体(escapist);$Exyz$ 为原点位于逃逸物体 E 的动系,p、q、r 分别为相对 $Exyz$ 的方位角、高低角、视线长,它们的关系如图 8.2.1 所示。图中 a_{Pr}、a_{Pp}、a_{Pq}、a_{Er}、a_{Ep}、a_{Eq} 分别为 P、E 在 r、y'、z' 方向线加速度分量。

为简化分析,将以上表达形式简化为以下二维平面视线动力学方程:

$$\left.\begin{array}{ll}\ddot{r}=r\dot{q}^2+a_{Pr}-a_{Er}, & r(0),\dot{r}(0)\\\ddot{q}=(-2\dot{r}\dot{q}+a_{Pq}-a_{Eq})/r, & q(0),\dot{q}(0)\end{array}\right\} \tag{8.2.1}$$

简化结果基本保持了 P 与 E 之间的相对运动规律。各个变量之间的关系如图 8.2.2 所示。

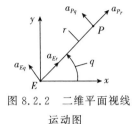

图 8.2.2　二维平面视线
运动图

对于导弹末制导,P 指的是导弹,E 是目标。导弹和目标的运行能力是配套的,或者说,某种导弹对付一类目标。例如,反舰导弹的目标是舰艇,而不是战机;空空导弹的目标是飞机,而不是同类型的空空导弹。导弹和相应的目标之间,导弹的运行能力照常理应当满足以下要求。

(1) $a_{Pr} \approx a_{Er}$。

当 $r(0) > 0$、$\dot{r}(0) < 0$ 时,才有可能使 $r \to 0$,即导弹有可能追及目标。

(2) $a_{Pq} = N[\{|-2\dot{r}\dot{q}|\}_{max} + \{|a_{Eq}|\}_{max}]$。

如果在有限的时间之内使 $r \to 0$,需 $N > 3$(见参考文献[8])。否则,导弹总体参数设计可以认为是不合理的。当满足以上技术要求时,式(8.2.1)可进一步简化为

$$\left.\begin{array}{l} \ddot{r} \approx r\dot{q}^2, \quad r(0), \dot{r}(0) \\ \ddot{q} \approx (-2\dot{r}\dot{q} + a_{Pq})/r, \quad q(0), \dot{q}(0), \quad |a_{Pq}| \leqslant A_{Pq} \end{array}\right\} \tag{8.2.2}$$

式(8.2.2)中的 a_{Pq} 是导弹的物理控制量,视线法向线加速度,相当于 $\bar{u}$。所以,a_{Pq} 可以表示为

$$a_{Pq} = \begin{cases} \bar{u}, & |a_{Pq}| < A_{Pq} \\ A_{Pq}, & |a_{Pq}| \geqslant A_{Pq} \end{cases}$$

式中,A_{Pq} 是 a_{Pq} 的最大值。

$\bar{u}$ 是通过 P 控制系统将控制指令 u 转化而来的。控制系统由舵面控制系统和体轴系相对速度轴系的气动角运动组成。如何获取 a_{Pq} 的相关信息、如何把 u 通过控制系统转化为 $\bar{u}$ 属于控制问题。通过质心之间的相对运动研究,获取控制指令 u 称为制导。把两者放在一起设计出来,称为制导/控制一体化设计。以下只是研究制导问题,不涉及其余部分。不计 u 和 $\bar{u}$ 之间的惯性,可以认为

$$a_{Pq} = \begin{cases} u, & |a_{Pq}| < A_{Pq} \\ A_{Pq}, & |a_{Pq}| \geqslant A_{Pq} \end{cases} \tag{8.2.3}$$

8.2.2　导弹末制导问题的表述

导弹末制导问题表述为:寻求控制 u,在 $\dot{r}(0) < 0$ 的前提条件下,使视线距 r 从初值 $r(t_0) > 0$,穿越(而不是驻留)非平衡目的状态 $r_0(t_f) = 0$。

如果式(8.2.1)中的 a_{Pr} 与 a_{Er}、a_{Pq} 与 a_{Eq} 的大小相近,则 P 和 E 不是导弹和目标的关系,而是同类运动体之间的争斗,如舰对舰、战斗机对战斗机等。此类问题应称为微分对策或博弈,而不是末制导。

8.3　末制导系统的路径控制

8.3.1　末制导问题的系统状态方程

末制导视线动力学方程(式(8.2.2))结合导弹末制导问题的表述,确定导弹末制导系统状态方程为

$$\begin{aligned}\dot{x}&=f(x,u,v,t),\quad x_0\\ y&=g(x)\end{aligned}\Bigg\}$$

式中,系统变量和系统状态分别为

$$x=[\,r\quad\dot{r}\quad q\quad\dot{q}\,]^{\mathrm{T}},\quad y=r$$

系统初始状态、目的状态及目的距离分别为

$$\left.\begin{aligned}r(t_0)&=r_0>0\\ \dot{r}(t_0)&=\dot{r}_0<0\end{aligned}\right\},\quad r_0(t_{\mathrm f})=0,\quad d=r-r_0=r$$

需要注意,这里目的距离 $d\neq r_0-r=-r$,而是 $d=r-r_0=r$,是一种习惯定义方法。

8.3.2　末制导系统状态的可转移性

末制导是使系统由初始状态转移到目的状态的过程。为此,需检查系统的状态是否可转移。为检查系统状态的可转移性,对等式 $y=r$ 连续求导,直至 $\dot{y}^{[D]}$ 含 a_{Pq},即

$$\frac{\mathrm{d}}{\mathrm{d}t}y=\dot{y}=\dot{r},\quad \dot{y}^{[1]}=\frac{\mathrm{d}}{\mathrm{d}t}\dot{r}=r\dot{q}^2$$

$$\begin{aligned}\dot{y}^{[2]}&=\frac{\mathrm{d}}{\mathrm{d}t}\dot{y}^{[1]}=\frac{\partial}{\partial x}\dot{y}^{[1]}\dot{x}=\left[\frac{\partial}{\partial r}\dot{y}^{[1]}\quad\frac{\partial}{\partial \dot{r}}\dot{y}^{[1]}\quad\frac{\partial}{\partial q}\dot{y}^{[1]}\quad\frac{\partial}{\partial \dot{q}}\dot{y}^{[1]}\right]\dot{x}\\ &=[\dot{q}^2\quad 0\quad 0\quad 2r\dot{q}]\dot{x}\\ &=\dot{r}\dot{q}^2-4r\dot{q}^2+2\dot{q}a_{Pq}\end{aligned}$$

虽然 $\dot{y}^{[D]}$ 含有控制 a_{Pq},但必须 $\dot{q}\neq0$ 时,系统状态 r 才有可能主动转移。这种转移只能使 $\dot{r}>0$(见式(8.2.2)第1等式),而不能使 $\dot{r}<0$。所以末制导系统的控制 a_{Pq} 不能任意改变状态 r。或者说,末制导系统的状态 r 是不可主动转移的。末制导系统必须在 $\dot{r}(t_0)<0$ 的前提条件下,调控 $\dot{q}$ 使 $\dot{q}\rightarrow0$,间接达到使 $r\rightarrow0$ 的目的。

8.3.3　随遇驻留目的状态末制导指令路径

假设末制导状态转移指令路径为

$$\dot{y}_{\mathrm R}=h(r)=\dot{r}$$

使 $r\rightarrow0$ 的状态转移路径,应该具备的充分必要条件是当

$$r(t) > 0, \quad t_0 < t \leqslant t_f$$

时,有 $\dot{y}(t) = \dot{r}(t) < 0$。或者使 $\dot{y}(t)$ 保持负初值不变,即

$$\dot{y}(t) \equiv \dot{r}(t_0) < 0, \quad t_0 < t \leqslant t_f$$

将上式定为指令路径,即

$$\dot{y}_R \equiv \dot{r}(t_0)$$

它是 $r \to 0$ 的充分条件,但不是必要的。又因 $\dot{y}$ 为常值,等价于

$$\frac{\mathrm{d}}{\mathrm{d}t}\dot{y} = \ddot{r} = r\dot{q}^2 = 0$$

由于 $r(t) \neq 0$,所以只能是 $\dot{q} \equiv 0$,因而 $\dot{y}_R \equiv \dot{r}(t_0)$ 等价于

$$\dot{q}_R = h(d_q) = \dot{q}_R \equiv 0 \tag{8.3.1}$$

故将 $\dot{q}_R \equiv 0$ 定义为末制导的指令路径,是使 $r \to 0$ 的间接指令路径。

又因 $q(t)$ 的大小与 $r \to 0$ 无关,$q(t)$ 可以随意变化,所以 $q(t)$ 的目的状态为随遇驻留目的状态,即

$$q_{OV} \equiv q$$

q 的目的距离为

$$d_q = \Delta q = q_{OV} - q \equiv 0$$

所以末制导的指令路径 $\dot{q}_R$ 为随遇驻留目的状态指令路径。

8.3.4　随遇驻留目的状态指令路径的可穿越性

r 的指令路径(式(8.3.1))对于目的状态 $r_O(t_f) = 0$ 是可穿越的。P 追及 E 之前,由于 $\dot{r} = \dot{r}_0 < 0$,且由于 $d = r > 0$,所以有 $rh(r) < 0$。因此,$r \to 0$。当 P 追及 E 之后,由于指令路径(式(8.3.1))使得 $\dot{r}$ 变为 $\dot{r} > 0$,且由于仍有 $r > 0$,所以目的距离与指令路径的关系变为

$$rh(r) > 0$$

即 P 离开 E 而去。所以指令路径(式(8.3.1))是可穿越的。

8.3.5　定向末制导指令路径

定向末制导或称为确定型随意驻留目的状态末制导,其指令路径是由一般末制导指令路径演变而来的。一般末制导指令路径

$$\dot{y}_R = \dot{q}_R \equiv 0$$

可以等价为

$$q(t) \equiv q(t_0)$$

将 $q(t_0)$ 定义为末制导的目的状态,即

$$q_O(t_f) \equiv q(t_0)$$

或者指定任意 q^* 为目的状态,此时有

$$q_O(t_f) \equiv q^*$$

以 $q(t_0)$ 或 q^* 为目的状态的指令路径称为定向攻击末制导指令路径,表示为

$$\dot{q}_R = h(d_q)$$

式中

$$d_q = \Delta q = q(t_0) - q$$

或

$$d_q = \Delta q = q^* - q$$

$h(d_q)$ 是 d_q 的函数,依据制导系统的运行能力分析综合而成。一种简单的形式可表示为

$$\dot{q}_R = \begin{cases} k_q \Delta q, & \Delta q < \Delta q_R \\ \dot{q}_{RM}, & \Delta q \geqslant \Delta q_R \end{cases} \tag{8.3.2}$$

式中,k_q、$\dot{q}_{RM}$、Δq_R 分别为比例系数、常值指令角速度的数值、常值指令角速度与斜坡指令角速度的拐点。

由于这种方法同时需要 q 和 $\dot{q}$ 两种信号,比把 $\dot{y}_R = \dot{q}_R \equiv 0$ 作为指令路径增加了实现的难度。但它适用于定向末制导,满足定向攻击要求,实用性强。

而且容易证明,确定型目的状态末制导指令路径也是可穿越的。

8.3.6　随遇驻留目的状态路径调控

与一般随遇驻留目的状态指令路径类似,末制导随遇驻留目的状态指令路径表示为

$$\dot{y}_R = \dot{q}_R \equiv 0$$

相应的路径调控控制为

$$a_{Pq} = q_{Pq}(\Delta Z) = q_{Pq}(-\dot{q}) \tag{8.3.3}$$

式中,$q_{Pq}(-\dot{q})$ 为调控控制函数。对应的路径调控系统为

$$\left. \begin{array}{ll} \dfrac{\mathrm{d}}{\mathrm{d}t}\dot{r} = r\dot{q}^2, & r(t_0) > 0, \dot{r}(t_0) < 0 \\[2mm] \dfrac{\mathrm{d}}{\mathrm{d}t}\dot{q} = \dfrac{1}{r}(-2\dot{r}\dot{q} + a_{Pq}), & \dot{q}(0) \\[2mm] a_{Pq} = \begin{cases} q_{Pq}(-\dot{q}), & |a_{Pq}| < A_{Pq} \\ A_{Pq}, & |a_{Pq}| \geqslant A_{Pq} \end{cases} \end{array} \right\} \tag{8.3.4}$$

a_{Pq} 的作用是使 $\dot{q}$ 尽可能快地消失。路径比例调控控制为

$$q_{Pq}(-\dot{q}) = -k_q\dot{q} \tag{8.3.5}$$

8.3.7　定向攻击末制导路径调控

定向攻击末制导指令路径为

$$\dot{q}_R = \begin{cases} k_q \Delta q, & \Delta q < \Delta q_R \\ \dot{q}_{RM}, & \Delta q \geqslant \Delta q_R \end{cases}$$

式中

$$\Delta q = q_O - q$$

q_O 可以是 $y(t_0)$ 或为某个指定的目的状态 q^*。路径调控控制的表达式为

$$a_{Pq} = q_{Pq}(\Delta Z) = q_{Pq}(\Delta \dot{q}) \tag{8.3.6}$$

式中

$$\Delta \dot{q} = \dot{q}_R - \dot{q}$$

对应路径调控系统为

$$\left. \begin{array}{l} \dfrac{\mathrm{d}}{\mathrm{d}t}\dot{r} = \dot{r}q^2, \quad r(t_0), \dot{r}(t_0) \\[2mm] \dfrac{\mathrm{d}^2}{\mathrm{d}t^2}q = \dfrac{1}{r}\left(-2\dot{r}\dfrac{\mathrm{d}}{\mathrm{d}t}q + a_{Pq}\right), \quad q(t_0), \dot{q}(t_0) \\[2mm] a_{Pq} = \begin{cases} q_{Pq}(\Delta \dot{q}), & |a_{Pq}| < A_{Pq} \\ A_{Pq}, & |a_{Pq}| \geqslant A_{Pq} \end{cases} \\[3mm] \Delta \dot{q} = \dot{q}_R - \dot{q} \end{array} \right\} \tag{8.3.7}$$

如果 q 的目的状态是某个指定的目的状态 q^*，即 $q_O = q^*$，而且调控控制是 $q_{Pq}(\Delta \dot{q})$，称这种制导方法为路径控制定向攻击末制导。

如果 q 的目的状态 $q_O = q(t_0)$，而且调控控制是传统的误差 PD 控制，如

$$a_{Pq} = f(\Delta q, \dot{q}) = \begin{cases} -4|\dot{r}|\dot{q} + 200[q(t_0) - q], & |a_{Pq}| < 100 \\ -100\,\mathrm{sgn}(a_{Pq}), & |a_{Pq}| \geqslant 100 \end{cases}$$

称这种制导方法为误差 PD 控制定向末制导，是一种很少采用的制导方法。式中，a_{Pq} 的作用必须使 Δq 尽可能快地消失的同时（定向要求），又使 $\Delta \dot{q} \to 0$（穿越目的状态要求），否则，$\dot{r}$ 可能先于 $r = 0$ 变号，无法使 $r \to 0$。

8.3.8　视线距的可调控性

以式 (8.2.2) 为对象，分析 r 的可调控性。系统变量和系统状态分别为

$$x = [r \quad \dot{r} \quad \dot{q}]^T, \quad y = r$$

因为

$$\dot{y} = \dot{r}, \quad \dot{y}^{[1]} = \ddot{r} = r\dot{q}^2, \quad \dot{y}^{[2]} = \frac{\mathrm{d}}{\mathrm{d}t}\dot{y}^{[1]} = \dot{r}\dot{q}^2 - 4r\dot{q}^2 + 2\dot{q}a_{Pq}$$

虽然 $\dot{y}^{[2]}$ 含 a_{Pq}，但 r 是不可主动转移的（前面已有叙述）。当

$$Y = \dot{r}$$

时，路径动力学方程为

$$\left. \begin{array}{l} \dot{Y} = \lambda Y + \mu, \quad Y_0 \\ Z = \eta Y \end{array} \right\}$$

式中

$$\lambda = 0, \quad \mu = \dot{r}\dot{q}^2 - 4\dot{r}\dot{q} + 2\dot{q}a_{Pq}, \quad \eta = 1$$

线性化路径动力学方程为

$$\begin{rcases} \Delta\dot{Y} = \lambda_x \Delta x + \beta \Delta u \\ \Delta Z = \eta \Delta Y \end{rcases}$$

式中

$$\lambda_x = \frac{\partial \mu}{\partial x}\bigg|_{\substack{x=x_R \\ u=u_R \\ v=v_R}} = \begin{bmatrix} 0 & \dot{q}^2 - 4\dot{q} & 2\dot{r}\dot{q} - 4\dot{r} + 2a_{Pq} \end{bmatrix}\bigg|_{\substack{x=x_R \\ u=u_R \\ v=v_R}}$$

$$\beta = \frac{\partial \mu}{\partial a_{Pq}}\bigg|_{\substack{x=x_R \\ u=u_R \\ v=v_R}} = \begin{bmatrix} 2\dot{q} \end{bmatrix}\bigg|_{\substack{x=x_R \\ u=u_R \\ v=v_R}}$$

将

$$y_R = \begin{bmatrix} r & \dot{r} & 0 \end{bmatrix}^T, \quad Y_R = \dot{r}_R$$

代入,得

$$\lambda_x = -4\dot{r}_R + 2a_{PqR}, \quad \beta = 0$$

由于

$$\operatorname{rank}(\eta\beta \vdots \eta\lambda_x\beta \vdots \eta^2\lambda_x^2\beta \vdots \cdots \vdots \eta\lambda_x^{K-1}\beta) = 0$$

显然视线距 r 是不可调控的。

8.3.9 视线距变化率的可调控性

此时系统变量和系统状态分别为

$$x = \begin{bmatrix} r & \dot{r} & \dot{q} \end{bmatrix}^T, \quad y = \dot{r}$$

因为

$$\dot{y} = \ddot{r} = r\dot{q}^2, \quad \dot{y}^{[1]} = \frac{\mathrm{d}}{\mathrm{d}t}\ddot{r} = \dot{r}\dot{q}^2 - 4r\dot{q}^2 + 2\dot{q}a_{Pq}$$

当假定

$$Y = \begin{bmatrix} \dot{r} & \ddot{r} \end{bmatrix}^T$$

时,得路径动力学方程

$$\begin{rcases} \dot{Y} = \lambda Y + \mu, \quad Y_0 \\ Z = \eta Y \end{rcases}$$

式中

$$\lambda = \begin{bmatrix} 0 & 1 \\ 0 & 0 \end{bmatrix}, \quad \mu = \begin{bmatrix} 0 & \dot{r}\dot{q}^2 - 4r\dot{q}^2 + 2\dot{q}a_{Pq} \end{bmatrix}^T, \quad \eta = \begin{bmatrix} 1 & 0 \end{bmatrix}$$

线性化路径动力学方程为

$$\begin{rcases} \Delta\dot{Y} = \lambda_x \Delta x + \beta \Delta a_{Pq}, \quad \Delta Y(t_0) \\ \Delta Z = \eta \Delta Y \end{rcases}$$

式中

$$\lambda_x = \frac{\partial \mu}{\partial x}\bigg|_{\substack{x=x_R \\ u=u_R \\ v=v_R}} = \begin{bmatrix} 0 & 0 & 0 \\ 0 & \dot{q}^2 - 4\dot{q} & 2\dot{r}\dot{q} - 4\dot{r} + 2a_{Pq} \end{bmatrix}\bigg|_{\substack{x=x_R \\ u=u_R \\ v=v_R}}$$

$$\beta = \frac{\partial \mu}{\partial a_{Pq}}\bigg|_{a_{Pq}=a_{PqR}} = \begin{bmatrix} 0 \\ 2\dot{q} \end{bmatrix}\bigg|_{a_{Pq}=a_{PqR}}$$

将 u_R 及

$$x_R = \begin{bmatrix} r & \dot{r}_0 & 0 \end{bmatrix}^T$$

代入 λ_x、β，得

$$\lambda_x = \begin{bmatrix} 0 & 0 & 0 \\ 0 & 0 & 2a_{PqR} \end{bmatrix}, \quad \beta = \begin{bmatrix} 0 \\ 0 \end{bmatrix}$$

由于

$$\mathrm{rank}\,(\eta\beta \,\vdots\, \eta\lambda_x\beta \,\vdots\, \eta^2\lambda_x^2\beta \,\vdots\, \cdots \,\vdots\, \eta\lambda_x^{K-1}\beta) = 0$$

显然视线距变化率 $\dot{r}$ 也是不可调控的。

8.3.10　视线角速率的可调控性

此种情况下，系统变量和状态变量分别为

$$x = \begin{bmatrix} r & \dot{r} & \dot{q} \end{bmatrix}^T, \quad y = \dot{q}$$

因为

$$\dot{y} = \frac{\mathrm{d}}{\mathrm{d}t}\dot{q} = \frac{1}{r}(-2\dot{r}\dot{q} + a_{Pq})$$

含 a_{Pq}，只要

$$\dot{y} = \frac{\mathrm{d}}{\mathrm{d}t}\dot{q} = \frac{1}{r}(-2\dot{r}\dot{q} + a_{Pq}) = 0$$

关于 a_{Pq} 的解小于它的最大值 A_{Pq}，即

$$a_{Pq} = |2\dot{r}\dot{q}| < A_{Pq}$$

则 $\dot{q}$ 是可主动转移的。当假定

$$Y = y = \dot{q}$$

时，得路径动力学方程

$$\left.\begin{array}{l} \dot{Y} = \lambda Y + \mu, \quad Y(t_0) \\ Z = \eta Y \end{array}\right\}$$

式中

$$\lambda = 0, \quad \mu = \frac{1}{r}(-2\dot{r}\dot{q} + a_{Pq}), \quad \eta = 1$$

其线性化路径动力学方程为

$$\left.\begin{array}{l} \Delta\dot{Y} = \lambda_x\Delta x + \beta\Delta a_{Pq}, \quad \Delta Y(t_0) \\ \Delta Z = \eta\Delta Y \end{array}\right\}$$

考虑到

$$\Delta r = 0 , \quad \Delta \dot{r} = 0 , \quad \Delta \dot{q} = \dot{q}_R - \dot{q} = -\dot{q}$$

将 $\lambda_x = \dfrac{\partial \mu}{\partial x} \Big|_{\substack{x=x_R \\ u=u_R \\ v=v_R}}, \Delta x, \beta = \dfrac{\partial \mu}{\partial a_{Pq}} \Big|_{\substack{x=x_R \\ u=u_R \\ v=v_R}} = 1$ 代入线性化路径动力学方程,得闭环路径调控系统方程:

$$\left. \begin{aligned} & \frac{\mathrm{d}}{\mathrm{d}t} \Delta \dot{q} = \frac{-2\dot{r}}{r} \Delta \dot{q} + \frac{1}{r} \Delta a_{Pq} , \quad \Delta \dot{q}(t_0) \\ & \Delta a_{Pq} = f(\Delta \dot{q}) \end{aligned} \right\} \tag{8.3.8}$$

对于 $r \neq 0$,式(8.3.8)的第一等式是非奇异的,故视线角速率 $\Delta \dot{q}$ 可调控。

8.3.11　视线角速率的调控控制

采用路径比例调控,调控控制为

$$\Delta a_{Pq} = f(\Delta \dot{q}) = k_{\dot{q}} |\dot{r}| \Delta \dot{q} = -k_{\dot{q}} |\dot{r}| \dot{q}$$

分析式(8.3.7),只要不等式:

$$k_{\dot{q}} > 2$$

成立,式(8.3.7)所表述的 $\Delta \dot{q}(t)$ 是稳定的,且 $k_{\dot{q}}$ 越大,$\Delta \dot{q}(t_0)$ 消失得越快。受其他条件的制约,一般 $k_{\dot{q}}$ 的取值范围为 $3 \sim 5$。

8.3.12　视线角的可调控性

系统变量和状态变量分别为

$$x = [r \quad \dot{r} \quad q \quad \dot{q}]^\mathrm{T} , \quad y = q$$

因为

$$\dot{y} = \dot{q} , \quad \dot{y}^{[1]} = \frac{1}{r}(-2\dot{r}\dot{q} + a_{Pq})$$

$\dot{y}^{[1]}$ 中含 a_{Pq},只要

$$\dot{y}^{[1]} = \frac{1}{r}(-2\dot{r}\dot{q} + a_{Pq}) = 0$$

关于 a_{Pq} 的解小于它的最大值 A_{Pq},即

$$a_{Pq} = 2\dot{r}\dot{q} < A_{Pq}$$

则 q 是可主动转移的。

当假定

$$Y = \dot{y}$$

得路径动力学方程:

$$\left. \begin{aligned} & \dot{Y} = \lambda Y + \mu , \quad Y(t_0) \\ & Z = \eta Y \end{aligned} \right\}$$

式中

$$\lambda = 0, \quad \mu = \begin{bmatrix} 0 & \dfrac{1}{r}(-2\dot{r}\dot{q}+a_{Pq}) \end{bmatrix}^{\mathrm{T}}, \quad \eta = 1$$

对于目的状态 $q_O = q^*$，其线性化路径动力学方程为

$$\left.\begin{aligned} \dot{\Delta Y} &= \lambda_x \Delta x + \beta \Delta a_{Pq}, \quad \Delta Y(t_0) \\ \Delta Z &= \Delta Y \end{aligned}\right\}$$

式中

$$\lambda_x = \left.\frac{\partial \mu}{\partial x}\right|_{\substack{x=x_{\mathrm R}\\u=u_{\mathrm R}\\v=v_{\mathrm R}}} = \left.\begin{bmatrix} 0 & 0 & 0 & 1 \\ \dfrac{2\dot{r}\dot{q}-a_{Pq}}{r^2} & \dfrac{-2\dot{q}}{r} & 0 & \dfrac{-2\dot{r}}{r} \end{bmatrix}\right|_{\substack{x=x_{\mathrm R}\\u=u_{\mathrm R}\\v=v_{\mathrm R}}}$$

$$= \begin{bmatrix} 0 & 0 & 0 & 1 \\ 0 & 0 & 0 & \dfrac{-2\dot{r}}{r} \end{bmatrix}$$

$$\beta = \left.\begin{bmatrix} \dfrac{\partial 0}{\partial a_{Pq}} \\ \dfrac{\partial \mu_{21}}{\partial a_{Pq}} \end{bmatrix}\right|_{\substack{x=x_{\mathrm R}\\u=u_{\mathrm R}\\v=v_{\mathrm R}}} = \begin{bmatrix} 0 \\ \dfrac{1}{r} \end{bmatrix}$$

代入线性化路径动力学方程得

$$\frac{\mathrm{d}}{\mathrm{d}t}\Delta\dot{q} = -\frac{2\dot{r}}{r}\Delta\dot{q} + \frac{1}{r}\Delta a_{Pq}, \quad \Delta\dot{q}(t_0) \tag{8.3.9}$$

式(8.3.9)与式(8.3.8)相同。可以看出，对于 $r \neq 0$，$\Delta\dot{q}$ 是可调控的。

8.3.13　视线角的调控控制

采用路径比例调控，调控控制为

$$\Delta a_{Pq} = -k_q |\dot{r}| \Delta\dot{q}$$

只要 k_q 的取值满足

$$k_q > 2$$

则可保证 $\Delta\dot{q}(t)$ 是可调控的。调整 k_q 的取值，可改变 $\Delta\dot{q}(t)$ 暂态过程。

8.3.14　末制导路径调控的时变性

末制导路径可调控性并非一成不变。因为系统：

$$\frac{\mathrm{d}}{\mathrm{d}t}\Delta\dot{q} = -\frac{2\dot{r}}{r}\Delta\dot{q} + \frac{1}{r}\Delta a_{Pq}, \quad \Delta\dot{q}_0$$

是时变的。随着 $r \to 0$，$\Delta\dot{q}(t)$ 的动态特性逐渐加快。制导指令 Δa_{Pq} 与制导物理量 $\Delta\bar{a}_{Pq}$ 之间的传递惯性，也随之显现出来。假如两者的传递关系表述为

$$\Delta\bar{a}_{Pq}=\frac{1}{\tau_a s+1}\Delta a_{Pq}$$

当

$$\tau_a\ll\frac{r}{2|\dot{r}|}$$

不成立时,将出现显著调控误差,而影响系统的调控性。τ_a 的值取决于物理装置,基本保持不变。随着 r 的减小,一旦 $\frac{r}{2|\dot{r}|}\to\tau_a$,系统将变得不可调控。所以,末制导的路径调控性是时变的。

末制导路径调控的时变性,给解决末制导问题带来许多麻烦[9-11]。

8.4　异型攻击弹道末制导路径控制

8.4.1　定向攻击路径控制末制导

路径控制末制导分为随遇驻留目的状态路径控制末制导和定向攻击路径控制末制导。随遇驻留目的状态路径控制末制导,是以随遇驻留目的状态指令路径式(8.3.1)和相应的路径调控控制式(8.3.5)组合而成的末制导方法,此即传统的比例制导法。有关此种制导方法的论述较多。这里不再赘述。

定向攻击路径控制末制导是由确定型目的状态末制导指令路径式(8.3.2)与确定目的状态指令路径调控控制式(8.3.6)组合而成的一种制导方法。定向攻击路径控制末制导是确定型目的状态末制导。这种制导方法可实现对目标的定向攻击。

8.4.2　灌顶及穿堂攻击路径控制末制导

灌顶及穿堂攻击路径控制末制导是定向攻击路径控制末制导的两种特例。灌顶攻击是从目标顶部的接近目标;穿堂攻击是从目标水平方向接近目标。导弹 M 攻击地面目标 T(或水面目标,固定的或活动的),一般情况采取随遇平衡目的状态路径控制末制导,导弹的制导弹道如图 8.4.1 中的ⓐ所示。M 接近 T 的方向是 T 的斜上

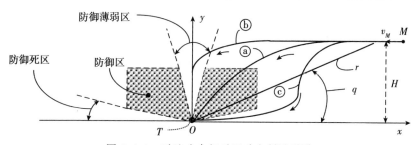

图 8.4.1　对地攻击相对运动末制导弹道

方,恰好是 T 防御最强,又不易受毁伤的部位。为提高导弹对目标的攻击效果,希望 M 的末制导弹道是非常规的弹道ⓑ或ⓒ,使 M 从 T 的防御薄弱并且易受毁伤的部位进入。攻击方式ⓑ称为灌顶攻击,ⓒ称为穿堂攻击。

　　然而,工程上实现灌顶及穿堂攻击存在许多困难。其中最为突出的莫过于导弹纵轴偏离视线而丢失目标,导致末制导中断。解决办法可以采用虚拟目标视线信息延续末制导,直至导弹纵轴再次指向目标并捕获目标后,继续实时目标视线信息末制导过程。

8.4.3　灌顶及穿堂攻击末制导理想弹道

　　与常规末制导不同,灌顶及穿堂攻击必须同时考虑视线距、视线距变化率、视线角和视线角速率的变化过程,此时系统变量为

$$x = [r \quad \dot{r} \quad q \quad \dot{q}]^{\mathrm{T}}$$

式中,r 仍然不可主动转移,且 r、$\dot{r}$ 不可调控。若达到使 r 由当前状态穿越目的状态 $r_0(t_f)=0$ 的控制目的,必须使 $\dot{q}(q)$ 或 $\dot{q}(r)$ 按照某种变化规律,先于 r 达到零值。$\dot{q}(q)$ 的某种变化规律可通过分析图 8.4.1 中的灌顶及穿堂攻击得到启发。两种理想弹道分别表示于图 8.4.2(a)和图 8.4.2(b)(黑粗线)。它们对应的理想转移路径 $\dot{q}_i(r)$ 分别表示为

$$\dot{q}_i(r) = \begin{cases} (v_M \sin q)/r, & r \geqslant H \\ 0, & r < H \end{cases} \tag{8.4.1}$$

$$\dot{q}_i(r) = \begin{cases} (v_M \sin q)/r, & r \geqslant r^* \\ 0, & r < r^* \end{cases} \tag{8.4.2}$$

$\dot{q}_i(r)$ 与 r 的关系分别如图 8.4.3 所示。$\dot{q}_i(r)$ 是不连续的,受导弹机动能力的限制,图 8.4.2 的弹道只是理想而不可能实现的状态转移路径。合理的状态转移路径必须是接近理想的而且又满足

$$a_{MqR} = \zeta A_{Mq} \tag{8.4.3}$$

要求的状态转移路径。式中,a_{MqR}、ζ、A_{Mq} 分别表示 M 的指令路径机动加速度、指令路径机动加速度使用权限(取值范围:$0 < \zeta < 1$)、M 的最大机动加速度。

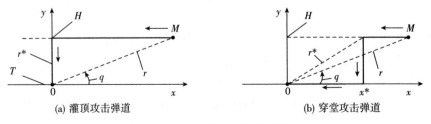

(a) 灌顶攻击弹道　　　　　　　(b) 穿堂攻击弹道

图 8.4.2　灌顶及穿堂攻击理想弹道

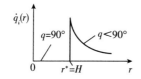 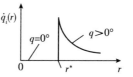

(a) 灌顶攻击理想状态转移路径   (b) 穿堂攻击理想状态转移路径

图 8.4.3 $\dot{q}_i(r)$ 的变化规律

8.4.4   灌顶及穿堂攻击末制导指令路径的分析综合

灌顶及穿堂攻击末制导指令路径是可穿越目的状态的指令路径。目的状态既与 q 有关,又与 $\dot{q}$ 有关。同时选定 q 和 $\dot{q}$ 作为系统状态,即

$$y = [q \quad \dot{q}]^{\mathrm{T}}$$

灌顶及穿堂攻击目的状态分别为

$$\left.\begin{array}{l} y_{\mathrm{O}}(t_{\mathrm{f}}) = 90\,(°) \\ \dot{y}_{\mathrm{O}}(t_{\mathrm{f}}) = 0\,(°/\mathrm{s}) \end{array}\right\}, \quad \left.\begin{array}{l} y_{\mathrm{O}}(t_{\mathrm{f}}) = 0\,(°) \\ \dot{y}_{\mathrm{O}}(t_{\mathrm{f}}) = 0\,(°/\mathrm{s}) \end{array}\right\}$$

系统状态转移路径为 $\dot{y} = \dot{q}$,由于

$$\dot{y}^{[1]} = \frac{\mathrm{d}}{\mathrm{d}t}\dot{q} = \frac{1}{r}(-2\dot{r}\dot{q} + a_{Mq})$$

含 a_{Mq},只要

$$\frac{\mathrm{d}}{\mathrm{d}t}\dot{q} = \frac{1}{r}(-2\dot{r}\dot{q} + a_{Mq}) = 0$$

关于 a_{Mq} 的解:

$$a_{Mq} = |2\dot{r}\dot{q}| < A_{Mq}$$

成立,则系统状态 q 是可主动转移的。其中,A_{Mq} 是 a_{Mq} 的最大值。依据理想灌顶及穿堂末制导弹道的特性,而且考虑到限制条件(式(8.4.3)),综合指令路径需计算 M 的最小转弯半径 $\rho_{\min}$。$\rho_{\min}$ 的表达式为

$$\rho_{\min} = v_M^2 / (\xi A_{Mq})$$

实现灌顶及穿堂攻击的必要条件分别为

$$\rho_{\min} \leqslant H, \quad \rho_{\min} < 0.5H$$

启动末制导攻击的 $q(t_0)$ 都是

$$q(t_0) > \arctan(H/\rho_{\min})$$

M 的攻击弹道分别如图 8.4.4(a) 和图 8.4.4(b) 所示。它们是在

$$q(t_0) = \arctan(H/\rho_{\min}), \quad \rho_{\min} = 0.5H$$

约束条件下,充分发挥了 M 的机动能力(系统运行能力)的系统状态转移路径。按照图 8.4.4 几何关系算出的 $\dot{q}$ 及 Δq 之间的关系是灌顶及穿堂攻击的指令路径:

$$\dot{q}_{\mathrm{RTA}}(\Delta q) = f(v_M, \xi A_{Mq}, H)$$

对于灌顶及穿堂,式中,Δq 分别为

$$\Delta q = q_O(t_f) - q = 90° - q, \quad \Delta q = q_O(t_f) - q = 0° - q$$

$\dot{q}_{RTA}(\Delta q)$ 的形状分别如图 8.4.5(a) 和图 8.4.5(b) 所示。

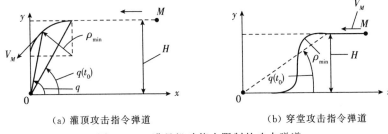

(a) 灌顶攻击指令弹道　　　　　　(b) 穿堂攻击指令弹道

图 8.4.4　满足机动能力限制的攻击弹道

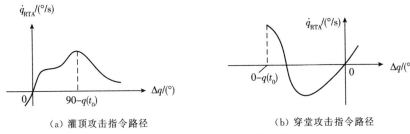

(a) 灌顶攻击指令路径　　　　　　(b) 穿堂攻击指令路径

图 8.4.5　灌顶及穿堂攻击指令路径

8.4.5　灌顶及穿堂攻击末制导路径调控控制

灌顶及穿堂攻击末制导的可调控性和调控控制,与一般末制导没有什么不同。调控控制为

$$\Delta a_{Mq} = f(\dot{e}) = -k_{\dot{q}} |\dot{r}_0| \Delta\dot{q}$$

式中,$k_{\dot{q}}$ 的取值范围仍是 3～5。不同的是 $\Delta\dot{q}$ 变为

$$\Delta\dot{q} = \dot{q}_{RTA} - \dot{q}$$

式中,$\dot{q}_{RTA}$ 为灌顶及穿堂攻击的指令路径。

8.5　末制导路径控制系统性能验证

8.5.1　随遇驻留目的状态路径控制末制导

随遇驻留目的状态路径控制末制导,是以路径控制的观点、方法,对常规比例末制导方法的解释。仿真结果与一般比例末制导方法没有什么不同。

1) 系统数学模型

T 和 M 的相对运动动力学方程、T 和 M 的运动方程分别为式(8.5.1)、式(8.5.2) 和式(8.5.3):

$$\ddot{r} = r\dot{q}^2$$
$$r(t_0) = \{[x_M(t_0) - x_T(t_0)]^2 + [y_M(t_0) - y_T(t_0)]^2\}^{0.5} = 47170\text{m}$$
$$\dot{r}(t_0) = \dot{x}_M(t_0)\cos q(t_0) + \dot{y}_M(t_0)\sin q(t_0) - \dot{x}_T(t_0)\cos q(0) = -865\text{m/s}$$
$$\ddot{q} = \frac{1}{r}(-2\dot{r}\dot{q} + a_{Mq})$$
$$q(t_0) = \arcsin\{[y_M(t_0) - y_T(t_0)]/r(t_0)\} = 32°$$
$$\dot{q}(t_0) = \frac{1}{r(t_0)}[\dot{y}_M(t_0)\cos q(t_0) - \dot{x}_M(t_0)\sin q(t_0) + \dot{x}_T(t_0)\sin q(t_0)]$$
$$= 0.011\text{rad}$$

（8.5.1）

$$\left. \begin{array}{l} \dot{x}_T = 20\text{m/s}, \quad x_T(t_0) = 0 \\ \dot{y}_T = 0\text{m/s}, \quad y_T(t_0) = 0 \end{array} \right\}$$

（8.5.2）

$$\left. \begin{array}{l} \dot{x}_M = \dot{r}\cos q - r\dot{q}\sin q + \dot{x}_T, \quad \dot{x}_M(t_0) = -1000\text{m/s}, \quad x_M(0) = 4000\text{m} \\ \dot{y}_M = \dot{r}\sin q + r\dot{q}\cos q + \dot{y}_T, \quad \dot{y}_M(t_0) = 0, \quad y_M(t_0) = 25000\text{m} \end{array} \right\}$$

（8.5.3）

式中

$$\dot{x}_T = 20\text{m/s}, \quad \dot{y}_T = 0$$

表示目标作等速直线运动。M 的运动由 T 的运动和 M 与 T 之间的相对运动合成。

2）指令路径

$$\dot{q}_R \equiv 0$$

（8.5.4）

3）调控控制

$$a_{Mq} = \begin{cases} -k_q|\dot{r}|\dot{q}, & a_{Mq}| < 100\text{m/s}^2, r < 45\text{km} \\ -100\text{sgn}(\dot{q}), & a_{Mq}| \geqslant 100\text{m/s}^2, r < 45\text{km} \\ 0, & r \geqslant 45\text{km} \end{cases}$$

（8.5.5）

4）仿真结果与分析结论

目标等速直线运动的条件下，弹道参数 $y \sim x$、$\dot{q}(t)$、$q(t)$、$a_{Mq}(t)$ 分别表示于图 8.5.1。弹道参数 $y \sim x$ 表明，M 与等速平移的 T 相遇，且弹道参数的变化规律符合常规。$\dot{q}(t) \to 0$ 意味着导弹击中了目标。

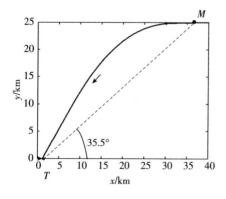
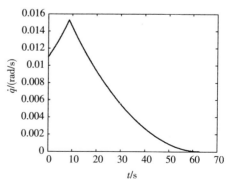

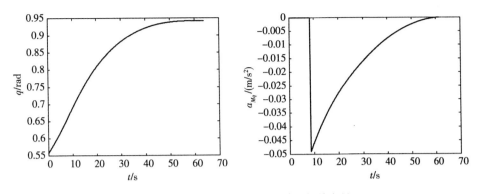

图 8.5.1 路径控制末制导弹道及相关变量

k_q 的变化对制导效果的影响表示于图 8.5.2。减小 k_q，使 $\dot{q}(t)$ 收敛为零的时间增大。当 k_q 减小为 2 时，$\dot{q}(t)$ 不趋于零，导弹丢失目标。以上结论符合比例制导一般规律。

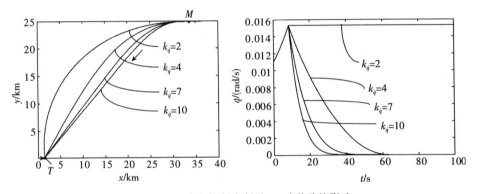

图 8.5.2 路径控制末制导 k_q 对弹道的影响

8.5.2 平行接近末制导

平行接近末制导是一种用误差 PD 控制来实现的，无路径约束的制导（或控制）方法。目的状态为 $q_0 = q(t_0)$（或称为平衡状态），误差为 $\Delta q = q_0 - q$。

1）系统数学模型

与式（8.5.1）相同。

2）确定型目的状态（平衡状态）

$$q_0 = q^* = q(t_0) = 0.785$$

3）误差 PD 控制

$$a_{Mq} = \begin{cases} -50|\dot{r}|\dot{q} + 50[q(t_0) - q], & |a_{Mq}| < 100\text{m/s}^2, r < 45\text{km} \\ -100\text{sgn}(a_{Mq}), & |a_{Mq}| \geqslant 100\text{m/s}^2, r < 45\text{km} \\ 0, & r \geqslant 45\text{km} \end{cases}$$

4) 仿真结果与分析结论

仿真结果表示于图 8.5.3。从数据 $x \sim y$、r、Δq、$\dot{q}$ 看出，平行接近末制导可以使导弹 M 在 $q \equiv q(t_0)$ 的方向接近目标。但 $\Delta q \neq 0$ 说明定向性不理想。

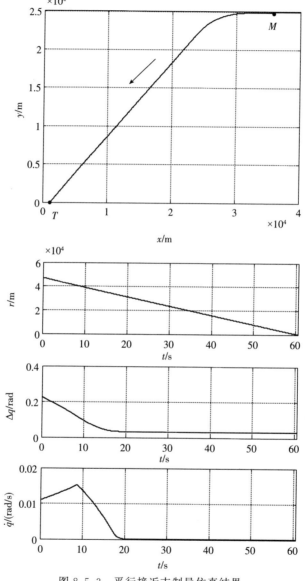

图 8.5.3　平行接近末制导仿真结果

8.5.3　定向攻击路径控制末制导

1) 系统数学模型

与式(8.5.1)相同。

2）指令路径

以系统运行能力为依据,指令路径分析综合结果为

$$\dot{q}_R = \begin{cases} 0.2\Delta q, & |\Delta q| < 1 \\ 0.2\mathrm{sgn}(\Delta q), & |\Delta q| \geq 1 \end{cases}$$

$$\Delta q = q(t_0) - q = 0.785 - q$$

3）路径调控控制

路径调控控制为

$$a_{Mq} = \begin{cases} 100|\dot{r}|\Delta\dot{q}, & |a_{Mq}| < 100\mathrm{m/s^2}, r < 45\mathrm{km} \\ 100\mathrm{sgn}(\Delta\dot{q}), & |a_{Mq}| \geq 100\mathrm{m/s^2}, r < 45\mathrm{km} \\ 0, & r \geq 45\mathrm{km} \end{cases}$$

$$\Delta\dot{q} = \dot{q}_R - \dot{q}$$

4）仿真结果与分析结论

仿真结果表示于图 8.5.4。比较图 8.5.3 和图 8.5.4 的数据:从数据 $x \sim y$、r、$\Delta q(t)$、$\dot{q}(t)$ 看出,定向攻击路径控制末制导与平行接近末制导相比,前者较后者更能同时保证以下等式成立,即

$$\left.\begin{array}{r} q = q(t_0) \\ \dot{q} = 0 \end{array}\right\}$$

故定向攻击路径控制末制导可以实现定向攻击。

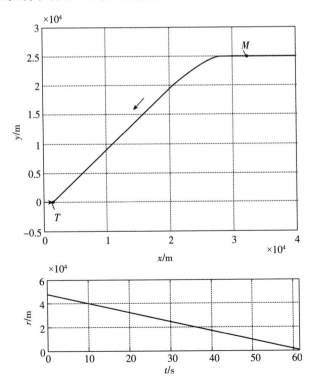

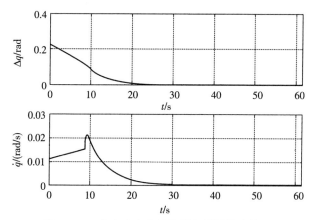

图 8.5.4　定向攻击路径控制末制导仿真结果

8.5.4　灌顶攻击路径控制末制导

1）系统数学模型

与式(8.5.1)相同。

2）指令路径

分析综合指令路径，需检查灌顶攻击条件。由于

$$\rho_{\min} = v_M^2 / (\xi A_{Mq}) = 14.3 \text{km} < H = 25 \text{km}$$

故可实现灌顶攻击，而后计算指令路径 $\dot{q}_{RTA}(\Delta q)$。$\dot{q}_{RTA}(\Delta q)$ 是经过以下分析综合而成的。

表 8.5.1 是由几何关系算出的 $r(t)$、$q(t)$、$\dot{q}(t)$ 的数据。图 8.5.5 表示灌顶攻击 M 的运动几何关系。

表 8.5.1　$r(t)$、$q(t)$、$\dot{q}$ 数据

t	t_0	t_1	t_2	t_3	t_0'
r/km	28.8	19.22	16.2	10.7	35.35
$q/(°)$	60.23	68.23	86.14	90	45
$\dot{q}/(1/\text{s})$	0.03	0.02	0.019	0	0.02

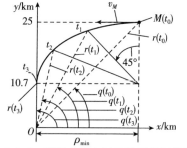

图 8.5.5　灌顶攻击末制导弹道几何关系

再将表 8.5.1 中数据 $\dot{q}(\Delta q)$ 近似拟合为图 8.5.6 中的实线。实线可简单描述为

$$\dot{q}(\Delta q)=\begin{cases}0.1724\Delta q, & |\Delta q|<5° \\ 0.015+0.0344(\Delta q-0.087), & 5°\leqslant|\Delta q|<30° \\ (v_M-v_T)H/r^2=1020H/r^2, & |\Delta q|\geqslant30°\end{cases}$$

进一步简化可得指令路径：

$$\dot{q}_{\text{RTA}}=\begin{cases}0.02\sin(\Delta\bar{q}), & \Delta q<45° \\ (v_M+v_T)H/r^2, & \Delta q\geqslant45°\end{cases}\quad \Delta\bar{q}=\frac{0.5\pi}{0.785}\Delta q=2\Delta q$$

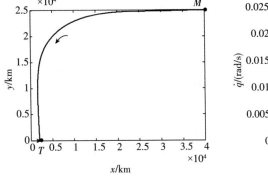

图 8.5.6　灌顶攻击末制导指令路径

3）调控控制

采用调控控制：

$$a_{Mq}=\begin{cases}-4|\dot{r}|\Delta\dot{q}, & |a_{Mq}|<100\text{m/s}^2, r<45\text{km} \\ -100\text{sgn}(\Delta\dot{q}), & |a_{Mq}|\geqslant100\text{m/s}^2, r<45\text{km} \\ 0, & r\geqslant45\text{km}\end{cases}$$

式中

$$\Delta q=90°-q=1.57-q, \quad \Delta\dot{q}=\dot{q}_{\text{RTA}}-\dot{q}$$

4）仿真结果与分析结论

仿真结果：$y(x)$、$\dot{q}(t)$、$q(t)$、$a_{Mq}(t)$ 表示于图 8.5.7 中。从弹道参数看出，灌顶攻击路径控制可以实现灌顶攻击，并能击中目标。

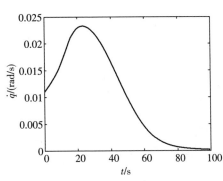

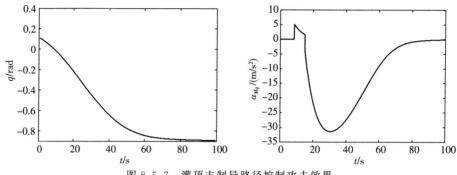

图 8.5.7　灌顶末制导路径控制攻击效果

8.5.5　穿堂攻击路径控制末制导

1) 系统模型

与式(8.5.1)相同。

2) 指令路径

采用穿堂攻击简化指令路径形式:

$$\dot{q}_{RTA} = \begin{cases} 0.02\sin(\Delta\bar{q}), & \Delta q < 45° \\ (v_M + v_T)H/r^2, & \Delta q \geqslant 45° \end{cases}$$

$$\Delta\bar{q} = \frac{0.5\pi}{0.785}\Delta q = 2\Delta q$$

3) 调控控制

采用调控控制:

$$a_{Mq} = \begin{cases} -4|\dot{r}|\Delta\dot{q}, & |a_{Mq}| < 100\text{m/s}^2, r < 38\text{km} \\ -100\text{sgn}(\Delta\dot{q}), & |a_{Mq}| \geqslant 100\text{m/s}^2, r < 38\text{km} \\ 0, & r \geqslant 38\text{km} \end{cases}$$

$$\Delta\dot{q} = \dot{q}_{RTA} - \dot{q}$$

4) 仿真结果与分析结论

仿真结果: $y(x)$、$\dot{q}(t)$、$q(t)$、$a_{Mq}(t)$ 表示于图 8.5.8 中。从仿真弹道参数看出,穿堂路径控制可实现穿堂异型弹道攻击。

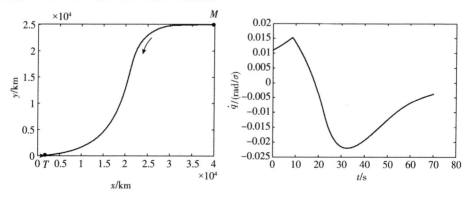

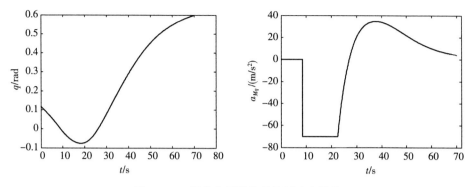

图 8.5.8　穿堂末制导路径控制攻击效果

8.6　小　结

　　本章探讨了末制导系统的可控性。以路径控制的观点,解释了末制导方法的机理,以及指令路径的分析综合和路径调控控制设计。依据路径控制的理念,采用有路径约束的控制模式,实现定向攻击的末制导方法等。

　　末制导系统的可控性是末制导的核心。末制导是使视线距由当前状态向目的状态转移的一种控制方法。视线距及视线距变化率都不可控。末制导系统状态的成功转移,是通过视线角速率或视线角的控制来实现的。

　　路径控制末制导方法,解释了末制导弹道与指令路径间的关系。采取不同的指令路径,虽然都可以击中目标,但弹道不同。基于有路径约束的控制模式,提出了路径控制定向、灌顶、穿堂攻击末制导方法,以提高导弹的作战效果。

　　导弹末制导的发展过程中,还出现过许多相关议题,如末制导系统的时变性对系统的可控性的影响[9,10];导弹控制系统惯性对制导精度的影响及改进措施;目标机动影响末制导效果的机理分析及反制措施等[11]。这些内容与本书的宗旨无直接关系,故没有涉及。

参 考 文 献

[1] Heap E. Methodology of research into command line-of-sight and homing guidance. AGARD Lecture Series No 52 on Guidance of Tactical Missiles, 1952.

[2] Locke A S, Guidance D. Toronto, Van Nostrand, 1955.

[3] Benecke T, Quick A W. History of German guided missile development. Proceedings of AGARD First Guided Missile Seminar, 1956.

[4] Garnell P, East D J. Guided weapon control system. Pergamon: Oxford: 1977.

[5] Nesline F W, Zarehan P. A new lookat classical versus modern homing guidance. Journal of

Guidance and Control，1981，4：78-85.

[6] Alpert J. Miss distance analysis for command guided missiles. Journal of Guidance，Control，and Dynamics，1988，11：481-487.

[7] 姜玉宪. 变指令智能控制及其在预测拦截中的应用. 自动化学报，1993，19(6)：711-714.

[8] Zarchan P. Tactical and strategic missile guidance. Progress in Astronautics and Aeronautics AIAA，Washington D. C. ，1990,5(124)：96-98.

[9] Jiang Y X. An intelligent control pattern of changing instruction and its application to predictive intercept. Chinese Journal of Automation，1994，6(1)：71-75.

[10] 姜玉宪，崔静. 导弹摆动式突防策略的有效性. 北京航空航天大学学报，2002，28(2)：133-136.

[11] 姜玉宪,张华明. 三维极坐标视线动力学方程及其简化形式. 飞行力学,2001,17(4):23-25.

第9章 路径控制纲目

9.1 引 言

书中提出了一种实用的系统控制理念和相应的控制模式——路径约束式预期控制，或简称为路径控制，奠定了这种控制理念的初步理论基础，并给出了切实可行的分析综合方法。

解决系统控制问题的依据是系统数学模型。建立系统数学模型的科学方法是溯源建模法。溯源建模法，首先明确代表系统运行状况的系统状态，而后确定与系统状态相关的系统变量，无关的或影响小的变量可忽略不计，以降低系统阶次，简化系统的分析综合。继而厘清影响系统变量动态过程的控制和外作用，并确定它们之间的动态关系及其取值域。最终建立起控制动力学系统的模型，并转变成路径动力学方程。以路径动力学方程为依据，检验系统状态的可转移性。结合系统合理状态转移路径，分析系统运行能力。依据指令路径应该具有的属性（可及驻性或可穿越性）、实用性、可实现性等，拟订指令路径函数、确定相关参数并求解指令路径控制。以指令路径为参考基准，对路径动力学方程进行线性化，建立线性化路径动力学方程。遵循路径调控系统稳定性定义，设计路径调控控制。以数学仿真方法，验证路径控制系统的性能是否符合预期。若符合预期，则解决系统控制问题的案头工作算是暂告一个段落。

与无路径约束式控制模式相比，路径控制具有以下特点。

（1）路径约束条件下的系统可控性。

（2）路径约束式控制模式。

（3）速度控制位置的预期控制方式。

（4）系统模型的路径动力学方程表示方法。

（5）控制分级设计法。

（6）路径比例调控。

本章概要叙述各个特点，并在以上各章内容基础之上作进一步引申，欲将全书内容概括、串接起来，融会贯通出路径控制的纲目。

9.2 路径约束条件下的系统可控性

9.2.1 研究现状

可控性是控制系统的基本属性，是控制理论焦点议题之一。线性系统的可控性比较容易得出结论,一个线性系统可控,说明它可以按人的意愿设计系统。或者说,可以根据技术要求配置闭环系统特征值以及相应的特征向量,使其具有预期的性能。由于线性系统特性的一致性,一个线性系统可控,该系统必处处、时时可控。

对于非线性系统,还没有找到人们公认的可控性的判断方法。缺少判断非线性微分方程是否可以求解其控制的方法,似乎是直接原因。问题的真正原因是无路径约束的控制模式与其可控性定义不相照应。按照无路径约束控制模式的可控性定义(……如果在一个有限的时间间隔 $t_L = t_f - t_0$,可以用一个无界控制向量 u,使得系统由初始状态 $y(t_0)$ 转移到目的状态 $y_0(t_f)$,则在时间 t_0 系统是可控的……),判断一个非线性系统是否可控,没有顾及状态变化的无约束,导致可控性的不确定。更何况一个实际上控制有界,不一定连续可微的非线性系统,不同状态的可控性不同。对于无路径约束的控制模式,由于不能预知下一时刻状态是否可控,当然不可能判断当前是否可控。

9.2.2　路径约束式系统可控性

然而对于其他学科,不论社会科学还是工程问题,非线性系统的可控性并非是非常难以理解的抽象概念。

人们实践活动中,解决非线性系统控制问题的通常做法是:对于一个结构完备的系统(符合系统论要求),分析综合一条合理的,即能引导系统到达并驻留在或穿越目的状态的、实用的,又能实现的路径约束,即指令路径;设计用来保证系统沿指令路径运行的路径调控控制,综合而成控制系统,该系统便可以使系统由初始状态转移到目的状态,达到控制系统的目的。如果以上路径约束式控制模式行得通,则该系统可控。此种判断系统是否可控的方法,适合工程控制系统,也适合广义控制系统。

与以上控制方法相互依存的可控性判断,称为路径约束式系统可控性。

定理 9.2.1　路径约束式系统可控条件。

系统可以由当前状态沿袭指令路径(或预定的某种动态过程)转移至或穿越目标状态,也就是系统可控的必要条件如下。

(1) 系统状态 $\{y_i\}_{i=1}^l$ 完全可主动转移,即

$$\dot{y}_i^{[D_i]} = F_i^{[D_i]}(x,u,v,t), \quad i=1,2,\cdots,l$$

含 u,且通过 u 能够改变 $\{y_i^{[D_i]}\}_{i=1}^l$ 的正负号,即关系式:

$$u = \Phi(x,v) \subset U$$

成立,并且满足

$$e < E(或 S \subset \Sigma, S 为状态转移速率取值)$$

式中

$$e = \sum_{i=1}^m \int_{t_0}^{t_f} |u_i| \, dt$$

为控制能耗。

（2）系统的线性化路径调控系统可调控，即满足路径调控系统式（2.7.4）或式（2.7.6）可调控的充分必要条件如下。

①　$\{\Delta u_i\}_{i=1}^m \neq 0$。

②　可控性矩阵的秩：$\mathrm{rank}(\eta\beta \quad \eta\alpha\beta \quad \eta\alpha^2\beta \quad \cdots \quad \eta\alpha^{K-1}\beta) = l$。

③　$u = u_R + \Delta u \subset U$。

系统可控的充分条件如下。

（1）存在指令路径 $\dot{y}_R(d) = h(d)$，可及驻或可穿越。

（2）存在调控控制 $\Delta u = q(\Delta z)$ 使以下不等式：

$$\lim_{t \to t_{RC}} \| \Delta Z(t) \| \leqslant \varepsilon_R, \quad t:[t_0, t_f]$$

成立。

证明　　如果 $\{y_i\}_{i=1}^l$ 不可完全主动转移（$u = \Phi(x, v) \not\subset U$，或 $e > E$），或线性化路径调控系统不可调控，则系统不存在可及驻或可穿越的指令路径 $\dot{y}_R(d)$ 和调控控制：

$$\Delta u = q(\Delta Z)$$

使系统由 $y(t_0)$ 转移到 $y_O(t_f)$，这是显然的。

如果存在可及驻或可穿越的 $\dot{y}_R(d)$ 和调控控制：

$$\Delta u = q(\Delta Z)$$

必有

$$\lim_{t \to t_{RC}} \| \Delta Z(t) \| \leqslant \varepsilon_R, \quad t:[t_0, t_f]$$

成立，因而有

$$\dot{y}(t) \approx \dot{y}_R(d) = h(d), \quad t:[t_0, t_f]$$

又由于 $h(d)$ 可及驻或可穿越，必有

$$\lim_{t \to t_f} d(t) \leqslant \varepsilon_R$$

即

$$y(t_f) = y_O(t_f)$$

或

$$y(t_f) \approx y_O(t_f)$$

故系统是可控的。

其实，细究起来，以上系统可控条件中，只有必要条件系统状态 $\{y_i\}_{i=1}^l$ 完全可主动转移为系统固有，其余都是人为的。也就是说，即使一个本来具有可控性的系统，如果人为的条件没能得到满足，那么也有可能变成不可控的。现实中，工程的或者是社会的，不乏此类例证。滑模控制用传统方法求解控制的做法，有时会把系统变为不可控（见第 5 章）。

9.3　路径约束式控制模式

9.3.1　无路径约束控制模式

对于系统

$$\left.\begin{array}{l} \dot{x}=f(x,u,v,t),\quad x(t_0)=x_0 \\ y=g(x) \end{array}\right\}$$

寻求有界控制向量：

$$u=q(y),\quad u\subset U$$

在有限的时间间隔 $t_\mathrm{T}=t_\mathrm{f}-t_0$，使系统由初始状态 $y(t_0)$ 转移到目的状态 $y_\mathrm{O}(t_\mathrm{f})$，即使 $d=(y_\mathrm{O}-y)\to0$，而对状态转移路径 $y(d)$ 无约束的控制形式，称为无路径约束控制模式。

原有的误差控制、状态反馈控制、非线性系统控制、最优控制等，都属于这一类控制模式（详见第 1 章）。

9.3.2　路径约束式控制模式

对控制能耗无限制的情况下，寻求有界控制向量：

$$u=u_\mathrm{R}+\Delta u,\quad u\subseteq U$$

使系统在有限时间间隔 $t_\mathrm{T}=t_\mathrm{f}-t_0$，由初始状态 $y(t_0)$ 转移到目的状态 $y_\mathrm{O}(t_\mathrm{f})$，而且在 $d\to0$ 的过程中，要求做到

$$\dot{y}(d)=\dot{y}_\mathrm{R}(d),\quad\forall d\to0$$

称为路径约束式控制模式（详见第 2 章）。式中，$\dot{y}_\mathrm{R}(d)$ 称为指令路径，描述了状态转移速率 $\dot{y}(d)$ 的大小、变化快慢，$\dot{y}_i$ 与 $\dot{y}_j$ 之间的大小搭配，与目的距离 d 的关系：

$$u_\mathrm{R}=\varPhi(x_\mathrm{R},v_\mathrm{R})$$

称为指令路径控制，$\varPhi(x_\mathrm{R},v_\mathrm{R})$ 是在 $\{\dot{y}_i^{[D_i]}\}_{i=1}^{l}=\{F_i^{[D_i]}(x,u,v)\}_{i=1}^{l}$ 都显含 u 的条件下，等式：

$$[F_1^{[D_1]}(\ \cdot\ )\quad F_2^{[D_2]}(\ \cdot\ )\quad\cdots\quad F_l^{[D_l]}(\ \cdot\ )]^\mathrm{T}=[\dot{y}_{1\mathrm{R}}^{[D_1]}\quad y_{2\mathrm{R}^2}^{[D_2]}\quad\cdots\quad y_{l\mathrm{R}}^{[D_l]}]^\mathrm{T}$$

关于 u 的解，其中 $\{\dot{y}_{i\mathrm{R}}^{[D_i]}\}_{i=1,2,\cdots,l}$、$x_\mathrm{R}(t)$ 和 $v_\mathrm{R}(t)$ 分别是指令路径所对应的 $\{\dot{y}_i^{[D_i]}\}_{i=1,2,\cdots,l}$、系统变量和外作用；

$$\Delta u=G_{\dot{y}}(\dot{y}_\mathrm{R}-\dot{y})$$

称为路径调控控制，$\dot{y}(t)$ 是系统当前状态的转移路径。

9.3.3　路径约束式控制模式的优点

前面内容验证了路径约束控制模式与无路径约束控制模式相比，具有以下优点。

（1）可避开非线性微分方程的分析、求解，使非线性系统控制问题的解决成为可能。

（2）系统由初始状态向目的状态转移的过程中，系统状态是否处处完全可主动转移，或系统是否可控，结论是确定的。

（3）无路径约束控制模式所遇到的难题：系统稳定性、快速响应、性能不易变、控制解耦等，容易得到解决。

（4）特定状态转移轨线的实现。

9.4　速度控制位置的预期控制方式

9.4.1　一步到位控制方式

对于无路径约束控制模式下的控制

$$u = q(y)$$

是系统状态 y 的函数，无路径约束的控制模式通过 u 控制 y，等价于通过 y（或状态误差）控制 y，即以位置控制位置。无路径约束控制模式，实际上是一种期望状态误差即可消失的一步到位控制方式。

9.4.2　速度控制位置的预期控制方式

对于路径约束式控制模式下的控制：

$$u = u_R + \Delta u$$

是系统状态变化率 $\dot{y}$ 的函数。有路径约束控制模式通过 u 控制 y，等价于通过 $\dot{y}$（或 Δy）控制 y，即速度控制位置。所以，有路径约束控制模式是通过速度控制位置的。实质上，路径控制是一种预期控制（或超前控制）方式。

9.4.3　预期控制方式的优点

与通过位置控制位置的一步到位控制方式相比，速度控制位置的预期控制方式有以下优点。

（1）通过速度的预期变化，实现对位置的控制，可以做到状态转移过程精准、平稳，书中各章节不同类型的路径控制系统，充分证明了这一优点。

（2）由于状态变化暂态过程，比状态速率变化暂态过程慢，速率变化暂态期间，系统状态可认为是近似不变，降低了系统阶次，使动力学问题近似成为运动学问题，弱化了系统状态对稳定性的影响，提高了系统稳定性，简化了路径调控系统设计。

（3）路径调控控制实施的简易化，使系统沿袭指令路径运行变得容易，只要指令路径分析综合得合理(容易做到),系统便可沿指令路径由初始状态转移到目的状态。

9.4.4　路径约束式预期控制

将以上路径约束控制模式与预期控制方式结合起来,形成一种非线性系统分析综合方法,路径约束式预期控制。用这种方法分析综合而成的控制系统,比用传统方法设计(或综合)而成的系统,具有许多突出的优点。

9.5　系统模型的路径动力学方程表示方法

9.5.1　状态方程

习惯上将表示为一阶微分方程组的控制系统模型:
$$\dot{x} = f(x, u, v, t), \quad x(t_0)$$
称为系统状态方程,将
$$y = g(x), \quad g(x)$$
称为系统输出。系统状态方程是现代控制理论对控制系统的一种公认的基本表示方法。它描述了 x、y 与 u、v 之间的动态关系,如图 9.5.1 所示。是用数学方法求解系统控制问题的一种简约表达形式。

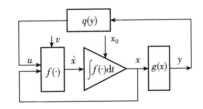

图 9.5.1　系统状态方程各变量之间的联系关系

用数学方法求解系统控制问题,也必须了解系统的物理运行机制。因为求解 u 必须确定控制指标(例如,用最优控制求解控制 u,必须给出性能指标函数的表达形式和参数),而控制指标是和系统的运行物理机制联系在一起的。系统状态方程表示不出系统运行物理机制,具体原因如下。

(1) 当我们想获取控制 $u = q(y)$(或 $u = q(x)$)时,由于系统模型的状态方程表达方式,y(或 x)必然以 l 维(或 n 维)向量的形式出现在控制 u 中。$\{u_i\}_{i=1}^m$ 与 $\{y_i\}_{i=1}^l$(或 $\{x_i\}_{i=1}^n$)融合在一起,对于一般非线性系统,不容易表示清楚 u_i 主要影响 y_i(或 $\{x_i\}_{i=1}^n$),还是 u_i 主要影响 $y_{j, j \neq i}$(或 $\{x_j\}_{j=1, i \neq j}^n$),或者 u_i 既影响 y_i(或 x_i)又影响 y_j(或 x_j)。

(2) 状态方程表示方法,将系统各个组成缠绕在一起,表示不出 $\{x_i\}_{i=1}^n$ 与 $\{x_j\}_{j=1, i \neq j}^n$

之间的主从关系,看不出它们之间的快慢差别,难以通过系统状态方程弄清它的运行物理机制。

9.5.2　路径动力学方程

专门为有路径约束控制模式建立的联系系统变量 x、系统外作用 v,以系统状态变化率 $\dot{y}$ 为状态变量的系统模型,称为路径动力学方程,即

$$\left.\begin{aligned}\dot{Y}&=\lambda Y+\mu,\quad Y(t_0)=Y_0\\ Z&=\eta Y\end{aligned}\right\}$$

式中

$$Y=[\,Y_1\quad Y_2\quad \cdots\quad Y_l\,]^{\mathrm{T}},\quad Y_i=[\,\dot{y}_i\quad \dot{y}_i^{[1]}\quad \dot{y}_i^{[2]}\quad \cdots\quad \dot{y}_i^{[D_i-1]}\,]^{\mathrm{T}},\quad i=1,2,\cdots,l$$

$$\lambda=\begin{bmatrix}\lambda_1 & 0 & \cdots & 0\\ 0 & \lambda_2 & \cdots & 0\\ \vdots & \vdots & & \vdots\\ 0 & 0 & \cdots & \lambda_l\end{bmatrix},\quad \lambda_i=\begin{bmatrix}0 & 1 & \cdots & 0\\ 0 & 0 & \ddots & 0\\ \vdots & \vdots & & 1\\ 0 & 0 & \cdots & 0\end{bmatrix}$$

$$\mu=[\,\mu_1\quad \mu_2\quad \cdots\quad \mu_l\,]^{\mathrm{T}},\quad \mu_i=[\,0\quad \cdots\quad 0\quad F_i^{[D_i]}(\,\boldsymbol{\cdot}\,)\,]^{\mathrm{T}}$$

式中

$$\{F_i^{[D_i]}(\,\boldsymbol{\cdot}\,)\}_{i=1}^l=\{F_i^{[D_i]}(x,u,v)\}_{i=1}^l=\{\dot{y}_i^{[D_i]}\}_{i=1}^l$$

是首次出现 u 的 $\{\dot{y}_i\}_{i=1}^l$ 的第 D_i 阶导数。当

$$\eta=\begin{bmatrix}\eta_{11} & 0 & \cdots & 0\\ 0 & \eta_{22} & \cdots & 0\\ \vdots & \vdots & & \vdots\\ 0 & 0 & \cdots & \eta_{ll}\end{bmatrix},\quad \eta_{ii}=\begin{bmatrix}1 & 0 & \cdots & 0\\ 0 & 0 & \cdots & 0\\ \vdots & \vdots & & \vdots\\ 0 & 0 & \cdots & 0\end{bmatrix}$$

时,有

$$Z=[\,Y_{11}\quad Y_{21}\quad \cdots\quad Y_{l1}\,]^{\mathrm{T}}=[\,\dot{y}_1\quad \dot{y}_2\quad \cdots\quad \dot{y}_l\,]^{\mathrm{T}}$$

$\dot{Y}_i$、Y_i、λ_i、μ_i 之间有以下关系:

$$\dot{Y}_i=\lambda_i Y_i+\mu_i$$

$$=\begin{bmatrix}0 & 1 & \cdots & 0\\ \vdots & \ddots & \ddots & 0\\ \vdots & \ddots & \ddots & 1\\ 0 & \cdots & \cdots & 0\end{bmatrix}Y_i+\begin{bmatrix}0\\ \vdots\\ 0\\ F_i^{[D_i]}(\,\boldsymbol{\cdot}\,)\end{bmatrix},\quad i=1,2,\cdots,l$$

上式表明路径动力学方程中 $\dot{y}$ 与 u、x、v 之间的联系,$\dot{y}_i$ 与 $\dot{y}_j$ 通过 $F_i^{[D_i]}(\,\boldsymbol{\cdot}\,)$ 相互耦合的关系,如图 9.5.2 所示。虽然 $\{u_i\}_{i=1}^m$ 与 $\{y_i\}_{i=1}^l$ 仍耦合在一起,但相互影响的主次关系已变得清晰。

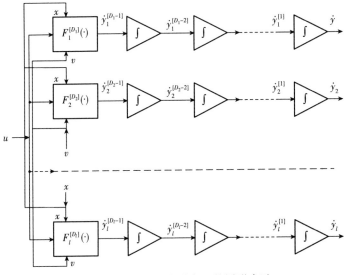

图 9.5.2　路径动力学方程的图形表示

9.5.3　指令路径上的路径动力学方程

经过分析综合所得到的指令路径 $\{\dot{y}_{iR}\}_{i=1}^{l}$ 之间是解耦的,因而使得 $\{u_{iR}\}_{i=1}^{l}$ 相互独立。在指令路径上,$\dot{y}_{iR}$ 动力学方程的

$$F_{iR}^{[D_{iR}]}(\ \cdot\ )=F_{iR}^{[D_{iR}]}(u_R,v_R,t)$$

为已知量。所以,图 9.5.2 变成了图 9.5.3,即指令路径上 $\dot{y}_{iR}$ 与 $\dot{y}_{jR}$ 的路径动力学方程变成了相互独立的。u_{iR} 与 y_{iR} 的传递关系相互对应,降低了 Δu 的设计难度。

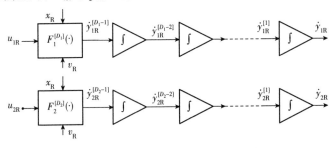

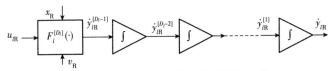

图 9.5.3　指令路径上的路径动力学方程

9.5.4 就地线性化路径动力学方程

系统当前状态及当前状态变化率分别为 $y(t)$ 及 $\dot{y}(t)$，假定 $y(t)=y_R(t)$，以 $y_R(t)$ 对应的指令路径：

$$\dot{y}_R = h(d) = h(y_O - y)$$

作为状态转移路径的基准，则 $\dot{y}(t)$ 相对 $\dot{y}_R(t)$ 摄动量为相互独立的 l 个分量：

$$\Delta \dot{y}_i(t) = \dot{y}_{iR}(t) - \dot{y}_i(t), \quad i=1,2,\cdots,l$$

对路径动力学方程进行线性化，线性化结果为

$$\left. \begin{aligned} \Delta \dot{Y}_i &= \alpha_i \Delta Y_i + \beta_i \Delta u_i + \gamma_i \Delta v_i, \quad \Delta Y_{i0} \\ \Delta Z &= Y \Delta_i \end{aligned} \right\}, \quad i=1,2,\cdots,l$$

是相互独立的 l 个、D_i 阶线性微分方程，称为就地线性化路径动力学方程。式中

$$\alpha_i = \lambda_i + \lambda_{ix}, \quad \alpha \in \mathbf{R}^{1 \times l}$$

$$\lambda_i = [0 \quad \cdots \quad 1 \quad \cdots \quad 0], \quad \lambda_i \in \mathbf{R}^{1 \times l}$$

$$\lambda_{ix} = \left. \frac{\partial \mu_i}{\partial x} \right|_{x=x_R, u=u_R, v=v_R}, \quad \lambda_{ix} \in \mathbf{R}^{1 \times l}$$

$$\beta_i = \left. \frac{\partial \mu_i}{\partial u} \right|_{x=x_R, u=u_R, v=v_R}, \quad \beta \in \mathbf{R}^{1 \times l}$$

$$\gamma_i = \left. \frac{\partial \mu_i}{\partial v} \right|_{x=x_R, u=u_R, v=v_R}, \quad \gamma_i \in \mathbf{R}^{1 \times l}$$

方程中各量之间的关系如图 9.5.4 所示。它是我们熟知的，不乏解决问题方法的线性误差控制系统。然而不是位置误差 $\{\Delta y_i\}_{i=1}^l$，而是速率误差 $\{\Delta \dot{y}_i\}_{i=1}^l$，使得获取路径调控控制

$$\Delta u_i = q_i(\Delta Y_i), \quad i=1,2,\cdots,l$$

变得容易。

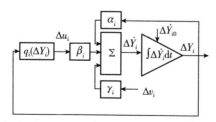

图 9.5.4   就地线性化路径动力学方程的
图形表示 $(i=1,2,\cdots,l)$

9.6　控制分级设计法

将图 9.5.4 中就地线性化路径动力学方程展开成图 9.6.1 的表示形式。对于一般结构系统,路径动力学方程中的

$$\alpha_{i2} \sim \alpha_{il} \neq 0$$

是常有的事。因而,Δu_i 与 $\Delta \dot{y}_i$ 之间的相对阶大于 1。此种情况下,图 9.6.1 中 $\Delta u_i \sim \Delta y_i^{[1]}$ 包含了若干动力学环节,这些环节表述了 $\Delta u_i \sim \Delta y_i^{[1]}$ 的动力学特性。

图 9.6.1 中 $\Delta u_i (\Delta Y_i)$ 有两种设计方法:一是控制理论的集成设计法;另一种是社会及工程实践中使用的分级设计法。

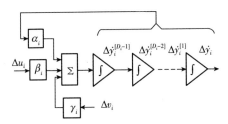

图 9.6.1　路径调控系统的分级与集成设计($i = 1, 2, \cdots, l$)

9.6.1　控制集成设计法

集成设计法是现代控制理论(频率域设计法除外)习惯用的一种方法。这种方法将变量 $\Delta \dot{y}_i^{[D_i-1]} \sim \Delta \dot{y}_i$ 一起包含在调控控制指令 Δu_i 中。既通过线性系统设计方法,一次性确定调控控制:

$$\Delta u_i = q_i (\Delta Y_i), \quad i = 1, 2, \cdots, l$$

Δu_i 中既包含了 $\Delta \dot{y}_i$,又包含了 $\Delta \dot{y}_i^{[1]} \sim \Delta \dot{y}_i^{[D_i-1]}$ 信息,如比例/微分路径调控、全息路径调控,都属于此类设计法。

控制集成设计法,设计者不必对实际系统了解太多,省事、省时。但若分不清变量的主次、相互关系、快慢区别,便使设计及设计结果付诸实施的难度增大。现实中的工程和社会两种控制系统,采用控制集成设计法极其罕见,或者说没有。

9.6.2　控制分级设计法

假定 Δu_i 经过传递,到达 $\Delta y_i^{[1]}$ 的量为 $\Delta \bar{u}_i$。$\Delta \bar{u}_i$ 应该是具有与 $\Delta y_i^{[1]}$ 同样量纲的控制物理量,如力学问题的力(线加速度)或力矩(角加速度)。将 Δu_i 与 $\Delta \bar{u}_i$ 之间视为调控指令传递子系统。实践中调控指令传递子系统与路径调控系统通常是分开设计的。分开设计,对调控指令传递子系统的理想要求显然是传递不变,即幅值不变且时间无延误。幅值不变容易做到,时间无延误很难。实施中时间无延误是相对而

言,只要时间延误远比路径调控时间 t_{RC} 小。假设 υ 表示该传递子系统的控制,将该传递子系统表示为

$$\left.\begin{array}{l}\Delta \dot{\bar{u}}_i = f_u(\Delta \bar{u}_i, \Delta \upsilon_i), \quad \Delta \bar{u}_i(0) \\ \Delta \upsilon_i = \kappa_{ui}(\Delta u_i - \Delta \bar{u}_i)\end{array}\right\}, \quad i=1,2,\cdots,l$$

该传递子系统的设计任务,只是确定 κ_{ui} 以满足近似传递不变的要求。

传递子系统可能由多级串联而成,每一级的设计要求和方法与单级传递子系统类似。不同的是指令传递的快速性需要逆指令传递方向递增。

这种 Δu_i 和 υ_i 分开设计的方法称为控制分级设计法。控制分级设计法处理问题主次分明、快慢有别,使设计结果容易实现,是系统工程(包括工程和社会两种控制系统)真实使用的一种设计方法。

9.7　路径控制的解耦性

9.7.1　路径比例调控

在分级设计的基础之上,设计图 9.6.1 中的

$$\Delta u_i = q(\Delta Y_i) = q(\Delta \dot{y}_i), \quad i=1,2,\cdots,l$$

采用

$$\Delta u_i = G_i \Delta Y_i = G_i \Delta \dot{y}_i, \quad i=1,2,\cdots,l \tag{9.7.1}$$

的表达形式,称为路径比例调控,式中,G_i 为 $\Delta \dot{y}_i$ 的比例常数。

设计路径调控控制,最简单的方法莫过于路径比例调控。因为路径比例调控只需要确定一个未知数 G_i。

一般而论,如果采用位置控制位置的误差控制方法,误差比例控制,即

$$\Delta u_i = G_i \Delta y_i, \quad \Delta y_i = y_{iR} - y_i, \quad i=1,2,\cdots,l$$

是行不通的,除非系统原本稳定。路径控制是速度控制位置的控制方式,$\Delta \dot{y}(t)$ 比 $\Delta y(t)$ 的暂态过程快。加之控制 u_i 有界,即使 $G_i \to \infty$,导致 $\Delta \dot{y}_i(t)$ 不稳,也只是相对 $\dot{y}_{iR}(t)$ 的小幅振荡(正负变号)。$y_i(t)$ 相对 $y_{iR}(t)$,至多存在小幅度抖振(正负不变号),而且振荡将随 G_i 的减小以及路径调控系统快速性相对指令路径变化速度的提高而变弱。

9.7.2　路径比例调控性能的不易变性

通常 Δu 的维数,可认为与 $\Delta \dot{y}$ 的维数相等(见第 1 章相关内容),即

$$m=l$$

当 G^{-1} 存在(一般如此),式(9.7.1)可表示为

$$\Delta \dot{y} = G^{-1} \Delta u$$

若 $\| G \| \to \infty$，且 Δu 有界，必有 $\| \Delta \dot{y} \| \to 0$。因而得

$$\dot{y}_i(t) \approx \dot{y}_{iR}(t), \quad i = 1, 2, \cdots, l$$

或

$$y_i(t) \approx y_{iR}(t), \quad i = 1, 2, \cdots, l \tag{9.7.2}$$

式(9.7.2)的含义是：$y_i(t)$ 与 $y_{iR}(t)$ 近似相等，而且误差将随 G_i 的增大而减小。当 G_i 足够大时，可以认为

$$y_i(t) \equiv y_{iR}(t), \quad i = 1, 2, \cdots, l$$

此即路径控制性能的不变性。

9.7.3　全息路径调控性能的不易变性

全息路径调控控制 Δu 的表达形式为

$$\Delta u = q(\Delta Z_{Ai})$$

式中，ΔZ_{Ai} 是路径误差信息的全体。

全息路径调控的被调控对象是配平线性化路径动力学方程，调控控制的表达形式是根据预期调控动态过程设定的。

全息路径调控系统具有对指令路径变化、系统参数及外作用不确定的自动补偿能力，或自动配平能力。因而，可以保证近似等式

$$\{ \dot{y}_i(t) \approx \dot{y}_{iR}(t) \}_{i=1}^l \quad 或 \quad \{ y_i(t) \approx y_{iR}(t) \}_{i=1}^l$$

成立。

9.7.4　路径控制的解耦性

由于

$$\dot{y}_i(t) \approx \dot{y}_{iR}(t), \quad i = 1, 2, \cdots, l$$

即

$$y_i(t) \approx y_{iR}(t), \quad i = 1, 2, \cdots, l$$

且因 $\{ \dot{y}_{iR}(t) \}_{i=1}^l$ 相互解耦，故 $\{ y(t) \}_{i=1}^l$ 也相互解耦，即路径控制是解耦的。

9.8　需要进一步探讨的问题

理论研究的目的应该是更好地认识客观存在、寻求解决问题的途径，服务于实践。这是评价理论研究工作指导思想正确与否的基本准则。路径控制实属应用理论研究，其理念、方法的价值观是实践第一，即应用第一。本书的写作基本遵循以上观念，尽可能使这种控制方法能用来解决一些真实的系统控制问题。出于本书的写作目的，需要进一步探讨的问题应该是工程控制系统的应用，其中最好的选择莫过于各

种飞行器的飞行航路控制,如第 8 章的末制导。路径控制可使存在于此类课题中的
疑难问题得到解决。但是由于强调了实践,路径控制会给使用者的系统知识和实践
经验提出较高的要求。缺乏系统知识和实践经验,建立系统模型难,用路径控制理
念、方法分析综合路径控制系统也不容易。这是与理论性的学术研究不同之处。

　　如果希望做些学术性研究,路径控制的最优性、广义系统工程的路径控制,是待
补充的另一方面。

9.8.1　路径控制的最优性

　　实现系统状态转移的最优控制,定义为使某种指标函数 $J(u)$ 取极值(最大或最
小)的控制 u^*。对于路径控制,u^* 由两部分组成:一是最合理指令路径控制 u_R^*;二是
最优路径调控控制 Δu^*。寻求 u_R^* 现有的途径有两种:一是非线性最优控制;二是路
径规划(优化设计)。其中非线性最优控制的提法是已知控制动力学系统方程为

$$\left.\begin{array}{l} \dot{x}=f(x,u,v,t), \quad x(t_0)=x_0 \\ y=g(x) \end{array}\right\} \tag{9.8.1}$$

寻求最合理指令路径控制 u_R^* 以使系统(式(9.8.1))从初始状态 $y(t_0)$ 转移至 $y_O(t_f)$
$(y_O(t_f)\subseteq g(x))$,并使性能指标:

$$J(u(t)) = \varphi(y_O(t_f)) + \int_{t_0}^{t_f} \hbar(y(t),u(t),v(t))\mathrm{d}t \tag{9.8.2}$$

达到极值。u_R^* 须满足条件:

$$\left.\begin{array}{l} u_R^* \subseteq U_R \\ U_R = \xi U, \quad 0<\xi<1 \end{array}\right\} \tag{9.8.3}$$

式中,$\varphi(\cdot)$、$\hbar(\cdot)$ 是连续但不一定可微的数量函数;t_f 为不确定值。

　　以上所描述的最合理指令路径控制问题,与经典的最优控制问题相比,虽相似,
但指标函数及约束条件并不完全相同,不可能直接用极大(小)值原理解决问题。如
何求解最合理指令路径控制的解析解,尚需进行深入研究,而且不一定取得成效。即
使得到某种结果,但由于连续、可微、凸函数的限制,可以预料该结果也很难达到最合
理的要求。

　　关于寻求 u_R^* 的路径规划方法,是通过寻求使性能指标函数取极值的 $\dot{y}_R^*(d)$,
再由

$$[F_1^{[D_1]}(\cdot) \quad F_2^{[D_2]}(\cdot) \quad \cdots \quad F_l^{[D_l]}(\cdot)]^T = [\dot{y}_{1R1}^{[D_1]*} \quad y_{2R2}^{[D_2]*} \quad \cdots \quad y_{lR1}^{[D_l]*}]^T$$

解得 u_R^*。由于路径规划方法可操作性比较强,虽然烦琐,但总有解决问题的途径可
循。问题是路径规划方法不能使我们理解产生 u_R^* 的内在机理。

　　有关最优路径调控控制 Δu^* 的获取方法,因路径调控系统是线性的,有成熟的
线性最优控制系统设计方法可用,得到最优路径调控控制并不难。

9.8.2 广义系统工程的路径控制问题

　　路径控制的理念、方法也应该适应广义系统工程控制。本书需要补充的内容很多,其中最重要的是路径控制在广义系统工程控制的应用。开展此类研究不是立竿就能见影的,主要难点是系统建模。因为建模涉及人文社会科学、自然科学、经济学等与工程控制相去甚远的知识,而且这类问题的动态过程,不一定可以用微分方程来表述。但只要认准方向,坚持不懈努力,总会建成反映系统运行规律的数学模型。如果有了系统模型,则可借鉴路径控制解决工程系统控制问题的方法、步骤,开展后续研究工作。朝着这个方向努力,积小成大,逐步形成新型的、科学的广义系统工程的路径控制方法,使人们有可能以定量的科学方法,研究广义系统的控制问题。

9.9　结　束　语

　　写作本书的初衷,原本是在已有的相关理论和方法发展基础之上,寻求工程控制系统中新的控制理念、理论,尤其是可行而有效的解决非线性系统控制问题的方法,以弥补控制理论发展现状中的不足,尝试承担起工程控制中全局性的任务。

　　书中分析了不足的存在原因,提出了由路径约束控制模式与预期控制方式相结合的路径约束式预期控制,建立了相应的理论和方法,并通过大量的范例验证了对路径约束式预期控制的性能预期,或论证了路径约束式预期控制的可行性。读者可以把图1.4.1(可控性与状态有关的非线性系统)作为练习,分别采用传统的和路径控制的理念、方法去解决问题,对比两者的不同。

　　本书的内容是否达到了写作目的,现在下结论尚为时过早。期待读者在工程控制应用中检验,并提出改进意见。